JN077819

HRCのNXR開発奮戦記

ホンダ パリ・ダカールラリーの挑戦　1986-1989

西巻 裕

グランプリ出版

■ 読者の皆様へ ■

本書は、『HRCのNXR開発奮戦記』(1989年10月刊行) の装丁を一新し、写真や資料の追加・増補して刊行するものです。2013年にホンダがダカールラリー参戦を再開し、2020年には総合優勝を達成したその挑戦の原点は、1986年から1989年までの4年間のワークス活動であり、この時に活躍したマシンがNXR750でした。この時期のマシン開発や、参戦の様子などを詳細かつ分かりやすく紹介しているのが本書であり、類書のない書籍であると考えています。

2020年のホンダの総合優勝を機に、多くの方々から再刊のご要望をいただくようになり、著者の西巻裕氏にご連絡を差し上げましたところ、ご自身のもとにもそのような声が届いていることを教えていただきました。このたび、西巻裕氏のご快諾をいただくことができ、再刊を決定いたしました。今回の増補二訂版の編集・製作に際しては、内容の確認を行なうとともに、新たに発見された写真史料の追加、さらには2013年からのダカールラリーの戦績なども収録しました。この増補作業に関しては、元本田技研工業広報部で長く二輪広報に携わられた高山正之氏から多くの助言を頂戴してまとめることができました。高山正之氏は当時のダカールラリーのPR活動を担当された方であり、史料の充実を図ることができたと考えています。ここに御礼申し上げます。

なお、本書に登場するマシン名や人物名等のカタカナ表記などについては、当時のプレス資料などをもとに記載をしておりますが、時代により表記の変化が見られる場合があり、編集部の判断で統一をしています。登場人物の肩書きなどは、初版刊行時のままとしています。また、本文中において今日では適さないと思われる表現がありますが、作品としての個性や書かれた時代背景などを考慮し、そのままとしている場合があります。ご了承くださいますようお願いいたします。

グランプリ出版　編集部　山田国光

序　文

我々が所属するHRC(Honda Racing Corporation)は年間2000台のレーサーを開発・販売する一方，世界の各地で行われる種々なレースに参加，それらの活動を通じて技術ノウハウの蓄積を図りながら若手エンジニアの研鑚に努める，きわめてユニークな会社である。その名が示す通り，本田技研の系列会社のひとつであり，レース活動を通してホンダの企業イメージの向上，革新技術の開発，モータースポーツの普及を目的としている。参加しているレースのカテゴリーも，ロードレースを始めモトクロス，トライアルなどが中心であるが，パリダカなどのラリー用マシンの開発も行った。

このパリダカ用に開発された我々のマシンがNXR750である。多分に〝運〟に恵まれたことがあったが，このNXRは〝パリダカ〟に4連勝する夢がかなえられた。

ここ数年は，テレビなどでもパリダカが報道されるようになり，その様子も一般に知られるようになってきている。しかし，我々がこのNXR開発プロジェクトに取り組んだ6年前には，パリダカに関する資料らしい資料もなく，我々もそのコースの詳細についてはよく知らなかった。今から思い直してみると，開発のためにがむしゃらに走り回った印象だけが残っている。そのあたりの様子は，本文に詳しく述べられているが，これまでに経験やノウハウがないことばかりで，戸惑うことが多かったのである。しかし，まとめてみると，我々の開発・熟成の方向は間違ったものではなく，その点ではほっと胸をなでおろしているというのが，正直な感想である。

写真やビデオなどで砂漠を走るNXRの姿を見る人は，いかにもそれがパリダカの舞台にふさわしい形態のバイクであると思われることであろう。これは結果として，そうなったのであるが，実際はゼロからのスタートで，暗中模索を重ねて，ようやくたどりついた形態なのである。もちろん，そのエンジン出力特性や操縦安定性についても同じことである。当然のことであるが，最初からこうした形態のものがあったわけではないのである。

1986年にワークスマシンとして参加して以来，1989年まで我々はパリダカに4連勝することができた。もちろん，これは2輪部門では未到のことである。このプロジェクトに取り組むまで，パリダカのような競技のノウハウがほとんどなく，舞台もアフリカが中心であり，我々にとっては未知の要素がきわめて多いものであった。それだけにこのプロジェクトは，我々にとっては，実に思い出深いものとなっている。

NXRの開発が1989年で一段落した機会に，我々の活動をふり返ってみるのも無意味なことではなかろうと，開発のプロセスをまとめた本の刊行に協力することになった。細かい資料の提供や関係者のインタビューの手配などを当方が受けもち，できあがったのが本書である。我々の主要な活動がドキュメンタリータッチで語られており，いささか面映ゆい感じがしないでもないが，多くの方々が本書を通じて２輪車の開発の手法，基本的考え方，チーム員の悩みや努力などに共感をもっていただければ幸いと思っている。

我々の手がけるHRCのレーサーは，常に本田技研の市販車とリンクしており，このNXRからも，そのエッセンスを生かしたトランスアルプ，アフリカツインといったツーリングバイクが生まれ，ヨーロッパ，特にフランスやイタリーではベストセラーとなっている。また技術トレンドとしてもオフロード車用のカウリングや可動フェンダーといった新しい流れの源となったことも開発スタッフ一同としては大いに喜んでおり，その喜びを糧に次の開発プロジェクトに取り組んでいる昨今である。

なお，開発にたずさわったスタッフの名前が本文に実名で登場しているが，NXRをまとめるために働いたHRC関係者は彼らのみでなく，部品製作に当たっては多くのメーカーの方々に無理をお願いして協力していただいている。多くの人たちの努力と協力がなくては，この開発プロジェクトが推進できなかったことを特に申しそえ，ここで改めて関係各位に謝し，前書きに代えたい。

HRC代表取締役常務　松田　稔

第９回パリ・ダカールラリー（1987年）の優勝者，シリル・ヌブー（左から２人目）を青山本社に迎えての記者会見。左から３人目はHRCの松田稔。

目次

第1章　1984年 秋 ―― 9

開発指示 ―― 9
HRC 以前 ―― 11
開発プロジェクトのスタート ―― 13
プロジェクトチーム ―― 15
なにを見るか ―― 16
構想―技術屋の〝夢〟 ―― 17
垂直置き水平対向空冷2気筒エンジン ―― 19
UFO ピストン ―― 21

第2章　第7回ラリー ―― 23

アフリカ大陸へ ―― 23
アガデス ―― 26
行方不明 ―― 32

第3章　開発 ―― 35

開発指示書 ―― 35
45度Vツイン780ccエンジン ―― 38
カチ割りコンロッド ―― 43
オーバーヘッドバルブの検討 ―― 45
リアサスユニット ―― 46
リアタンク＋サブフレームのモノコック化 ―― 47
ケース内オイルタンク ―― 49
フレーム ―― 52
耐久性向上 ―― 53
カウリングと空力 ―― 54
フューエルタンク ―― 57
サスペンション ―― 59
ビムース ―― 61
その他の装備 ―― 63

第4章　試作，実験，設変 ―― 67

スケジュール ―― 67
水冷 ―― 68
進行 ―― 70

浜の真砂は尽きるとも —— 72
初走行・初転倒 —— 74
第5章　現適 —— 79
テネレへ —— 79
現適，その評価 —— 84
耐久テスト —— 87
戦闘力 —— 90
スクープ —— 93
第6章　実戦 —— 95
実戦車発送 —— 95
雪 —— 100
９分23秒 —— 102
トラブル —— 103
ブレーキ —— 105
ジャン・ミッシェル・バロン —— 107
第7章　見直し —— 110
要望，山積み —— 110
サスペンション —— 112
ラジエター —— 113
砂 —— 114
インパネ，ヘッドライト他 —— 114
排気音 —— 116
アライメント —— 118
スペアパーツ —— 119
BMWよりの手紙 —— 120
第8章　2連覇へ向けて —— 122
次年度へ —— 122
'87年型 —— 124
国内テスト —— 125
空出張 —— 126
スポンサー —— 130
派遣 —— 132
第9章　辛勝 —— 134
'87年パリダカ —— 134

リタイア 135
オリオール 140
8分59秒 141
第10章　熟成 145
ヌブー来日とプラモデル 145
ナビシステム 147
イタリーホンダ 152
現適 in モロッコ 154
イタリーホンダ in チュニジア 157
リークーパー 158
第11章　イタリアとフランス 160
オリオリの勝利 160
'88年型 164
トラブルそしてリタイア 165
共同戦線 167
第12章　4年めの完成 173
走りの変革 173
19インチ 175
アトラスラリー 177
あぁ，オリオリ 179
オブジェ・ダカール 181
'89年型 183
チュニジア現適 187
ファラオラリー 190
ロスマンズ再び 192
第11回パリーチュニスーダカール 192
夢のような 200
資料 202

イラスト　安田雅章
写真提供　HRC　本田技研工業　西巻裕

第1章　1984年 秋

アフリカ大陸。都会に住み慣れた人間には，次から次へ，理解できない事件が巻き起こる場所。見渡す限りの砂の荒野。岩ゴロゴロの奇怪な地形。砂漠の真ん中になぜか落ちている貝のカラ。黒人たちの，パワフルで実践的な，生活の知恵。忘れていた様々なものが，この土地にある。見たこともない様々も，ここにはある。

アフリカを，砂漠を相手にするのは，一筋縄では歯が立たない。最初は，砂漠自体が見えない。砂漠が見えてくれば，今度は砂漠に裏切られる。砂まみれになって，自然にもまれて，天をあおぎ，砂に寝転び，ようやく砂漠と，少し友達になれる。

その紆余曲折の道程は，１台のマシンがなにもないところから形になり，そして成長していく過程にも，通じているのかもしれなかった。

●開発指示

1984年。HRC(ホンダレーシングコーポレーション)には，なかなかたいへんな１年だった。健闘むなしく，世界グランプリロードレースのタイトルは，ライバル，ヤマハのエディ・ローソンに譲り渡していた。HRCの切り札，フレディ・スペンサーは，前年'83年に史上最年少のワールドチャンピオンになった。'84年はその余勢をかって，２年連続のタイトルを狙ったのにである。

マシンは，コンパクトな３気筒エンジンを積んだNS500から，パワフルなＶ型４気筒の新型NSR500を投入してシーズンに望んだ。しかもそのニューマシンは，ガソリンタンクがエンジンの下に位置されるという，HRCの意欲作だった。

しかし，すべては裏目に出てしまったようだった。NSRはセッティングが決まらず，スペンサー本人も，ゼッケン１番の重圧に負けたのかもしれない。'83年の最大のライバルだったケニー・ロバーツが，引退を宣言しながらいくつかのレースに出場し，スペンサーに対して与えたプレッシャーも，けっして小さくなかっただろう。いろいろな要素が絡み合って，とにかくタイトルを獲ることはできなかった。'85年こそ，汚名を返上しなければならない。満足に仕上げられなかったNSRは，ゼロから作り直す気持ちが必要だ。開発スピードを上げるには，できるだけ多くのデータが欲しい。そのため，500cc４気筒に並行して，Ｖ型２気筒250ccの開発も進められた。２機種のワークスマシンを，新設計するわけだ。'84年シーズンを終えたHRCは，大車輪の大忙しだった。

そんな，秋口のある日，松田稔HRC取締役(当時)の元に，ひとつの開発指示が下った。松田はHRCの中にあって，主にオフ部門を専門に担当してきた。松田の取り仕切るモトクロスのワールドタイトルは，'84年にはアンドレ・マラーベが獲得していたが，さらに翌'85年にはデビッド・ソープとエリック・ゲボスを加えて３本柱として，連続タイトルに照準を合わせていた。その最中である。

開発指示には，こうあった。

『パリダカールラリー(パリダカ)用にワークスマシンを開発し，ぜひ勝ってほしい』

当時，HRCは，パリダカに関しての活動は行っていなかった。日本人のプライベート参加は何人かあったが，それはごく小規模な活動である。HRCの前身のRSC(レーシングサービスセンター)の時代には，エンジンのチューンアップを依頼され，フランスホンダに供給したことがあった。その時の担当はそのまた昔，マイク・ヘイルウッドのメカニックを担当した大城勝利だったが，松田はパリダカに勝てという指示を見て，ぼんやりと大城の話を思い出していた。

アフリカの広大な砂漠地帯を走るのが，パリダカの何よりも大きな特徴だ。

「パリダカはね，馬力の勝負じゃない。なにがなんでも，信頼性さ……」

その話も，なにかの酒の席で聞いた話である。将来の仕事の参考にしようという意識は毛頭ない。そういうレースも，世の中にはあるんだなぁ，という印象だった。

ところが今，目の前にパリダカ勝利という要望を突き付けられている。勝てといわれて，ホイホイと勝てるようなレースは，レースではない。優勝までには，いろいろ片付けなければいけない問題があるだろう。しかし，どこから片付ければいいのだろう。どんな傾向のマシンを作ればいいのだろう。だいたい，競技はどんなレギュレーションで行われているのだろう……。すべて，クエスチョンマーク付きである。誰に聞けばパリダカについて教えてもらえるのか，それすらクエスチョンマークなのである。

秋から冬へ。翌年のシーズンに向けて開発に忙しいこの時期は，時間がたつのが速い。松田は日々の忙しさに流されて，パリダカのことは考えないようにしていた。寺田幸申HRC所長(当時)からは，進行具合の打診があるが，ひとまずそれは曖昧な返事でかわし続けた。本腰を入れて開発に取り組む覚悟も，必要な資料も，すべてが揃っていなかったのだ。

●HRC以前

パリダカ。正式名称は，たとえばパイオニアが大会スポンサーについた'88年は『パイオニア・パリーアルジェーダカール・ラリー』，ラリーという呼び方をしなくなり，アルジェリアを通過しなかった'89年は『パイオニア・パリーチュニスーダカール』といった。'79

1982年の第4回パリダカでヌブーによって優勝したホンダXR500R、フランスホンダの初勝利であったが，もちろんホンダワークスのスペシャルマシンではなかった。

年に開かれた第1回大会は，フランスの清涼飲料メーカー〝オアシス〟が大会スポンサーで，その名も『オアシスラリー』だった。その時々で正式名称が変わっても，パリをスタートしてダカールでゴールを迎えるおおまかなコースレイアウトには変更がない。だから『パリダカ』といえば，大方の人にはそれで話が通じるのだ。

第1回大会に優勝したのはシリル・ヌブーだった。まだヌブーがパリダカ最年少に近かった時代である。ヌブーは第2回大会でも優勝。第3回の優勝はユベール・オリオールだった。この第3回から，パリダカはFIMの認める国際競技となった。そして，フランスホンダによる，ホンダブランドの参戦も，この年から正式にスタートしている。

1982年第4回大会，ホンダに移籍したヌブーは，通算3度めの勝利を得た。これが，フランスホンダの初めての勝利だった。マシンはXR500R，前述したように，エンジンはRSCの手になるものだが，全体の構成についてはプライベートライダー並といってよかった。実はまだその頃，パリダカのなんたるかをわかっている日本人は皆無に等しかったのだが，ホンダ社内には『パリダカ優勝！』の垂れ幕がかかり，ひとつの大きな成果となったのだった。

もっとも，この勝利はまぐれ当たりともいえる。当時，BMWやソノート・ヤマハ(ソノートはフランスのヤマハ代理店)が，半ワークス体制でパリダカに望んではいたが，どこも本腰を入れての参戦ではない。古き良き第1次世代のパリダカだったわけだ。松田は，この勝利はビギナーズ・ラックと思うことにした。ビギナーズ・ラックとは，極端な例では，パチンコや競馬を初めてする人が，ベテランを尻目に大当たりする，あんなようなものだ。その見方が正確かどうかはさておき，その後フランスホンダがパリダカで優勝することはNXRが登場するまではなかった。

フランスホンダでは，パリダカを絶好の販売促進の舞台と考えていた。パリダカを完

1985年型パリダカ仕様のBMW。ライダーはガストン・ライエで，これによってBMWはパリダカ3連勝を果たした。

フランスホンダの工場前に勢ぞろいした4人のライダーとマシン（左からラライ，シャリエ，ヌブー，バロンでこれは1986年パリダカの車検に向かう前のスナップ）。

走できるマシンは，丈夫なマシンである。もちろん，性能的にも悪いはずがない。パリダカでの活躍は，特にフランスのユーザーには絶大な効果がある。だからフランスホンダのパリダカマシンは，あくまで市販車が基本だった。勝つために，市販されているものとは似ても似つかぬワークスマシンを登場させるのは得策ではない，との考え方である。

ところが，事態はフランスホンダの思うようには運ばなかった。'83年第5回，'84年第6回と，BMWが2連勝した。ホンダの活躍は，その栄光の影に隠れて，なかなか陽が当たらない。さらに一般市場では，パリダカマシンのスタイルに似せた，ヤマハ・テネレが実績を伸ばしつつあった。このままではフランス国内のXLマーケットは，深刻な事態となるだろう。フランスホンダは，市販車改造でパリダカ参戦を続けることに，危機感を持ち始めたのだった。

フランスホンダの態度が一変した。どんなマシンでもいい。市販車にはこだわらないから，とにかくパリダカに勝ちたい。フランスホンダの切実な悲鳴は，ホンダ本社の外国部に届くものとなった。そして，本社からHRCに，パリダカマシン開発の要請が下ったのだった。

●開発プロジェクトのスタート

『'86年のパリダカールラリーに勝てるマシンを開発すること』

HRCへの開発指示書は，いつもこんなふうに単純明解である。ただし，わかりやすいから作業が簡単かというと，実際はほとんどその逆だ。マシンを作り始める前に，どんなマシンを作るのか，またどんなマシンが勝てるマシンなのか，その調査を行わなければいけない。そしてこれが，ある意味では最も難しくて責任の大きい仕事でもある。

たとえばロードレースやモトクロスなら，これまでの参戦記録が，豊富なデータとして引っ張り出せる。少なくとも，どんな形態のレースなのかは知識のあるところだ。しかしパリダカについては，正真正銘，なにもなかった。過去，フランスホンダのマシン製作の手伝いをした関係で，RSCや本田技術研究所朝霞研究所の何人かは，パリのスタート，ダカールのゴールには出向いたが，パリダカの舞台である砂漠地帯には誰も入り込んだことがない。唯一それに近いのは，朝霞研究所の市川哲也が，フランスホンダの要請でサハラ砂漠のテストに参加したことだが，テストはあくまでテストであって，実際のラリーはまた別の問題だ。

ないないづくしのパリダカだが，悩んでいても始まらない。知らないことが多ければ，情報を手に入れる。実体がわからなければ，実際に行ってみる。それが早道だ。とにかく，動き出さなければならない。

慌しいHRCでは，時は急速に過ぎていく。すでに'84年も残すところわずか。パリダカのスタートは1月1日だから，年が明ければ第7回パリダカがスタートし，それから1年先のパリダカでは，勝てるマシンをスタートラインに並べなければいけない。第7回大会が，開発に先がけて視察のできる，その最後のチャンスである。松田は突然に，このプロジェクトを動かし始めた。1月1日のスタートなら，日本を出発するのはその10日ほど前になろうか。アフリカに行くのだから，予防接種も必要だろう。ビザも要るだろう。渡航手続きは，ヨーロッパのグランプリの視察に行くようなわけにはいかない。すぐにでも人選をして，準備にかからなければ間に合わない。

1984年暮。NXRの開発プロジェクトは，なんとも慌しくそのスタートを切ったのである。

●プロジェクトチーム

松田はまず，チームのスタッフ選びから始めなければならなかった。人選が決まらなければ，その先の作業は進まない。もちろんいいかげんな人選では，いいマシンができるわけがない。

プロジェクトチームには，まずリーダーがいる。エンジングループとフレームグループとのまとめ，担当役員である松田との連絡，レースの運営をつかさどるフランスホンダとの連絡などを消化しつつ，最終的にはリーダーの個性が完成車に反映する。個性の強いリーダーの元では，個性の強いマシンができあがる。個性のない人間がリーダーとなると，そのマシンは方向性のない，やはり個性のないものになることが多い。

NXRプロジェクトの開発リーダーには，後藤田祐輔が選ばれた。HRC入社6年め，そろそろ設計屋ぶりも板についてきた。松田は，後藤田にここで1台任せてみる気になった。ちょうど，NSR500の4気筒エンジンの開発がひと区切りついたところで，後藤田はNXRチームのリーダーとなった。後藤田の専門はエンジンだから，エンジン担当との兼務である。

フレーム担当は服部茂。服部も入社6年め，やはりモトクロッサーのフレーム関係の仕事の区切りをつけて，NXRのプロジェクト入りとなった。テストにはモトクロスチー

砂漠中のキャンプ地。それぞれが思い思いの場所を確保し整備し，テントを張るスペースをつくる。

ムとのかけもちで，増田耕二がその任についた。

第7回パリダカの視察は，直接彼らがでかけていくのが一番だ。だが，突然決まったことゆえに，なかなかうまく事が運ばない。まず後藤田は，前作の仕事が若干残っていて，年末年始は体があかないことがわかった。次に，就業規則との兼ね合いがあった。HRCの規則では，年末年始に仕事をする時には，事前に組合に了解を取り付けることとなっている。ところが，すでにパリダカ視察は出発目前，書類を回している時間的猶予はない。

となれば，年末から年始にかけての視察は，組合員ではない管理職（HRCでは主任研究員という）がでかけていくのがてっとり早い。これも何人かの候補が上がったが，やはり最後は松田が行くことになった。その頃の世界グランプリは，年に1度，南アフリカGPが行われている。ロードレースを担当していれば人種差別で問題になっている南アフリカに行く機会が多い。しかし，パスポートに南アフリカのスタンプがあると，パリダカの通過国である北西アフリカ各国では，ビザの発給を拒否するところが多かった。松田はオフ（オフロード）担当で，幸か不幸か南アフリカには行ったことがなかった。

視察のスケジュールが決まった。前半，パリを出発してから中間地点のアガデスまでを松田が受け持つ。松田は，もともとエンジン設計が専門だから，後藤田が集めてくるべきエンジン関係のデータ収集を代行することができる。アガデスから先は，正月休みの明けた服部と増田が視察を続ける。具体的な旅の手配は，慣れぬ日本人がやるのはマチガイのもとなので，すべてはフランスホンダの世話になった。フランスホンダでは，自分たちに勝利を授けてくれるであろう日本人技術者のために，ラリー中の移動の手配，食事や宿の手配など，いっさいがっさいを完璧に用意してくれることになっていた。

●なにを見るか

プロジェクトチームは，急速に動き始めた。視察メンバーの旅支度——黄熱病，コレラ，肝炎，破傷風の予防接種。アルジェリア，セネガル，ニジェール，マリなど通過国すべてのビザ取得。その他諸々——のんびりやれば2か月くらいは平気でかかってしまう——と並行して，どんなポイントを視察すべきかを，チームみんなで検討する打ち合わせが始まった。なんの予備知識も目論見もなく，いきなり視察にでかけたところで，その成果は知れたものだからだ。それにしても，なにを見たらいいのかさえ，この時点ではよくわからないわけで，目の不自由な人がゾウをなでるたとえ話に近いものはあったが，まずは6項目の視察ポイントがあげられた。

まず，レースのやり方，レギュレーションなどを理解してくること。競技に参加するのだから，これは最低条件である。レース内容が把握できなければ，マシンの仕様も決

フランスホンダでパリダカ用にモディファイされた1985年型ホンダXL(ラレイ車)。

まらない。しかし言うは易し，フランス人の主催するイベントのレギュレーションを，日本人が完璧に理解するのは不可能に近い。これは，この最初の視察のみならず，その後もことあるごとに，理解の難しさを痛感させられることになるのだった。

ふたつめは，気候や路面状況などの把握である。どんな環境で，どんな風にマシンを使うのか。それによってもマシンの作り方は変わってくる。

3つめ。どんなマシンが優勢か，それはなぜかを調査する。レースはライバルがいて成立するものだから，優秀なライバルを分析し，それ以上のものを作ることが，勝利への道となるわけだ。

これら3つの視察項目に基づいて，最適なマシンの仮構想をまとめるのが4つめの要件，5つめは，試作したマシンのテストはどのように行ったらいいか，そのテスト項目，テスト要件の洗い出しを行うことだった。

最後の6つめは，パリダカ出場のチーム，メカニック，ライダーなどの意見を謙虚に聴取し，現状のマシンのなにが不満で，なにが必要なのかのイメージをまとめることだった。

〝こうなったらパリダカのなんたるかは，なにがなんでも我々が見てくるぞ〟。

パリダカの全行程をフォローするのは，ホンダではHRCが初めてである。打ち合わせをしているうちに，視察にでかける3人を始め，チームのメンバーの気持ちは，どんどん勇んでくるのだった。

●構想―技術屋の〝夢〟

どんなマシンにするか，その構想も，この頃には早々と各自の頭の中でかたちを作り始めていた。もちろん，この時点では実戦の視察もまだ行っていないし，なにもわからなくて困っていた段階から，現実的にはほとんど進展がない。にも関わらず，始動はセルがいいか，キックがいいか，から始まって，チェーン駆動かシャフトドライブか，はては具体的なエンジンの見取り図まで書き始める者まで出る始末だった。

こういう構想は，ほとんど空想に近い，なんとも頼りないものではあるけれど，いくら漠然としていようと，この構想があるのとないのとでは大違いである。あらかじめ自分なりに温めておいた構想に，現場でのデータや実体験を加えて修正すれば，なんの問題意識もなく現場へ視察に出向いてしまった場合に比べ，その後の開発スピードに格段の違いが生まれるのだ。

もうひとつ，技術屋さんにとって，この時期が最も楽しい一時期なのである。制約は，まだなにもない。すべては白紙で，自分の思うままのものを作れる可能性がある。となると，日頃やりたくてできなかった様々なものが，それぞれの中からムクムクと頭をもたげてくる。この時のパワーが，その後のマシンの性格に影響を及ぼすこともある。いずれにしても，なにも決定できないこの段階では，討論することそのものが，開発の大事な一ステップだ。

この，構想段階で机上にのぼったエンジンレイアウトは，次の4つだった。

1. 単気筒エンジン
2. V型2気筒エンジン
3. 水平対向エンジン
4. 4気筒ターボエンジン

この4つのエンジン形態は，それぞれにメリットがあり，どれをとっても成功の可能性がある反面，どれかひとつに絞るのは，なかなか勇気のいることだった。

単気筒は，これまでフランスホンダが参戦してきて培った，XL系のノウハウを継承して開発を進め，軽量で好燃費のマシンに仕立てるのが狙いだった。

V型2気筒。結果からすれば，実戦にデビューしたNXRはVツインエンジンを搭載しており，これが正解だったかに見えるかもしれない。しかしこの段階では，市販のXLV750をベースとして開発の手間を省くことが，Vツインの第一義的メリットだった。話にのぼったのも，NXRの水冷とは異なり，空冷エンジンの想定だった。

水平対向エンジンは，結果的に'85年も優勝して，パリダカ3連勝を飾ることになった，BMWが採用しているものだ。水平対向シャフトドライブというレイアウトは，常識的にはオフ向きではないが，BMWが好調を続けているところを見ると，なにか大きなメリットがあるにちがいない，という理由から，構想段階のまな板にのぼってきたのだった。

最後の4気筒ターボは，4気筒でしかもターボとくれば，水平対向以上にオフの常識からは外れたものかもしれない。しかし，４輪エンジンではターボは一般化しており，パリダカ出場車にも多くのターボ車があった。ならば２輪がターボをつけてもおかしくはない。馬力はターボで稼ぎ出し，排気量は400cc～650ccと小さくすれば，1000ccのBMWなどに比べて軽く仕上がる公算もあった。

これら構想段階のエンジン形態は，どれも一長一短だったが，その後のパリダカ出場マシンのレイアウトを見ると，どれも一様に成功への潜在性を含んでいたことがわかる。'88年のパリダカからデビューしたヤマハとスズキのニューマシンは，水冷と油冷の差はあるものの，共に単気筒エンジンだし，ホンダはVツインのNXRでパリダカに一時代を築いた。水平対向のBMWは，ワークス活動こそやめてしまったけれど，プライベートの間では依然高い戦闘力を誇っている。４気筒エンジンは，'86年と'87年にソノート・ヤマハから出場したFZTがあり，'85，'86年にはカワサキＺ600も出場していた。特に'87年のFZTは，一時は上位入賞なるかという勢いもあって，HRCでは侮れないという印象を持っていた。

これら他社のレイアウトのコンセプトが，HRCの机の上で語られたものと同じかどうかは知るよしもないが，ともあれ結論に至る道はひとつではなく，そしてどれもそれぞれ成功の可能性を秘めていたことが，後年に証明されたわけである。

●垂直置き水平対向空冷2気筒エンジン

この構想の中に，垂直置き水平対向レイアウトの，空冷２気筒があった。水平対向エンジンは，マシンの重心位置を低くできるのが大きなメリットだ。シリンダー，シリンダーヘッドが左右に大きく張り出すので，風によく当たり冷却性もいい。とはいえ，これではあまりにもBMWと同じだ。フランスホンダも，BMWと同じものはやめてほしいと言っている。これでなければ勝てないとなれば，外野の声は無視せざるをえないが，そこまでせっぱつまってはいないし，技術屋としてもヨソ様の真似ではおもしろくない。

そこで登場したのがクランク軸を垂直に置く（地面に対して）水平対向だ。BMWの縦置き（クランクシャフトがマシンの前後方向に平行に置かれている）クランクでは，クランクが回ることによるトルク反力で，マシンが左右に揺れるローリングが発生する。スロットルの開け閉めで，車体がグラッと傾くのは，クランクが縦置きだからだ。垂直置きなら，トルク反力によるローリングも，マシンが前後に揺れるピッチングも出ない。ただ，首を振るようなヨーイングだけが出るが，これはライディングに影響を及ぼすほど大きくはない。

縦置きクランクでは，OHCの場合のカム駆動用チェーンは，シリンダーの前後方向にくる。これでは冷却風をカムチェーンがさえぎるかたちとなって具合が悪い。さらに，

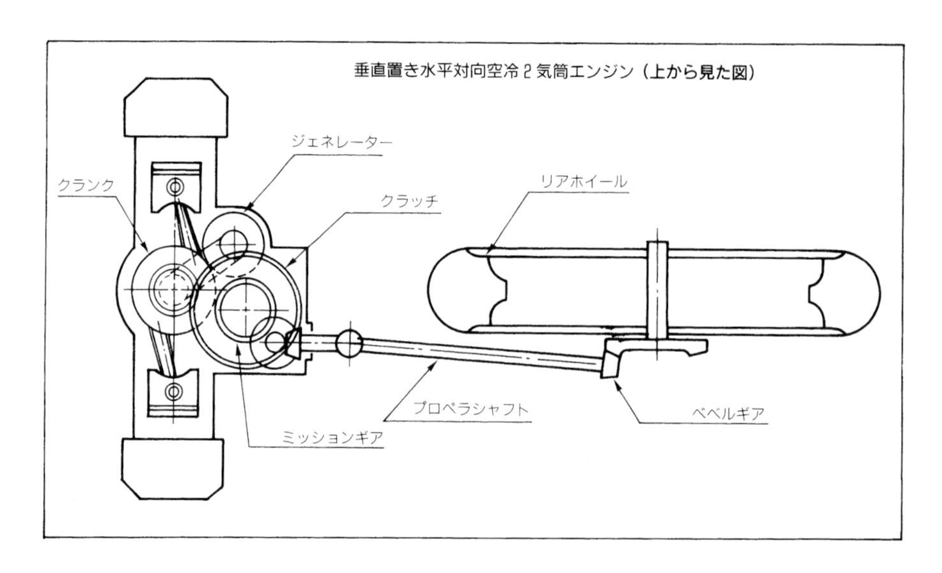

吸排気ポートは必然的に，シリンダーの上下方向に位置する。シリンダーの上に位置するキャブレターはライダーの足と干渉しそうだし，下から出るエキゾーストは，飛び石などの障害物にダイレクトにさらされるから，エキゾーストポートを無理に曲げて，後ろ方向に出してやる必要があるだろう。ちなみにBMWは，OHCではなくOHVなので，この問題をクリアしているのだ。

この問題も垂直置きクランクなら解決する。カムチェーンが上下方向にくるので，バルブは前後方向に配置でき，ポート形状に無理がなく設計できるのである。

重心位置も垂直置きクランクの方が低くできそうだし，クランクの回転方向にベベルギアを１枚介せば，そのままシャフトドライブで駆動ができるので，エンジンの前後長も短くなる。机上で討論を重ねる限りでは，実に長所の多いエンジンができることになっていた。問題は，ベースとして利用できるエンジンがホンダにないことだ。ゼロから型を起こして，期限内に新しいエンジンを作り上げるのは，けっこう難事業となるはずなのだが，新しいエンジンの構想に，技術者の夢は勝手にふくらんでいたのであった。

この垂直置き水平対向エンジン構想は，前述したベースエンジンがないのと，わざわざBMWと同じ路線で行くこともあるまいということ，それに決定的なのはＶ２型構想の方が固まったから，という理由などで，構想段階で話題にのぼったにとどまり，結局日の目を見ずに終わった。

●UFOピストン

消えてしまった類の話をすれば，NR500/750で話題にのぼったUFOピストンも，一時は採用を考えられた技術だった。

UFOピストンは，ピストンが楕円形で表面積が大きいものだから，同じ排気量ならば，ボア×ストローク比を極端なショートストロークに設定できる。ショートストロークになれば，ピストンが上下に動く幅が小さくなり振動が減る。同じ回転数ならばピストンスピードが遅くなるので，その分高回転域を伸ばすことができる。振動を減らしてライダーの疲労を少なくし，ピストンスピードを落としてエンジンの信頼性も上げられる。これもメリットの多い形態のひとつであった。

さらに，HRCがせっかく開発したUFOピストンが，レギュレーションの制約で出場できるレースが少ないのも，採用を考えた大きな理由だった。パリダカで日の目を見せてやろうという，技術者の親心的思いである。

ロードレースのグランプリを除くと，純粋なプロトマシンが走れるレースはいくらもない。選手権のかかっていない時のルマンやボルドール(NR750が出場したのは'85年のノンタイトルのルマン24時間耐久だった)，そしてパリダカが，純粋なプロトであるUFOピストンエンジンの，残されたわずかな活躍の場だった。

しかし結果的にはこれも，採用にはならなかった。NR500/750と，UFOピストンは4気筒エンジンでのみ開発が続けられてきた。パリダカ用となるべき2気筒や単気筒(より現実的だったのは単気筒だった)は，組立完了後即アフリカでの実走テストというスケジ

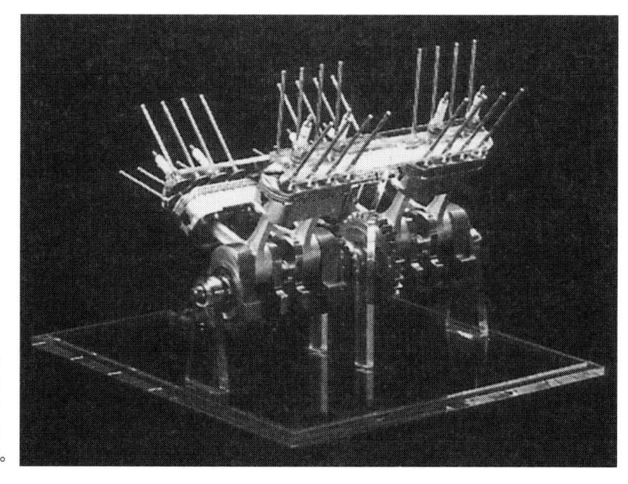

NR500用のUFOピストンエンジン。市販車に採用されていないため，出場するイベントが限定されていたが，パリダカへは出場可能なので，その採用が検討された。

ュールとなる。これでは時間的にもやや自信がなく，悪評高い現地の粗悪ガソリンを使用された場合の問題点洗い出しも，時間的に無理であった。UFOピストンが悪環境に弱いというデータはまったくなかったが，逆に，強いというデータもまったくなく，環境順応性はすべてゼロからテストを行わなければいけないことだった。その時間が１年足らずでは，やはり心許ない。

パリダカマシンは，ただでさえコンセプトがはっきりまとまっていない未知のマシンである。これにUFOピストンをぶつけ新しいものを重ね合わせるのは，いよいよまとまりがつかなくなる危険があった。『翌年には勝て』という指示で開発を進めているわけで，作った一発めから勝たねばならぬ。UFOピストンは構造上，ピストンリングが命なのだが，その設計にもまた時間がかかる。何度も設計をやり直す時間的余裕はないばかりか，ピストンリングができないために，マシンが間に合いませんでしたでは，許されない。

そんなわけで，UFOピストンエンジンのパリダカマシンは，これまた机の上から出ずに，姿を消してしまったのである。

第2章　第7回ラリー

●アフリカ大陸へ

’84年，年の瀬。松田はパリダカ視察のため，パリに向けて出発した。本社からの開発指示が出てから2か月後，プロジェクトチームが実際に動き始めてから1か月後のことだった。パリに着けば，身の回りのことはフランスホンダにお任せとなる。パリダカとアフリカの国々に関しては，フランスホンダは圧倒的に経験豊かであり，対して松田はこれが初めてのアフリカ旅行である。さすがに出発前に勉強したので，サハラ砂漠にライオンやキリンが住んでいないことくらいは知っていたが，実際にどんな旅になるのか

イフェルアン―アガデスのコース。山などの地形や先行車のワダチを頼りに進んでいく。

砂漠の中の美しい街であるガルダイア。アルジェリアのサハラ砂漠にある(写真の日付は'85の間違い。おそらくカメラの操作ミスと思われる)。

は，さっぱり自信がなかった。

松田のアガデスまでの移動の足は，飛行機の席が確保された。この飛行機は，レギュレーションに定められたメカニック用のもので，つまり松田はフランスホンダのメカニックとして，キャンプ地からキャンプ地へ，飛行機旅行をする手はずとなっていたわけだ。

ラリーのスタートは1月1日。松田ら，飛行機部隊のメカニックたちは，1月3日に南仏のモンペリエを飛び立った。着いたところは，アフリカ大陸だった。

聞くと見るとは大違いとはこのことである。初めてのアフリカは，すべてが驚かされることばかりだった。アフリカは暑いという先入観から，ウィンドブレーカー程度のジャケットしか持参しなかった松田だが，実は北アフリカでは，夜は零下にまで冷えこむことがある。この年は特に寒かった。砂漠の玄関口，アトラス山脈ではラリー一行が雪に降られ，最初の野営地では霜が降りた。寒いのは，自分の準備が悪かったから。誰にも文句が言えない松田は，しんしんと冷える砂漠で，ガタガタ震えながらの第一夜を過ごしたのだった。

震える松田のすぐそばでは，チームのメンバーたちが，夜を徹しての作業中だ。そうしている間にも，傷ついたマシンが続々とキャンプ入りしてくる。それにわっと取り掛かるメカニックたち。メカニックのいないプライベートライダーは，ひとりポツンとキャンプに入ってきて，黙々と整備を続けている。

時折，すさまじい地響きと共に目の前を通り過ぎるのは，トラックである。パリダカでは，フランス語でカミオンといった方がしっくりくる。彼らは車幅いっぱいに補助灯を並べ，あたりを昼間かと思うほどに照らしつけながら，キャンプに入ってくる。松田には，このトラックの印象がなにより強烈だった。繊細な2輪レースを専門に見てきた

松田が乗ったのは4WDのボンネットバス。アクマットというツアー会社が仕立てたバスで，この後もパリダカを走っている。スピードや乗り心地は決して期待してはいけない。

松田である。6輪8輪の巨大なカミオンが，2輪と同じ土俵でレースをしている。しかもレース中のパーツは，すべてカミオンが競技をしながら供給しなければいけないレギュレーション。なにもかもが大胆だ。その象徴が，ズラリと並んだ前照灯をこうこうと点けて，夜道を突進してくるカミオンたちの姿なのだった。

なにより驚かされたのは，レースの舞台そのものである砂漠と，砂に関してだった。日本で考える砂とは，まったくちがう。日本語で〝砂〞といえば，それは主に海岸の白砂だが，砂漠の奥地に舞っているパウダーサンドは，ほとんど粉，むしろ水に近い。あらゆる物の，あらゆるところにしみこんできて，マシンの可動部分はすべて紙ヤスリをかけたような状態になってしまう。

王子様とお姫様が出会う，ロマンチックな月の砂漠のイメージで考えていたらとんでもないことになる。砂嵐でも来ようものなら，視界はまさにゼロ。海に出て深い霧に巻かれたように，なんとも心細い。さらに，こんな砂ばかりなのかと思いきや，サハラ砂漠の山岳地帯は，石ゴロゴロで断崖絶壁の山がそそり立つ，砂漠どころか地球とも思えぬ風景が広がる場所もある。

こういう地形を見ようと思ったら，キャンプからキャンプまで，点から点の移動をしていたのではだめだ。松田は陸路で砂漠を移動したいと思った。幸い，記者たちを乗せて走っている4駆のボンネットバスに空席があった。もちろん席を見つけてくれたのはフランスホンダのスタッフだが，松田は大喜びでこれに乗りこんだ。砂漠のギャップで，体ごと飛ばされながら，松田はラリーコースの実体を，よりダイレクトに観察することができたのである。

バスの休憩タイムでくつろぐ松田。そばによってきているのはトワレグ族。どこからともなく現れるのがアフリカのすごいところ。

●アガデス

見るものすべてが珍しい松田を連れて，ラリーは前半を終え，ニジェールのアガデスに到着した。荒涼とした，なにもないサハラ砂漠を越えて来ると，アガデスの街は，ここから文明が始まるかの印象を受ける。土と石でできた家，ロバ，木，市場，たくさんの人。それらは，サハラを越えている間は，ついぞ出会えなかったものばかりだ。松田はフランスホンダのメカニック連中に，思わず〝アガデスはパラダイス〟と感想を語り，その後もこの一言は，パリダカのキャンプで脈々と語りつがれることになる。ここで松田は，後発の服部，増田両名と交代する。

服部と増田の２人は，ニジェールの首都ニアメイを経由してアガデスへやってきた。サハラから来れば文明の源たるアガデスだが，日本から，パリ，ニアメイと経由すると，アガデスは地の果て，砂漠のど真ん中に等しい。右も左もわからぬままに，しかもニアメイまでビジネスクラスで飛んできて，いきなり地の果てに連れて来られた２人は，さぞ心細かったにちがいない。

彼らが最初に接したアフリカが，ニジェールの首都，ニアメイの飛行場だった。ここでいきなり，彼らは途方に暮れることになる。フランスホンダからは，これに乗って行きなさいと飛行機を指示された。だからニアメイまではやってきた。ところがそこから先がわからない。同じ飛行機でニアメイにやってきた人々は，到着するや散り散りにどこかへ行ってしまい，いまや誰も姿が見えない。いったい，どうやってアガデスまで行けばいいのだ。今夜の宿泊はどうなるのだ。

ふと見れば，空港の向こうの方に，同じように途方に暮れた感じの人間がいる。聞けば，イタリアからパリダカの取材に来たカメラマンだという。さっそく彼と共同戦線を

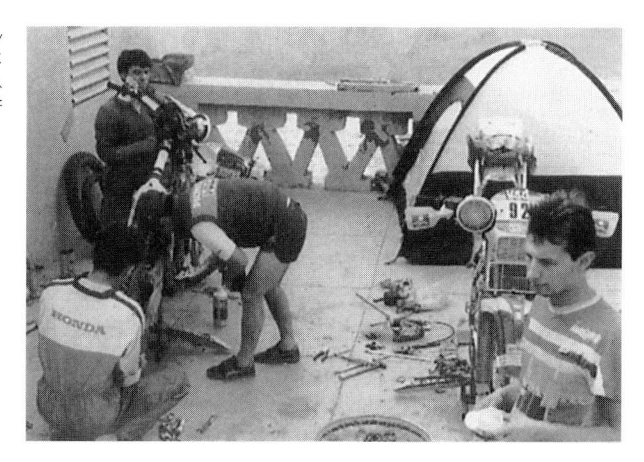

ラリー中間点のアガデスのキャンプで整備するイタリーホンダのメカニック。1日休憩するアガデスでは家を借りて整備することが許されている。

張ることになり，心細い同士の3人は，ウロウロとしながら，そこらにたむろする現地の人にその晩の宿を世話してもらい，得体の知れないポンコツバスに乗せられ，汚いベッドで眠れぬ一夜を過ごした翌日は，アガデス行きの飛行機を探しあて，そして松田の待つアガデスの飛行場に降り立った。

ニアメイの飛行場で，そのアフリカぶりに驚いた2人だったが，アガデスはその比ではない。ニアメイには，まがりなりにも電灯がつく空港待合室があった。アガデスにはなにもなかった。降りたら，いきなり砂漠である。本当は，パリダカで使う飛行場の中には，滑走路がダートの飛行場もいっぱいあるのだが，この時の2人は砂ボコリ舞う滑走路程度で，充分衝撃的なことだったのである。出迎えた松田の顔を見た服部は，安心すると同時に〝なんてキッタナイかっこうをした取締役なんだろう〞と，内心密かに思っていた。

服部は，東北大機械科を卒業，休日にはテニスを楽しみ，大学時代にはゴルフ部のキャプテンを務めた都会的な青年である。一方増田は，'75年に250ccで全日本モトクロスチャンピオンにもなった男であり，単身アメリカンモトクロスに殴りこみをかけたこともある。怖いものはないという顔つきの男である。

どちらかというと服部は，比較的平気な顔で松田の前に現れた。緊張のおももちで登場したのは，なにが出ても驚かないはずの，増田だった。アガデスまでの機上では，震えてさえいたようだとの，おおげさな観察もあった。この視察が終わって増田は，ダカールから直接アメリカへ飛んで，スーパークロスシリーズの現場に入った。そこで落ち合った仲間に「アメリカはイイー！」と腹の底から絞り出すような第一声を伝えたという。アフリカとアメリカ，1文字違いで大違いというわけだ。

ニジェールのニアメイにあるホテル・ガウェイ。こんな立派なホテルはニアメイとバマコ，それにダカールくらいしかない。プライベートエントラントはこのホテルの庭で寝る。

ラリーのチェックポイントに到着したヌブー(中央)とラレイ(左端)。しばしの休息でノドをミネラルウォーターでうるおしているところだが，たちまち住民にとりかこまれる。

増田にとって不幸だったのは，増田は長いアメリカ暮らしの経験があり，危険な場所には近寄らない生活の知恵がしみついてしまっていたことだった。だから，ニアメイの飛行場に降り立って，まわりの雰囲気が，これまで注意してきた危険な場所のように感じられた時に，増田は極度の緊張状態となった。その増田が，その晩のホテルの確保のために，見知らぬ現地の人々に，助けを求めなければならなかった。その精神的負荷は，相像できないほどに大きかったようだ。

増田のパリダカ視察は，こんなわけで視察どころではなく，アフリカの環境に順応するのが先決だった。物を食べるのはハシか，フォークとナイフが必要だ，という生活から，物は手で食う，ハエがたかっても気にしない生活に，それは増田に言わせると180度の方向転換だった。アメリカに単身乗りこんだ時は，なんとかなるさ，と意気込んだ。

1984年に引き続いて出場した横川啓二のトンボクトゥのスタート。しかし、この夜彼はキャンプに到着しなかった。

モーリタニアのチチットで現地の人に借りた家の敷地内の服部と横川。飛行場から歩いて20分のところにあるが，もちろんこの家には電気も水道もない。

アフリカは，なんとかなるさでは，どうにもならないレベルだったのである。

増田がようやくラリーの周辺に目を向けたのは，下った腹がなんとかおさまった（これも精神的ショックゆえのことだと本人は述懐する），後半戦のトンボクトゥでのことだった。ここで，日本からバイクで参戦する横川啓二に出会った増田は，彼の整備につきあってひと晩を過ごしている。ガソリンがもれて，毎晩その修理に追われているという横川を見て，増田は漠然と，燃料タンクは大事だなぁ，と考えていた。

翌朝，横川ら，参加ライダーがスタートしていくのを見送りながら，増田はこのうちの何人が生きのびるのだろうと考えた。その晩，横川はとうとう帰ってこなかった。

〝砂漠を越えるということは，たいへんなことなんだ〟

マリのガオで旧知のガストン・ライエと再会した増田。２人ともモトクロスライダーとしてならしたのは知る人ぞ知るところだ。左側にいるオジさんはただの物売り。

1985年当時は出色の装備だったBMW。センターに置かれたコンパス，電動マップケース，タンク上の工具箱，ミニカウルなどがきれいにまとめられている。

増田は，パリダカのパリダカたるものを，少しずつ見きわめようとしていた。

増田の脳裏に，最も印象強いのは，モーリタニアのチチットの砂漠である。電気も水道もない，外部から人が来るのが何十年ぶりというこの街で，増田らは現地の人の家に泊めてもらった。そして翌日，もう来るだろうという頃，地平線の彼方を見つめて待っている。やがて，ライダーが帰ってきた。最初は音だ。どこからともなく聞こえてくるか細い排気音は，そのうちはっきり，たくましいエキゾーストノートになる。そして，ヘッドライトが見える。

〝砂漠を走ることの感激は，待っている者にも感激を与えるものなのだ〟

地平線の彼方から，ゆらりゆらりと近づいてくるヘッドライトを見ながら，増田は思った。その晩は少し冷えこんだ。増田は，枯れ木を集めてきて焚き火をした。その火を目指してBMWに乗る，パリダカ２連勝をめざすガストン・ライエが帰ってきた。自分のキャンプが見つからないという。そして，増田の横で，そのままゴロンと寝入ってしまった。明日の敵を目の前にして，服部と２人，焚き火に照らされたBMWの造りをあれこれとなく観察しながら増田は〝砂漠を走ってみたい〟とこの時思った。

増田はその後，パリダカにエントリーする算段を考えたことがある。テストで走って，ヌブーやフランスホンダのジャン・ルイ・ギュー監督に一目おかれたこともあった。かつてのモトクロスライダー仲間のライエが，パリダカ・トップライダーのひとりとしてがんばっている姿も，増田の胸をゆさぶるものがあった。しかしやはり，モーリタニアで見た砂漠の魅力は，ライダーとしての心を大きくゆさぶるなにかがあったのだろう。

残念ながら，増田のこの思いは〝やるんだったら会社をやめてからだな〟との福井威夫

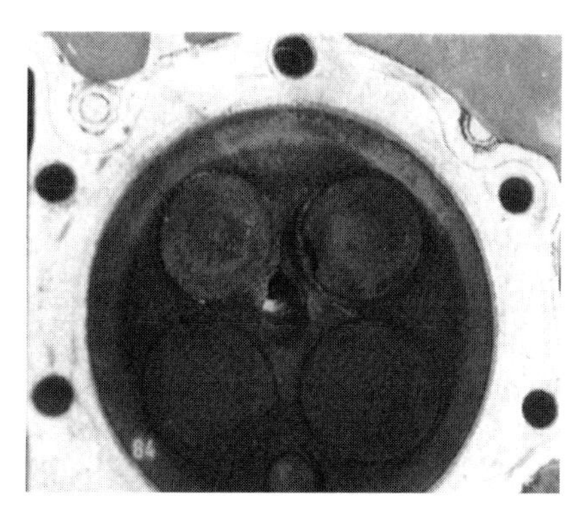

次々とトラブルが発生する。上の写真はエンジンの異常燃焼による損傷。といってもこうなるとエンジンの中はメチャメチャだ。下のホンダXLはリアフレームがポッキリと折れてしまっている（女性ライダー，ベロニクのマシン）。

副社長(当時)のひとことで棚上げとなっている。増田としても，出るのならきちんとした体制で出たい。プライベートでの参加は増田のスタイルではない。福井の言葉は，おそらく増田を心配しての言葉だったのだろうが，NXRのテスト車が回ってくる度，増田は自分がこのマシンで出場している姿を，チラリと思い浮かべるのだった。

さて，こんな具合で，ショックの真っ最中の増田を含めた３人は，無事に合流したアガデスのキャンプで，ラリーの半分を走り終えた参加車両を見て回った。単気筒勢は見るも無残だった。フランスホンダの送ったXL(エンジンなどには朝霞研究所の手が入っている)も，他メーカーのマシンも，フレームがボキボキ折れている。単気筒の振動が原因なのは明らかだが，それにしても日本で実走耐久テストをやって送り出したものがこれだから，現実は相当厳しいのだと，つくづく思い知ったものだった。

パリダカのキャンプ(通常のレースのパドックに近い雰囲気を持つ)には日本人のメーカー関係者は珍しかった。松田ら３人がHRCの社名入りウェアを着て歩いていると，あちらこちらのホンダユーザーが，ここが壊れた，あそこが弱いと，痛んだ部品を見せにやってくる。大きな穴の開いたピストンには，錆びたような色をしたスラッジが，びっしりこびりついていた。ガソリンの質も相当悪い。砂は，エアクリーナーでもどこからでも，いくらでも入りこんでくるようだ。日本で考えていた概念で砂漠を推し量ってはいけないらしい。防塵対策も，防水対策と同じことをやらなければダメだなと，日本で考えていたことの甘さ加減を痛感したのだった。

●行方不明

この年，前半戦はBMWのライエが，転倒による負傷とフレームのアライメントが狂ったために調子が出ず，ヤマハのセルジュ・バクーとホンダのジル・ラレイの一騎討ちとなっていた。モトクロスあがりのイタリア人フランコ・ピコは，初参加で３位といいところにいる。

ヤマハ・イタリー(ベルガルダ)仕様のピコのマシンは，同じヤマハながら，バクーのソノート・ヤマハとはずいぶん仕様が異なっているように見えた。ソノートはいかにもワークスという感じで，日本のヤマハ本社からも技術者がフォローにまわっていた。それに比べ，ピコのマシンはなんとも手作りの感じで，日本サイドのサポートはあまりない印象があった。フランスホンダのXLよりも改造範囲は少ないほどで，このマシンに乗るピコが３位をキープしているのは，大きな驚きでもあった。

１月11日のことだった。その日の行程はディルクールーアガデス。フラットで柔らかい砂質のテネレ砂漠横断のルートだが，ここで急に，1000ccの排気量にモノを言わせてライエのBMWが一気に順位を上げてきた。さらにライエの急浮上に焦ったか，トップを

↑エンジンが壊れたりで悪戦苦闘のヌブー。翌日のモーリタニアの砂漠走行に備えてルートブックの予習に余念がない。

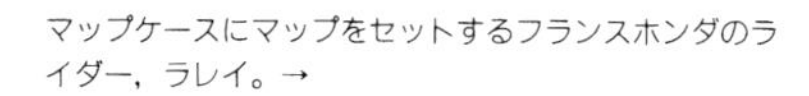
マップケースにマップをセットするフランスホンダのライダー，ラレイ。→

行くバクーとラレイが大きくミスコース，２人揃って行方不明になってしまった。おそらくミスコースだろう，ということだったが，とにかく音信不通だから安否さえもわからない。アガデスのキャンプで待つ身にしてみれば，長い長い，不安の時を過ごすことになったのである。

彼らは，結局翌日になって帰ってきた。コンパスの見誤りか，バクーは南へ10度，ラ

1985年当時はキャンプものんびりとしたムードだった。ヌブーが寝そべって，クーロンやラレイ，ギュー監督となにやら話しこんでいる。

レイは同じく5度コースを外れていたという。2人は途中でガス欠となり，どこかの部落でガソリンを分けてもらって無事生還したのだが，日本からの3人にしてみれば，いきなり行方不明事件に遭遇する，ショッキングな視察旅行となったわけだった。

アガデスのキャンプには，たまたまバクーの奥さんが応援に駆けつけてきていた。このミスコースに，彼女はずいぶんと心配したようだ。ホンダ陣営のキャンプにも，何度も何度も顔を出し，何かわかったことはないか，と心配そうに聞いてくるのであった。

バクーの奥さん，それからラレイの帰りをテントの外でじっと待っているフランスホンダのギュー監督の姿が，松田には痛烈な印象となった。マシンは，なにより信頼性を最優先させなければいけない。信頼性のないマシンは，勝てないだけではなく，いろんな人によけいな心配をかけることになる。なにを置いても壊れないマシンを作るべし，と心に誓い，松田は宿題の〝求められるマシン要件〟をまとめつつ，砂漠を発って，正月休みの終わった日本へと帰ってきたのだった。

パリダカマシンに求められる要件(パリ-ダカール・ラリー出張の総まとめ)

	狙い	理由
1	軽く，小さく	・マシンの取り回し，ライダーの疲労，動力性能，燃費等すべてに効果あり
2	疲れないこと	・ライダーに長時間にわたり，冷静な判断力を持続させる
3	壊れないこと	・耐久性能はチームの余裕，士気，全てに影響を与える ・トラブルでストップすると，数時間の差がつき上位入賞はむずかしくなる
4	メンテナンス性の良いこと(基本的にノーメンテ)	・整備環境は劣悪の上，整備時間が少ない(耐久レースである) ・整備する側も冷静な判断力を持続させているとは限らない
5	高速安定性と中低速操縦性の両立	・あらゆる路面状況が出現する
6	マスが重心に集中，かつ低重心のこと	・取り回しの軽さは疲労の低減につながる ・水，工具等多くを積まねばならないレースであり，これらを考慮の上のマス集中，低重心でなければならない
7	燃費の良いこと	・積載ガス量の少なさは取り回しの軽さにつながる ・途中給油のロスタイム(30分/回)を防ぐ(航続距離500～600km必要)
8	最高巡行速度170km/h	・BMWが砂漠を160～170km/hで巡航可能('85)

⇩

① パワフルでタフなオールラウンドマシン
② ライダー重視の乗りやすく，疲れの少ないマシン

第3章　開　発

●開発指示書

パリダカ視察組が戻り，プロジェクトチームはマシンに求められる要件をまとめあげた。それを待って，松田はいよいよ具体的な開発指示書を作成した。松田の，HRC役員としての仕事である。

NXR開発プロジェクトに関して，松田はふたつの立場を持っていた。ひとつはチームに指示する司令官であり，もうひとつは開発に従事するメンバーのひとりとしての立場である。こんなひとりふた役は，HRCが従業員200人少々の，比較的小さな会社だからという理由と，松田の性格によるものだ。もともと設計屋の松田は，みんなが新しいものを作っているのを見ると，どうしても仲間に加わりたくなってしまう。役員然と，椅子に埋もれているのは性に合わない。松田の机も，チームのみんなと同じフロアにあって，いつも顔を見合わす距離にある。ついつい口を出してしまうような環境なのである。

さて，司令官としての立場で松田が作った開発指示書は，10月の段階で出された初期の指示とは異なり，エンジン形式はV型2気筒空冷と明記されている。空冷という部分が，実際のNXRとは大きな違いを見せる部分で，松田は今になってこの開発指示書を読み返すと，思わず冷汗をかいてしまう。1度くらいパリダカを見物し，わかったような気になっていたが，実はなんにもわかっていなかった，という感慨である。

当時，空冷のXLV750はすでに市場に出ており，将来的にXLV路線を拡大していく営業上の計算を考慮しすぎたのも，空冷Vツインとした理由だった。だが，プロジェクトとしてもXLVというベースがあれば開発がやりやすく，しかもこのエンジンはチューン

開発指示書

下記，プロジェクトの開発を指示する。

所長　寺田

<table>
<tr><td rowspan="2">プロジェクト名</td><td colspan="3">通　称　名</td><td rowspan="2" colspan="2">類別記号</td><td rowspan="2" colspan="2">NT5A</td></tr>
<tr><td colspan="3">NXR750</td></tr>
<tr><td>LPL開発責任者</td><td>所属</td><td>1設</td><td>氏名</td><td colspan="4">後　藤　田　祐　輔</td></tr>
<tr><td>目的・要因</td><td colspan="7">A．社会的要因　B．創造技術　C．改良開発　D．企業要求</td></tr>
<tr><td>開発要領</td><td colspan="7">・現在，全世界的にXL．XRのマーケットが縮小しつつあり，新しいコンセプトのマシンを開発する必要がある。
・フランスを中心とした欧州で人気の高いPARIS-DAKARレースは，現在BMWが優勝を重ねている。しかし最近時Ⓨの台頭が著しく，放置できない状況である。
・そこで，PARIS-DAKARレースに焦点をあて，Ⓨの突き放し・XL．XRマーケットの拡大・さらにHMが'86投入を予定しているXLV拡販に寄与することなどを狙いとしたワークスマシンの開発を行う。
〈対象レース〉
パリーダカール　（1月）
チュニジアラリー　（4月）
アトラスラリー　（5月）
ファラオラリー　（9月）
アルジェラリー　（11月）
〈内容〉
・RS750D．XLV750をベースとしたニューコンセプトマシン
・軽量コンパクトV型空冷エンジン（ケース内オイルタンク，カチ割りコンロッド等のRテーマ導入）
・大容量フューエルタンクを備えた低重心，高地上高フレーム
・最高速180km/h以上，出力特性3,000～8,000rpmまでフラットなトルク要
・レース時燃費11ℓ/100km以下
・量産部品の活用を極力計る</td></tr>
<tr><td rowspan="4">日程及び
指示事項</td><td colspan="3">・企画　2月中旬</td><td rowspan="3">開発製作台数</td><td></td><td>エンジン</td><td>フレーム</td></tr>
<tr><td colspan="3">・プロト車完　5月末</td><td>プロト</td><td>3</td><td>2</td></tr>
<tr><td colspan="3">・現適テスト　6月</td><td>実戦機</td><td>6</td><td>3</td></tr>
<tr><td colspan="3">・実戦機出荷　12月中旬</td><td>予定開発費
（材料費）</td><td colspan="3">――</td></tr>
<tr><td>プロジェクト
チーム
担当PL
所属氏名</td><td colspan="3">・設　計
ENG　後藤田
FRA　服部
・1　研　西山</td><td colspan="4">・2　研　増田
・5　研　藤高
・整　備　酒井
・管　理　大西</td></tr>
</table>

アップされて，ダートレース用のRS750Dにも積まれている。開発の手順は，ぐっと早いはずである。NXRのエンジン実験を担当することになった西山良策は，ダートレーサーを専ら扱ってきた男で，RS750Dのことも知りつくしている。松田が彼をチームに選んだのも，このメリットを考えてのことだった。

さて，開発指示書によれば，開発要領の主な内容と，そのスケジュールは次のようだった。

- ケース内オイルタンク，カチ割りコンロッド採用の軽量コンパクトV型空冷エンジン
- 最高速180km/h以上，3000～8000rpmのフラットなトルク特性

●燃費は11ℓ/100km以下（フランスホンダ流の表記）
●大容量フューエルタンクを備えた低重心，高地上高フレーム
●プロト車の完成は５月末，現地適合テストは６月，実戦機の出荷は12月中旬
●プロト車はエンジン３機フレーム２機，実戦機はエンジン６機フレーム３機製作

この段階では，まだ実体を把握していないこともあり，結局実現不可能だった項目も，変更になっているものもあるのだが，それはその都度触れていくとしたい。

プロジェクトチームは，この指示書を元に，レイアウト討論会に入った。エンジンレイアウトを決定し，マシンの諸元を決定する会議である。検討は連日に亘り，最初の開発企画書ができあがったのは，２月27日のことだった。

XLV，RS750Dというベースエンジンはあったが，どうせやるならゼロからやりたい。設計屋としての心意気から，両車をベースとしながら，共通点がほとんどない，新しいエンジンを作りつつあるのだった。

エンジン形態を煮詰める一方で，エンジン性能の試算も始まった。これは西山の得意の領分だ。RS750Dは750ccクラスの中では最もトルクが出ていたので，これを参考にエンジン諸元を決めた。最高出力と最大トルクは，過去のデータからの予想で，この時点では現実のものではない。西山としては，この表にあるくらいの馬力を期待して，諸元を決定したのである。

この段階では，NXRは影も形もない。だが，過去のデータの蓄積から，予想出力はほとんど狂いなく現実になることが多く，他の機種では机上の数値がそのまま実現されることがほとんどだ。しかしNXRでは，とうとう現実のものにならなかった。パワーと，現地での苛酷な条件下での耐久性とのバランスを，この試算段階では充分に把握していなかった。簡単にいってしまえば，まだまだ甘かったというところである。

参考までに，XLV750とRS750Dの，エンジン諸元を同じく表にしてみた。NXRの，RS750Dに対しての最も大きな変更点は，圧縮比である。8.5という数値はほとんど量産並だ。レーシングマシンとはいいながら，NXRが使うガソリンはガソリンスタンドからライダーがお金を払って買う，ごくごく当たり前のガソリンである。純度の高いガソリンが使える他のレーシングマシンと，同じレベルでの設計は通用しない。

また，RS750Dに比べてNXRではバルブが開いている時間が長い。これも耐久性への配慮である。バルブガイドがさらされる砂まじりの環境，ガソリンに含まれる鉛分の少なさを考えると，バルブがバルブガイド中を移動するスピードは，遅い方がいい。そのため，バルブのリフト量を小さくとる必要がある。ところが，バルブリフトを小さくしただけでは，求められるエンジン性能を発揮できないから，バルブタイミングでそれを補うわけである。バルブリフトとバルブタイミングの関係は，お湯を沸かす際の火の強

NXRエンジン諸元表（計画）

ボア×ストローク	83mm×72mm×2気筒
総排気量	779.1cc
インテークバルブ	30.5mm×2バルブ
エキゾーストバルブ	27mm×2バルブ
圧縮比	8.5
バルブタイミング （1mmリフト時）	吸気　開　上死点前　45度 閉　下死点後　50度 リフト　7.0mm
	排気　開　下死点前　60度 閉　上死点後　35度 リフト　7.0mm
予想最高出力	82.6ps／8000rpm
予想最大トルク	7.56kg-m／7500rpm

エンジン諸元比較

	RS750D	XLV750
ボア×ストローク	79.5mm×75.5mm×2気筒	79.5mm×75.5mm×2気筒
総排気量	749.6cc	749.6cc
インテークバルブ	30.5mm×2バルブ	30mm×2バルブ
エキゾーストバルブ	27mm×2バルブ	42mm×1バルブ
圧縮比	12.0	8.4
バルブタイミング （1mmリフト時）	吸気　開　上死点前　25度 閉　下死点後　55度 リフト　10.0mm	吸気　開　上死点前　5度 閉　下死点後　35度 リフト　6.5mm
	排気　開　下死点前　55度 閉　上死点後　25度 リフト　10.0mm	排気　開　下死点前　35度 閉　上死点後　5度 リフト　6.5mm
最高出力	90ps／8500rpm	55ps／7000rpm
最大トルク	8.0kg-m／6500rpm	6.0kg-m／5500rpm

さと時間，あるいはカメラのシャッターと絞りの関係に近い。

●45度Vツイン780ccエンジン

NXRの排気量は，最終的に780ccというオフモデルとしては異例に大きなものになった。ただ，BMWは1000ccの2気筒エンジンだったし，その後のパリダカの流れを考えると，この程度の排気量は主流ともいえる。だが，排気量が大きいことに，疑問をはさむ声も多かった。排気量はもう少し小さくして，必要な馬力は回転を上げて稼ごうという意見も根強い。しかし，実際の現場を見てきた者には，確たる主張があった。
『パリダカマシンのエンジンは〝農耕機エンジン〟の如きエンジンがよい』

高回転型エンジンで，ライダーにイライラ感を与えてはダメ，疲れなくて，イチにもニにも信頼性が高くなくてはダメ。そのためには，回転を上げなくてもパワーが出る，大きな排気量が必要だ。ということで，780ccの排気量は，全員の合意に達したのだった。

排気量が決まると，この排気量なら多気筒がいい，ということになる。始動性の容易さ，振動によるフレームの耐久性への配慮からである。しかしシリンダーが多ければいいというものではない。部品点数は少ないほど，メンテナンスも楽である。つまり２気筒がよかろうということになった。

次なるは２気筒のレイアウトだが，振動が少ないこと，左右の幅が狭いことなどから，前後配置のＶツインがよいということになった。単気筒，水平対向２気筒，４気筒ターボは，それぞれ長所も少なくないが，微妙に首をかしげる反応があった。さらにホンダの将来的な販売戦略上も，Ｖツインは都合がよかった。HRCとしてはあくまでも勝つことが目的だから，販売戦略上でいくら都合がよくても，勝てるものでなければ採用できない。しかしＶツインは，充分勝算のあるエンジンだった。

Ｖツインの振動の少なさは，大排気量を選んだのと同様，ライダーの疲労軽減上重要だった。振動が少なければ，車体に発生する振動応力も減らして，耐久性も上がる。同じ耐久度を出すなら，軽いマシンができる。振動が少なければ，あらゆる点でいい方向

NXR用V2型780ccエンジン。

♧Vツインエンジンの振動計算式♧

x_1, y_1：#1シリンダーに対するx軸，y軸　　α：シリンダーはさみ角

x_2, y_2：#2シリンダーに対するx軸，y軸　　β：#1クランク位相0の時の#2クランク位相

θ_1：#1シリンダーのクランク位相　　θ_2：#2シリンダーのクランク位相

図から，$\theta_2=\theta_1-\beta-\alpha$

往復部分についての不つりあいの力Fを，各気筒ごとの単気筒エンジンとして考えると

$$F=\frac{m}{g}r\omega^2(\cos\theta+q\cos 2\theta)$$

m：往復する重さ（ピストン，ピストンリング，ピストンピン及びコンロッドの小端部よりの往復運動部分の重量。大端部よりは，回転運動部分となる）

g：重力加速度

r：クランクの半径

ω：回転速度（角速度の単位であるラジアンで表す）

つまり，ピストンやリングその他が重く（mが大）ピストンストロークが大きく（rが大）エンジン回転が高く（ωが大）なれば，不つりあい慣性力Fは大きくなる。

$q\cos 2\theta$は，qはクランク比で，クランク半径をコンロッドの長さで割ったもの。コンロッドの長さが有限であるために，ピストンピンの動きは，上死点から下死点に至るまで一定ではない。そこで発生する慣性力が$q\cos 2\theta$で，これを2次慣性力という。しかし実際には，1次慣性力による振動の方がはるかに大きく，2次に関しては無視できるものなので，1次慣性力による振動に絞って考えることにする。

に働くのである。

ただし，シリンダーはさみ角が90度でない場合は，Vツインでも振動は発生する。そのためクラシックなVエンジンのはさみ角は，90度が圧倒的だ。しかし，エンジンのコンパクト化を狙う場合には，はさみ角は狭いほどいい。狭いはさみ角と振動問題の，相反する課題を両立させるのが，位相クランク採用の狭角Vツインである。

Vツインエンジンはなぜ振動が少ないか。それは各気筒の発生する振動を，もう一方の気筒の振動と相殺させて，吸収しているからである。位相クランクを採用した場合は，シリンダーはさみ角に応じて，各気筒が振動を消し合う，適切なクランク位相にしなければならない。その角度は，計算式で求めることができる（かこみ数式参照）。

もうひとつ，Vエンジン採用の有力な理由があった。それはグリップである。グリップのいいエンジン，悪いエンジンはあるが，エンジンのグリップ力は性能曲線図からは計ることができない。同じトルクを発生するエンジンでも，グリップ力は単気筒と多気筒エンジンでは全然違う。そしてこのグリップ力が，砂漠や泥ねい地での走破性に大きな影響を与えるのだ。もちろん，グリップがいいほど，完成車の操安性能は向上する。

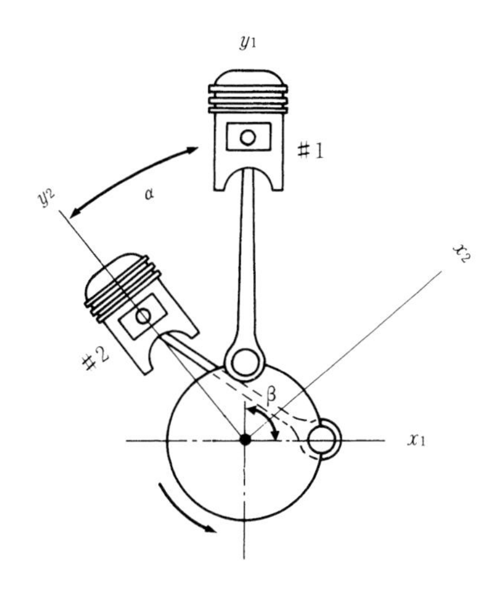

$$F=\frac{m}{g}r\omega^2\cos\theta$$

クランクには，ピストンの反対側に，往復重量の半分のウェイトをつけるのが一般的である。往復重量分のウェイトをつければ上下の往復運動についての力は打ち消し合うが，横方向の振動はより大きく発生する。その中間をとったのが，クランクウェイブに半分の重量をつけるやり方だ。ここで，往復部分の重量は半分だけが打ち消された。2気筒間の振動を問題にする際は，1/2mについて考えればよい。

エンジンのグリップ感は，クランクのフライホイールマスの重さで変化させられるが，一般的に，同じトルク，同じギアレシオなら，エンジン1回転あたりの瞬間トルクの変動が大きいほど，グリップはよくなると考えていい。これがなぜかという科学的な証明は，実はない。経験的にそういうことなのである。そんなことはない，と言う人もいて，過去に2気筒や4気筒のモトクロス用エンジンが作られたことがあったが，それらがどうやらうまくいっていないのをみると，この説は正しいということになるのだろう。

だから，同じ2気筒なら，等間隔爆発の並列や対向レイアウトより，不等間隔爆発のVエンジンの方がグリップはよい。クランク1回転の間に，どのようなトルクの出方をするのかで，エンジンのグリップ感は変化するのだ。

Vエンジン採用決定の次は，シリンダーのはさみ角が問題になる。NXRは，多量のガソリンを積んで走らねばならないから，エンジンの小型化に努めなければならない。その結果が45度の狭角Vツインだ。Vバンクの角度の設定は，メーカーの考えによりけりだ。カジバは90度Lツインを貫いている。ホンダは，狭角Vがよいという信念である。

エンジンの前後長をつめる目的からすると，狭角なら狭角なほどいいわけだが，ある

ここでFの絶対値を，x軸，y軸に置き換えて考える。

$$fx=\frac{m}{2g}r\omega^2(-\sin\theta)$$

$$fy=\frac{m}{2g}r\omega^2(\cos\theta)$$

#1シリンダーと#2シリンダーを同一座標で考える場合，#2がαだけ座標が傾いているので，主軸変換の公式で主軸を変換する。

$Fx_2=fx_2\cos\alpha+fy_2\sin\alpha$　　$Fy_2=fy_2\cos\alpha+fx_2\sin\alpha$

この式にfx_2，fy_2の式を代入すると

$$Fx_2=\frac{m}{2g}r\omega^2(-\sin\theta_2)\cos\alpha+\frac{m}{2g}r\omega^2\cos\theta_2\sin\alpha$$

$$=\frac{m}{2g}r\omega^2(-\sin\theta_2\cos\alpha+\cos\theta_2\sin\alpha)$$

$$=-\frac{m}{2g}r\omega^2\sin(\theta_2-\alpha)$$ ⇦正弦和の公式による

同様に$Fy_2=\frac{m}{2g}r\omega^2\cos\theta_2\times\cos\alpha+\frac{m}{2g}r\omega^2(-\sin\theta_2)\times\sin\alpha$

$$=\frac{m}{2g}r\omega^2\{\cos\theta_2\cos\alpha+(-\sin\theta_2)\sin\alpha\}$$

$$=\frac{m}{2g}r\omega^2\cos(\theta_2-\alpha)$$ ⇦余弦和の公式による

$\theta_2-\alpha$に，$\theta_2=\theta_1-\beta-\alpha$を代入すると，$\theta_1-\beta-2\alpha$となる。

NXRエンジン性能曲線及び走行性能曲線

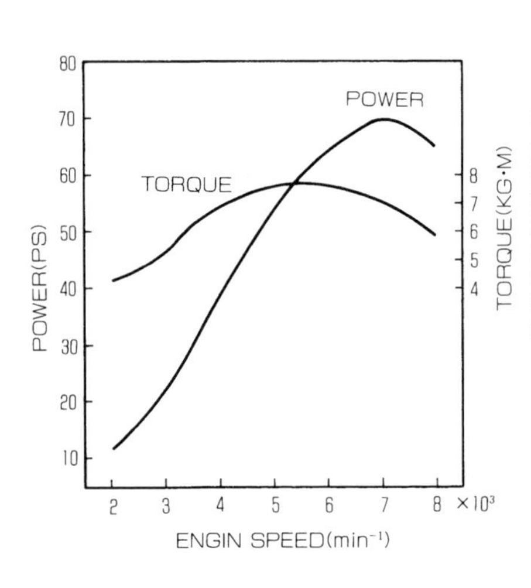

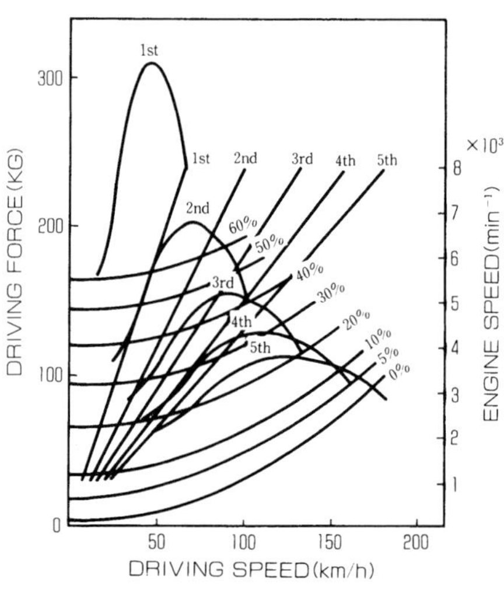

＃1，＃2の1次慣性力の合力は，

$Fx = fx_1 + Fx_2 \qquad Fy = fy_1 + Fy_2$

$$Fx = -\frac{m}{2g}r\omega^2\sin\theta_1 - \frac{m}{2g}r\omega^2\sin(\theta_1 - \beta - 2\alpha)$$

$$= -\frac{m}{2g}r\omega^2\{\sin\theta_1 + \sin(\theta_1 - \beta - 2\alpha)\}$$

$$Fy = -\frac{m}{2g}r\omega^2\cos\theta_1 - \frac{m}{2g}r\omega^2\cos(\theta_1 - \beta - 2\alpha)$$

$$= -\frac{m}{2g}r\omega^2\{\cos\theta_1 + \cos(\theta_1 - \beta - 2\alpha)\}$$

Fxでは$\sin\theta_1 + \sin(\theta_1 - \beta - \alpha) = 0$となれば，1次振動は打ち消し合う。
同様にFyでは$\cos\theta_1 + \cos(\theta_1 - \beta - \alpha) = 0$で，1次振動は打ち消し合う。
これは，$\sin(180^\circ \pm \theta) = \mp\sin\theta$，$\cos(180^\circ \pm \theta) = -\cos\theta$の公式から
$\beta + 2\alpha = 180^\circ$で，成立となる。
つまり1次慣性力がつりあうには，クランク位相＝180°－はさみ角×2となる。
はさみ角45度のNXRのクランク位相は90度。はさみ角52度のNV400などのクランク位相は76度。ハーレーに代表されるはさみ角90度Vのクランク位相は0度。BMWに代表される水平対向も180度で1次振動は消える。

角度以上は，シリンダースカート同士がぶつかって，それ以上狭くできなくなる。コンロッドを伸ばし，シリンダーを上へ移動させれば干渉は避けられるが，それではエンジン高が増してしまい意味がない。クランクウェイブとピストンがぶつからないギリギリにコンロッドの長さを設定し，その上でふたつのシリンダーが触れ合うギリギリにVバンク角度を設定する。これが限界である。750ccでは45度が限界だったのである（ホンダの400ccVツインでは，排気量が小さい分だけ限界点が苦しくなり，その角度が52度となっている）。

こうしてカタチになっていったNXRの初代エンジンレイアウトだが，冷却は依然空冷となっていた。前述の，予想性能の算出等も含めて，NXRはもう少しの間，空冷マシンとしてレイアウト構想が続けられていくのだった。

●カチ割りコンロッド

NXRのエンジン開発にあたってのテーマは，軽量コンパクト。全体を小さく軽くする

には，ひとつひとつの部品が小さく軽い必要がある。まず，クランクである。クランクは，軽ければいいというものではない。トルクを生み出すために適量の慣性モーメント，つまり適量の重量が必要だ。それでも，クランク幅はできるだけ小さい方がいい。幅が広がれば，それだけエンジン幅も広がるし，長くなったクランク軸を支えるため，クランク軸もベアリングもクランクケースも，すべての部品を丈夫に作らなければいけない。すると，重たくなる。クランクで1だけ小型軽量化を怠ると，エンジン全体ではそれが3にも5にもなって響いてくる。

クランク幅をつめるにはどうしたらいいか。まず一体クランクを使うことだ。クランクを圧入する組立式は，圧入部分の強度を確保するために，どうしてもクランク幅が広くなる。問題は，一体クランクにどうやってコンロッドを組むかである。

通常の多気筒エンジンでは，コンロッドは上下分割式で，ボルトとナットによってクランクに組まれている。この場合，コンロッドとクランクの間には，プレーンメタルベアリングが多く採用される。メタルは軽く，オイルさえ回っていれば耐久性も充分な面摺動のベアリングである。

ところが，飛んだり跳ねたりするオフマシンでは，オイルが本当に回るかどうかに不安がある。ジャンプやウィリーでオイルがかたより，オイルポンプがエアを吸ってしまうことも考えられる。メタルの耐久性は，常に一定圧力でオイルが供給されることが条件だから，オフマシンのメタル使用はリスクが大きい。こういう状況下では，メタルよりもニードルベアリングの方が信頼性が高い。

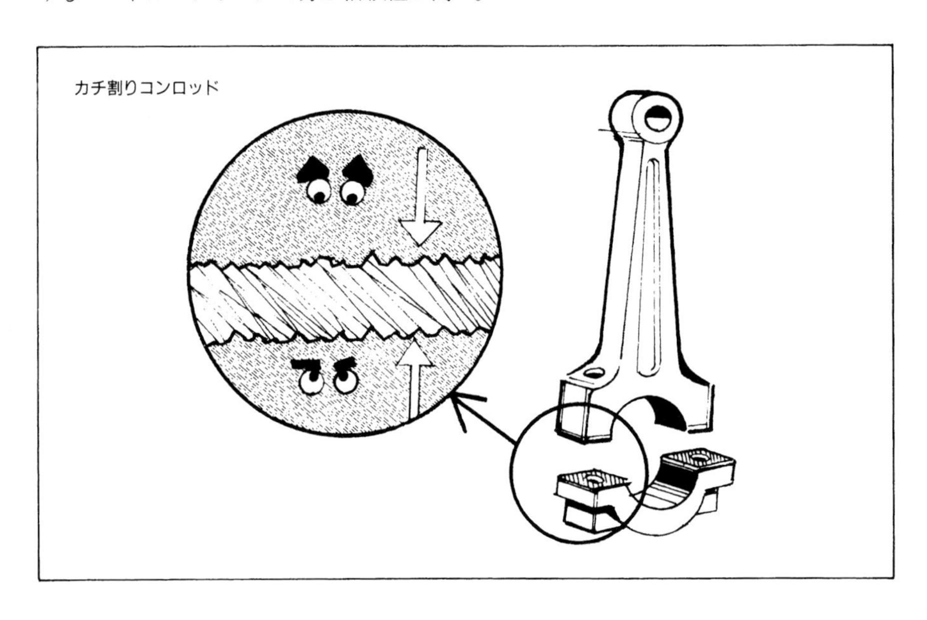
カチ割りコンロッド

しかしニードルベアリングにも，条件がある。ベアリングを支持するコンロッドが，真円である必要があるのだ。分割式コンロッドでは，ボルトを使う関係で，その継ぎ目に段ができる。組みばらしをする度，ばらす前とはボルトとボルト穴のクリアランスの差だけ，双方の位置がわずかにずれる。するとニードルベアリングは，その段を通過する度に，カタンカタンと，電車が線路の継ぎ目を通過するようになる。当然，長持ちしない。といって，ニードルベアリングを使うためにクランクを組立式とすると，コンパクトが狙いのエンジン寸法が大きくなってしまう。どうしても，一体式クランクを使いながら，ニードルベアリングが使えるように，コンロッドの内側を段なしの真円にしなければならなかった。その答えがカチ割りコンロッドである。

カチ割り，とはずいぶんなネーミングだが，他に適当な名も思いつかず，HRCではこの名前で呼ばれてきた。名前の通りコンロッド大端部をカチ割って作るのが，カチ割りコンロッドだ。ベアリングの入るべき内径を真円に仮加工してケガキ線を入れ，エイヤッと叩き割る。カチンと割れれば，割ったせんべいをはり合わせるように，割れた断面の凹凸が噛み合って，寸分違わず元の状態にできるというわけだ。ふたつに割れたコンロッドを，ボルトで再度組みあげて，仮加工した円を仕上げして完成となる。これで何度組みばらしをしようとも，組みつけ時には完璧な真円を出してくれるのである。

原理としてはエイヤッと叩いて，見事にスパッとふたつに割れればできあがり，ボロボロといくつにも割れてしまったら失敗だが，これが技術的にすごく難しい。どのくらいの温度で，どんな叩き方をするか。このノウハウが，カチ割りコンロッドのすべてである。幸い，この技術はすでにNR750で開発していて，試作課の人々が苦労に苦労を重ねてノウハウを掴んでいたので，NXRのコンロッドは，比較的短期間でまとめられた。

ちなみに，このカチ割りコンロッドの技術は，ホンダオリジナルではなく，アメリカのマッカラー社などが，チェーンソーやゴーカート用２サイクルエンジンで，すでに実用化している例がある。

●オーバーヘッドバルブの検討

現地を見て，整備環境が劣悪なのは驚くほかなかった。こんな環境での分解整備は，整備要領が簡単になるエンジン形態がよい。そう考えた結果が，カムシャフトをクランクケース側に固定するアイデアとなって出てきたのだった。

燃焼室の上にバルブがあり，なおかつタイミングチェーンを使っているOHC(オーバーヘッドカム)の４サイクルエンジンでは，シリンダーヘッドやピストンのメンテナンスをするのに，タイミングチェーンの脱着は不可避で，組み上げの際には，チェーンをかけたりバルブタイミングを合わせたり，作業は複雑になりがちだ。カムを別のところに配置して，カムを外さずにシリンダーヘッドを外せる構造とすれば，２サイクル並にシリンダーヘッドまわりの整備が簡単になる。

OHCに比べて，プッシュロッドが必要となるが，最高回転１万回転程度のエンジンでは問題になるものでもない。かつてOHV（オーバーヘッドバルブ）のＶ型２気筒GL500をベースに改造した『サイドワインダー』なるダートトラッカーがあった。GLの縦置きエンジンを横置きに，90度ひねって使ったのでこの名になったが，500ccを750ccにボアアップして95ps/9800rpmを発揮したこのエンジンも，プッシュロッドを使うOHVだった。だから，性能的にはプッシュロッド式でも大丈夫だということになる（ちなみに『サイドワインダー』の開発にも，NXRチームの西山は関わっていた）。

このアイデアも，構想段階でこそ好評だったが，実際問題としては，さすがに２サイクルほど簡単な整備手順を実現するまでには至らないし，ならばやっぱり，手慣れたところで堅い方がいいと，あえなくボツとなってしまった。

●リアサスユニット

現地視察で，走行条件や整備状況の苛酷さと共に印象的だったのは，リアサスペンションの疲労の大きさだった。XLの単気筒でも，リアサスユニットがスカスカに抜けきっ

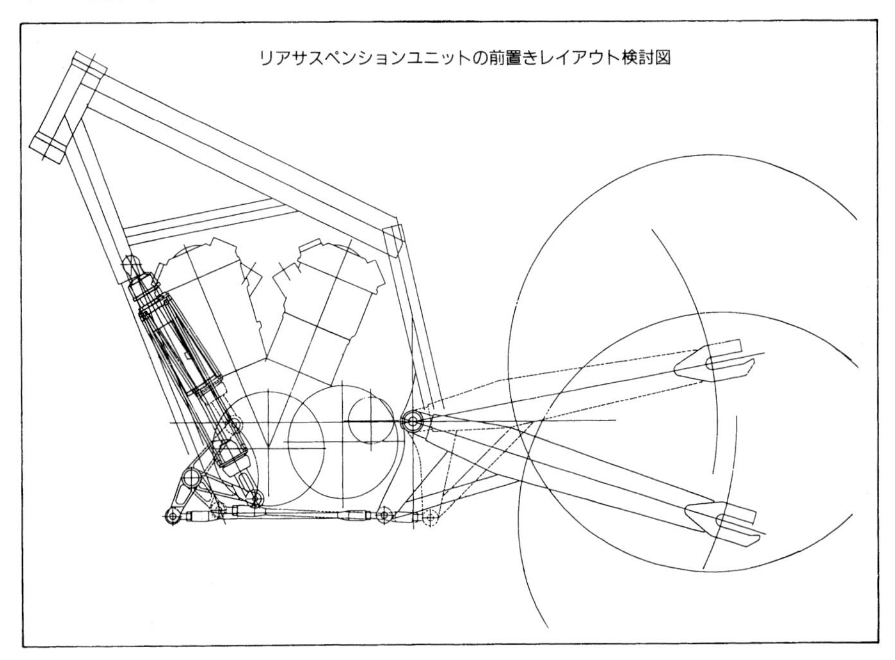
リアサスペンションユニットの前置きレイアウト検討図

たものが多かった。使用条件と熱が，その原因だ。単気筒でこうなら，V型エンジンではもっと条件がきつくなる。サスペンションユニットはエンジンのすぐ後ろに位置し，後ろ側シリンダーの熱を受けやすい。しかも単気筒より速ければ，それだけ負担も大きいからだ。

ならば，リアサスユニットをもっと冷えるところに持ってきたらどうか，となった。その結果が，エンジンの前，フレームのダウンパイプに添わせて，フロントホイールのすぐ後ろにリアサスユニットを置こうというアイデアだ。

スイングアームの上下動は，フレームの下を通る長いリンクでサスユニットに伝えられる。位置が変わっただけで，構造的には従来のリンクサスと同じ形式だ。ユニットは走行風をダイレクトに受けるから冷却性は上がる。さらにサスユニットのあったエンジンとリアタイヤの間のスペースを，他のことで有効に使えるメリットもあった。ここはマシンの重心位置にごく近く，いってみれば〝特等席〟なのである。重いものをこの特等席に集めれば，マスが集中したマシンができあがる。まずは，大容量のフューエルタンクあたりが，特等席を占領する最有力候補だった。

しかし残念ながら，この方式は車両重量が増加する。長くなったリンクは，ジャンプの着地その他で地面とヒットした時を考慮すると，より強度を持たせないと不安だ。強度を上げれば，重量も増す。フレームそのものも，わずかな歪みがサスペンション性能に影響を及ぼす構造だから，やはり強度を上げて作ることになる。サスユニットの耐久性向上のための代償としては，目をつぶれるデメリットではない。残念ながら，これまた不採用となってしまった。

●リアタンク＋サブフレームのモノコック化

パリダカマシンの外観上の特色は，巨大なフューエルタンクにある。排気量が780ccにもなると，エンジンの上の，普通の位置のタンクだけでは足らず，マシン後方，シートまわりにもフューエルタンクが設けられることになる。

このリアタンクを，リアフレームと一体としてモノコック化しようというアイデアも，レイアウト検討会では有力だった。リアフレームにタンクを組みつける方法より，タンク形状に自由度が出るし，結果，重心位置が下がる，軽量化に寄与するなど，これまたメリットが大きい仕様である。

しかし，これも実現には至らなかった。アルミのモノコック部品は，金型を作ってからプレスで製作する。型を作るのは時間がかかる。スケジュール的に苦しいところへもってきて，モノコックは一発勝負というところがネックとなった。設計変更した場合は，再度型から作り直すので，時間的に完全に間に合わないのだ。リアフレームまわりが強

これは1988年のことであるが，テルッツィがリアタンクシェルにクラックを入れてきた。ガムテープでふさいであるが，こんな場合でも中にラバータンクが入っているからガソリンがもれることはない。

度的に不足した場合，フレームならば補強を入れてこと足りる。モノコックならば全面作り替えだ。実際はこんなに単純ではないが，とにかくこういう手間の差となって表れてくるのである。

結局モノコックは断念したが，リアフレームの強度はそこそこにしておいて，残る必要な強度はリアタンクシェルにも負担させる，セミモノコックとして，設計の自由度などの利点を残しながら，時間的制約や軽量化を満足させることになった。リアタンクと合わせて，左右分割のフロントタンクと，3分割のタンクの採用となって，転倒等でタンクを壊した場合に備えるタンクシステムができあがったのだ。

リアのタンクには，転倒してクラックが入ってもガソリンがもれないように，航空機用のラバーバッグを挿入することにした。発端はフランスホンダの要望である。

〝マシンをとにかく軽くしろ，タンクの外壁はうんと薄くしろ〞
当初からの，マシンへの要望である。しかし，軽量化の努力は惜しまないが，度を越した軽量化はできるものではない。そこでフランスホンダメカニックは考えた。
〝そんなら，内側にゴムをコーティングしてくれ。転倒するなというのは無理な相談だが，戦闘機のタンクみたいに，穴が開いてもコーティングした生ゴムで穴を塞ぐようにはできるだろう〞という考えを披露した。

アイデアは悪くないし，なるほどと思うところもあり，実現に向かって動いたりもしたが，タンクの内側にゴムを塗るのは容易ではないことや，できあがった生ゴムコーティングタンクは，フランスホンダが言うような軽いものにはなりそうにないことなどが判明した。よって，ゴムコーティングのアイデアは却下となったが，かわりに肉厚の薄いゴムのタンクをタンクシェルの内部に入れることにした。この方が，時間的にも楽で

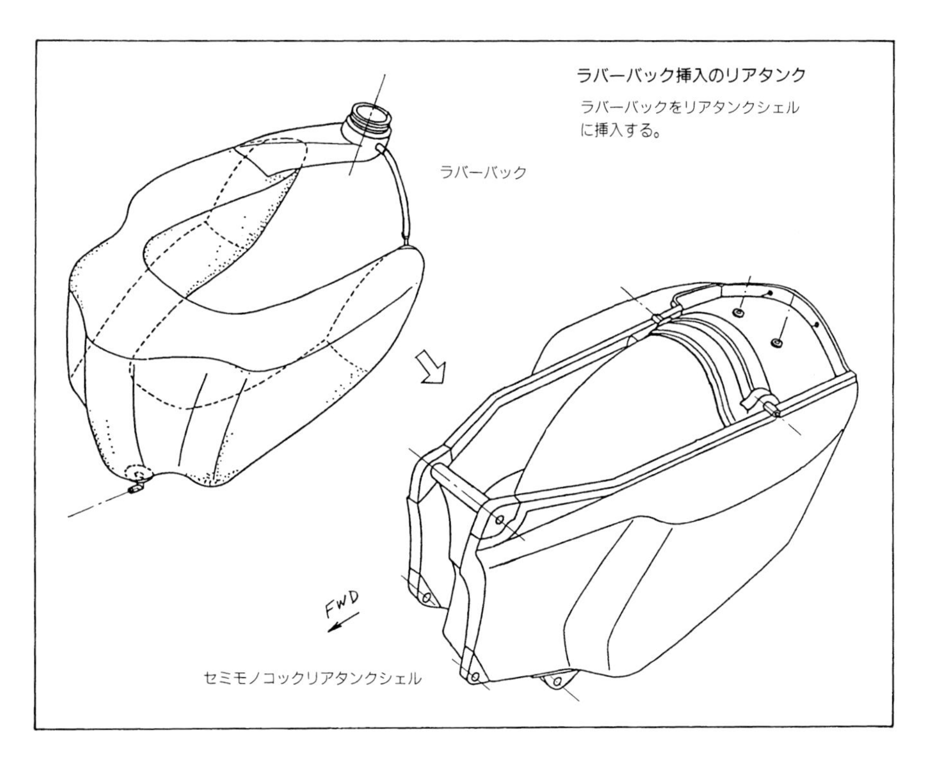

あろうという理由もあった。このゴムタンクは，航空機やレーシングカーの安全タンクを作っているメーカーに発注したが，その出費がちょっとばかり大きかった。こういう具合に，塵が積もるようにマシンの開発費は膨れあがっていき，役員としての松田の表情は，ムッと渋くなるのだった。

このバッグの完成が遅れ，テスト走行には間に合わなかった。後から考えるとちょっとした怪我の功名になったのだが，この時点ではそんな事態は想像だにしないことだった。

●ケース内オイルタンク

狭角Vツインのレイアウトと排気量が決まり，次はいかに小さいエンジンを作るかが課題だ。といっても排気量が決まれば，クランク，シリンダーの大きさはおのずと決まる。エンジンをいかに小さく作るかは，オイルパンの大きさにかかってくるといってもいい。

NXRは，カチ割りコンロッドを使っての，ニードルベアリング軸受けのクランクシャフトで，エンジンの各部もオイルラインを配置して強制給油することにしたから，メタル軸受けエンジンのような，巨大なオイルパンはいらない。それにしても，旧来エンジンのようなオイルパンをドンとつけたのでは，エンジンをフレームに収めるのに苦労しているフレームグループが納得しないのである。

フレームグループは訴える。このエンジンの大きさでは，最低地上高300mm，シート高900mmの要求は満たせない。多量のガソリンを積むから，エンジンの重心もできるだけ下げてくれないと困る——。重心を下げるなら，エンジンを前後に平たくする方法もあるが，そんなことをしたらホイールベースは伸びて，車重は重くなってダメ。必要に迫られて，後藤田以下のエンジングループが知恵を絞った結果が，エンジン内オイルパンだった。

オイルパンは普通，クランクケースの下にたれ下がるようにレイアウトされるが，ミッションギアの下側にスペースがあることを発見したエンジングループは，ここをオイ

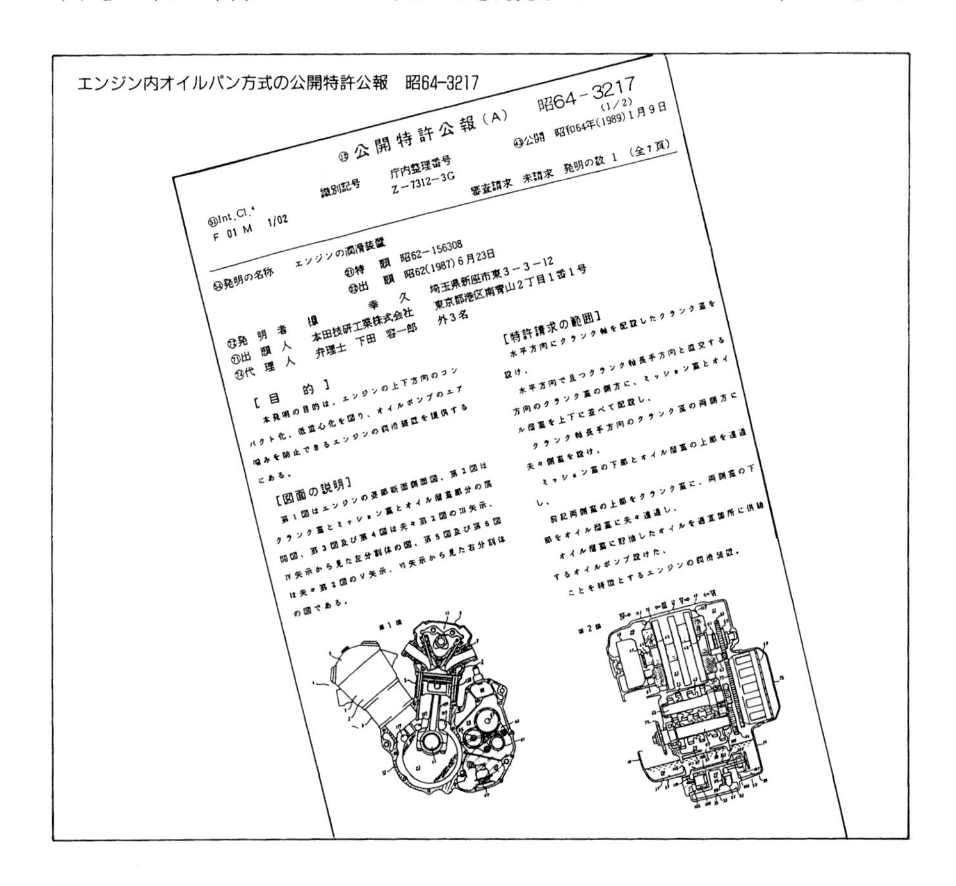
エンジン内オイルパン方式の公開特許公報　昭64-3217

⑫公開特許公報（A）　昭64-3217
(1/2)
㊸公開　昭和64年(1989)1月9日

⑤Int.Cl.⁴　F 01 M 1/02　識別記号　庁内整理番号 Z-7312-3G
審査請求　未請求　発明の数 1　（全7頁）

㊹発明の名称　エンジンの潤滑装置
㉑特　願　昭62-156308
㉒出　願　昭62(1987)6月23日
㉓発　明　者　燁　幸　久　埼玉県新座市東3-3-12
㉑出　願　人　本田技研工業株式会社　東京都港区南青山2丁目1番1号
㉔代　理　人　弁理士　下田　容一郎　外3名

[目　的]
本発明の目的は、エンジンの上下方向のコンパクト化、低重心化を図り、オイルポンプのエア噛みを防止できるエンジンの潤滑装置を提供することにある。

[図面の説明]
第1図はエンジンの要部断面側面図、第2図はクランク室とミッション室とオイル溜室部分の展開図、第3図及び第4図は夫々第2図のIII矢示、IV矢示から見た左分割体の図、第5図及び第6図は夫々第2図のV矢示、VI矢示から見た右分割体の図である。

[特許請求の範囲]
水平方向にクランク軸を配設したクランク室を設け、
水平方向で且つクランク軸長手方向と直交する方向のクランク室の側方に、ミッション室とオイル溜室を上下に並べて配設し、
クランク軸長手方向のクランク室の両側方に夫々側室を設け、
ミッション室の下部とオイル溜室の上部を連通し、
前記両側室の上部をクランク室に、両側室の下部をオイル溜室に夫々連通し、
オイル溜室に貯溜したオイルを適宜箇所に供給するオイルポンプ設けた、
ことを特徴とするエンジンの潤滑装置。

第1図

第2図

ルパンに使うことを考えた。クランク，ACG(発電機)，クラッチの回転体との間を壁で仕切って，ミッション室を分離したひとつの部屋とする。そしてオイルを強制的にこの部屋にくみあげる。ミッション室をオイルタンクにしたドライサンプと考えると，わかりやすい。

これで，エンジン高はフレームグループがなんとか納得する範囲までつめることができた。できてしまえば，〝なーんだ〟と思われるような発想ではあるが，現実にはなかなか出てこないのも，この種のアイデアなのである。この方式は後藤田の一の部下の樟幸久の名で特許申請し，'89年1月9日に公開された。ただし，特許と実際の効果は次元の違うもので，この場合も特許はNXR開発のオマケの話にすぎない。

その他，エンジンのレイアウトに関しては，CVキャブの採用を決めた。吸入ポート内の負圧でキャブレターのバルブを開閉するCVキャブは，どちらかというと簡易方式のキャブに近い。レーシングマシンでは，耐久レース用以外では使われることがないキャブレターだ。しかし，毎日毎日，道なき道を何百kmも走らせるのだから，第1にライダーの疲労軽減を考えての採用となった。スロットルの荷重を下げて手首の疲労軽減を図る意味もあるし，疲れてきて邪険にスロットル操作をした場合でも，エンジンをスムーズに回すため，CVキャブはかっこうの素材なのであった。スペース的に，Vバンクの狭間にふたつのキャブレターを押し込むため，キャブレターは前後に傾いた状態での配置となる。水平置きを前提とした従来品は，流用できない。京浜気化器製作所に頼んで，縦置き2連装のCVキャブレターを，新規に製作してもらうことになった。

同様に，疲れないエンジン特性を出すために，クランクマスも適度に重く設定された。回転のレスポンスが鋭いと，加速性能はよくなるけれども，乗っている方はコントロールに疲れてしまうのである。NXRのクランクマスは，レース用マシンとしては異例の，市販車よりも重いものになった。とはいえ，ホンダ車の中でもっともクランクが重いダート用のRS750Dのものよりは，やや軽いクランクマスとなっている。

ごく初期の構想段階で，ああでもないこうでもないといわれていた始動方式と駆動方式は，始動がキックスタート，駆動がチェーンということになった。ライダーにお伺いをたてたところ，次のような意見が返ってきた。

〝セルはあった方がよいが，それよりも少しでもマシンが軽い方がいい。600cc単気筒くらいのキックの重さなら，問題はない〟

これで，気筒あたり390ccのNXRでは，セルはあっさりナシということになった。同様にシャフトドライブも最低3kgほどの重量増になるのと，リアサスのストロークを充分にとると，スイングアームのピボット付近の揺動角が大きくなって，等速ジョイントの設計が苦しくなるので，不採用とした。

セル始動の方が簡便だし，シャフトドライブのノーメンテナンス性も捨てがたかったが，軽量化にはかえられなかった。

●フレーム

バラバラ状態の個々の部品を，1台の完成車にまとめる役回りを演じるのが，フレームだ。この頃，ロードレースを始めとするレース界一般では，すでに素材革命が始まっていた。スチールよりもアルミ，さらにカーボンファイバーなどの新素材が，フレーム関係にも競うように使われ始めていたのである。

よって，構想段階でNXRのフレームを考えてみた時にも，アルミやカーボンなど，アイデアがいろいろと出てきたのも当然といえた。しかし，NXRの原点に立ち戻って考えてみれば，なによりも大切なのは信頼性である。長いレースの間には，実際問題として何度かの転倒は避けられないことであり，溶接による補修作業も，必ず必要になるといってよかった。ところが新素材は，現場での補修が不可能に近い。アルミ合金でも，溶接後，本来の強さにまで戻るには数日が必要だ。パリダカでは，補修後すぐに走り出せなければダメだ。よって，新素材の採用はすっぱりあきらめて，平凡ではあるが，スペースレイアウトも容易なスチールパイプ使用のセミダブルクレードルフレームを採用することになった。使用したスチールパイプは，強度が50kg/㎟級の鋼材で，CRなど，市

NXRのフレーム。スチールパイプ使用のセミダブルクレードルフレームとなっている(写真は1987年ラレイ車)。

販モトクロスマシンに使われているものと，同じ材料である。

フレームレイアウトそのものは，エンジンの大きさ，形が決まり，ホイールベースが決定して，最低地上高が定められると，だいたいの寸法は必然的に決まってしまう。NXRの場合も，フレームが構想段階の話題にのぼらなかったのも，こんなところに理由がある。ただし，だから簡単かといえばその逆で，パリダカマシンに求められる要件の多くは，フレーム関係のところで解決していかなければいけないことが圧倒的に多かった。

●耐久性向上

耐久性確保は，パリダカ用エンジンの最も重要な項目のひとつである。通常のエンジン開発の場合，上手なシミュレーションをすれば，ダイナモメーターの台上で，その耐久度を推し量ることができる。けれどパリダカの場合，ガソリンという未確定要素がある。銘柄もわからないガレキの山のガソリンスタンドや，現地の人がゴロゴロ転がしてくるドラム缶のガソリンは，どんなにひどいガソリンでも不思議ではない。'85年の感触からすると，平均85オクタンくらいだろうか。全行程にわたってそうならば対処の方法もあるが，時と場合で全然違う。国別ではニジェールがひどく，特にテネレ砂漠のドラム缶は，変なものが入っていることもあるという。特別変な場合は60オクタンくらいだというのが，キャンプ内でのウワサであった。オクタン価を上げるといううたい文句のオクタンブースターなる添加剤も，いろいろ使ってみたものの，特効薬とはならないようである。

しかし，得体の知れない燃料を相手に開発を進めるわけにはいかない。結局81オクタンくらいまで大丈夫という設定で，圧縮比は８～９でいこうと決定した。ちなみにレギュラーガソリンはざっと90オクタン，ハイオクだと99オクタン。こういう良質のガソリンを使う一般市販車の圧縮比は８～10，さらに燃料を厳選できるダートレーサーのRS750Dは，圧縮比は12だった。

オクタン価のテストは，最も低いものでは65オクタンまで行われた。ここまでオクタン価の低いガソリンが供給される可能性はごく薄いのだが，しかし，アフリカのガソリンだけは，念には念を入れて損はない。この結果，当初の予定だった圧縮比8.5ではもしもの場合の保証ができず，圧縮比は8.0にまで下げられた。こんなこともあって，机上の予定出力は，結局達成できないことになったのだ。

ちなみに，8.0の圧縮比は，さすがにその後のテストや実戦を通してなんの問題もなく，以後４年間のNXRの圧縮比は，すべて8.0で通している。

圧縮比と同時に，オイル通路の設定も，耐久性の向上のために重要だ。オイルパンからオイルスクリーンを経てオイルポンプに吸われたオイルは，オイルフィルターを通って各セクションを潤滑する。クランクケースからクランクピン，ピストン，シリンダー。ミッションのメインシャフトからクラッチ。さらにトランスミッションは，特に信頼性向上のため，オイルジェットパイプを配してミッション全体にオイルを吹き付けるようにした。このオイルジェットパイプは，HRCのマシンではよく使われるが，一般の市販車ではあまり使われていない。歯車を厚くすることでミッションの耐久性は向上するが，軽量化のため歯車は薄くしたい。すると寿命が短くなるので，寿命を伸ばせる材質を使ったうえに，潤滑性能も上げているわけである。

シリンダーヘッドに回すオイルは，エンジンの外に配管されたパイプを通る設定とした。これはオイルが外気で冷却される効果と，トラブルがあった時に，迷路のようなオイルラインをチェックする大変さをさけて，簡単にチェックできるというメリットを狙ったものだ。シリンダーヘッドに回ったオイルは，カムシャフトからカムチェーンの潤滑を担当して，オイルパンに戻される。

エンジンの耐久性，信頼性は，レイアウト上は一件落着の予定だが，冷却方式はまだ空冷を考えていた。砂漠には水がないし，水冷マシンはパリダカでは主流ではないと，思いこんでいたのである。

●カウリングと空力

NXRは，カテゴリー的な分類をすれば，砂漠を走るのだからオフマシンとなるのだろうが，レイアウトを構想していくうち，従来のオフマシンのイメージでは計りきれないものが，徐々にカタチ作られていった。

NXRの特徴はカウリングの装着だ。オフ車ではカウリングがないのがふつうだが，パリダカの高速走行を考えて採用することになった（1986年型テスト風景）。

まずは，カウリングの装着である。オフマシンでは，取り回し性能を重視して，ライディングポジション上の問題からカウリングを装着しないのがふつうだ。パリダカマシンといえど，基本的には同じはずだ。'85年のラリーでも，カウル装着車はなかった。しかしパリダカでは，高速走行が非常に多い。設定された巡航速度は180km/hとなっていたから(この速度は，現実とは違っていたのが，後になってわかった)，風や飛石などからライダーを守るプロテクション効果も，無視できない。

$$D = C_D \times A \frac{1}{2} \rho V^2$$

これは空力の計算式だ。空力を上手にアレンジすれば，エンジン性能をそのままに，より高い最高速も稼ぎ出せる。同じ最高速なら，エンジンの負担を軽くして耐久性を向上させることもできる。式上のDは抵抗荷重，簡単にいえば空気抵抗である。C_Dは抵抗係数で，固有の形状は，それぞれの抵抗係数を持つ。Aは前面投影面積。前から見た時のマシンの面積である。ρは空気の抵抗係数。空気の粘性と思ってもいいし，もっと簡単には空気の密度と思えばいい。これは，標高や気温などで変化する。Vは速度だ。

つまり空気抵抗は，箱型よりも卵型の方が少なく(抵抗係数に比例して減じていく)，前面投影面積に比例して増し，空気が希薄なほど少なく，スピードが倍になれば4倍になって増していくわけである。

NXRでは前面投影面積よりもC_D値を下げることに重点を置いた。前面投影面積を小

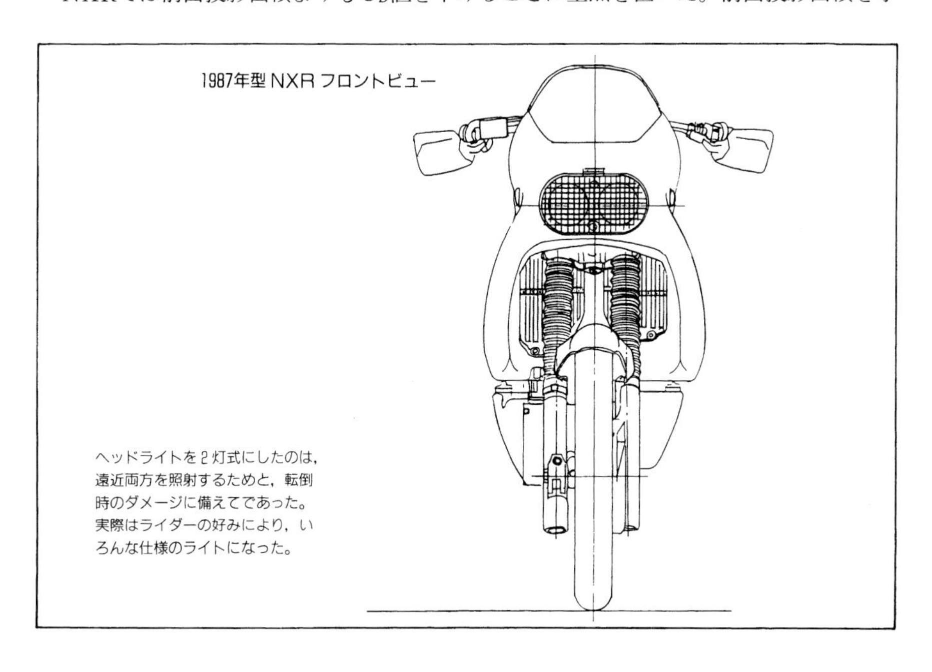
1987年型NXR フロントビュー

ヘッドライトを2灯式にしたのは，遠近両方を照射するためと，転倒時のダメージに備えてであった。実際はライダーの好みにより，いろんな仕様のライトになった。

さくするならカウルもスクリーンもない方がよいのだが，それではC_Dが増えてしまう。前面投影面積は，空気の流れを考えない，単純に正面から見たマシンの表面積だから，カウリングを装着すると前面投影面積は5割ほど増す。反面，C_Dは半分に減少し，トータルでは空気抵抗を減らすことができるのである。

トータルの空気抵抗は，2輪車の場合はどれもそうだが，マシン単体ではなく，ライダーが乗った状態での空力を追求する。実際にNXRの抵抗荷重は，ライダー乗車時の方が，空車時よりも少ない値になっている。乗車時には前面投影面積が増すが，スクリーンの後部に空気の巻き込みがない分だけ，トータルの抵抗値は減るのだった。狙い通りのカウリングを完成させるべく，テストが重ねられた。

カウリングは，このような空力効果の他に，ライダーの居住性に対する効果も大きい。カウルがなく，直接風にさらされ，ウェアがばたつくことによる疲労は小さくない。これをカウリングのプロテクション効果によって軽減しようというのだ。同時に，風切り音も圧倒的に静かにすることができた。

さらに，カウリングによって風の流れを規制して，走行風を冷却風として積極的に生かすこともできる。Vツインの後方バンクやリアサスペンションユニット，シリンダーやクランクケースなど，放っておいたら風が当たりにくいところを，カウリングを通した風で冷却してやろうというわけだが，これはその後，水冷エンジンに設計変更になっても，メリットは多かった。カウルのあるなしは，水温で3℃の差となって表れたのである。

最後に，転倒ダメージの軽減効果も，カウリング装着の狙いのひとつだった。転倒のダメージは，マシンの外側に出っ張った部品が，主に地面にひっかかって起こる，ゴロンゴロンと盛大な転がり方をした場合が，最も大きい。だから，マシン外側をなるべく平滑にして滑らせれば，転倒しても小さなダメージで済む予定，なのである。しかしこれは，空力やエンジン性能のように，テストでは実験しきれない。実際に効果があるかどうかは，誰かに転んでもらうまではわからないのだ。

これらの目的を持ったNXRのカウリングは，通産省（当時）の谷田部の風洞実験室でのテストで形状が決定された。風洞テストでは，誰かがマシンに跨がっている必要がある。フランス人は背が大きいから，テストでも大きい人物を乗せたのだが，後で実際にフランス人ライダーを乗せたところが，足がタンクに当たると言われてしまった。同じくらいの背丈の人物で合わせたのに，と不思議に思って調べてみたら，日本人とフランス人とでは，同じ身長でも足の長さが違うという，悲しい事実が判明したのだった。

もっとも，身長が165㎝のヌブーだけは，この件に関しての注文はまったくなかったのは，当然といえば当然のことだったろう。

●フューエルタンク

大容量のフューエルタンクを確保するのは，レイアウト上の大きな問題だった。燃費を9.1km/ℓと仮定して，レギュレーションで決められている450kmを無給油で走れるようにするには，49ℓのガソリンが必要な計算だが，さらに２割程度の安全マージンを見て59ℓの容量とした。

２割の安全マージンをとったのは，ふたつ理由がある。まず，燃費に対する不安要素である。9.1km/ℓがまだ実走で証明されていない段階であって，この時点では確実にその性能を確保できる保証がなかった。２割のマージンがあれば，目標を外すことはない。もうひとつは，ライダーからの切実な要望だった。走りきるギリギリのガスを持って走るのと，余裕のある量を持って走るのとでは，精神的疲労がまるで違うというのである。これは特にヌブーに強く言われたことだった。'85年は，タンク容量がギリギリで，ガス欠を恐れたヌブーは，ガソリンを入れた水筒を持って走ったのである。荷物が増えるのはイヤだが，それよりもガス欠の不安感の方が問題が大きいわけだ。この，ライダーに与える安心マージンが，２割増しの容量なのである。

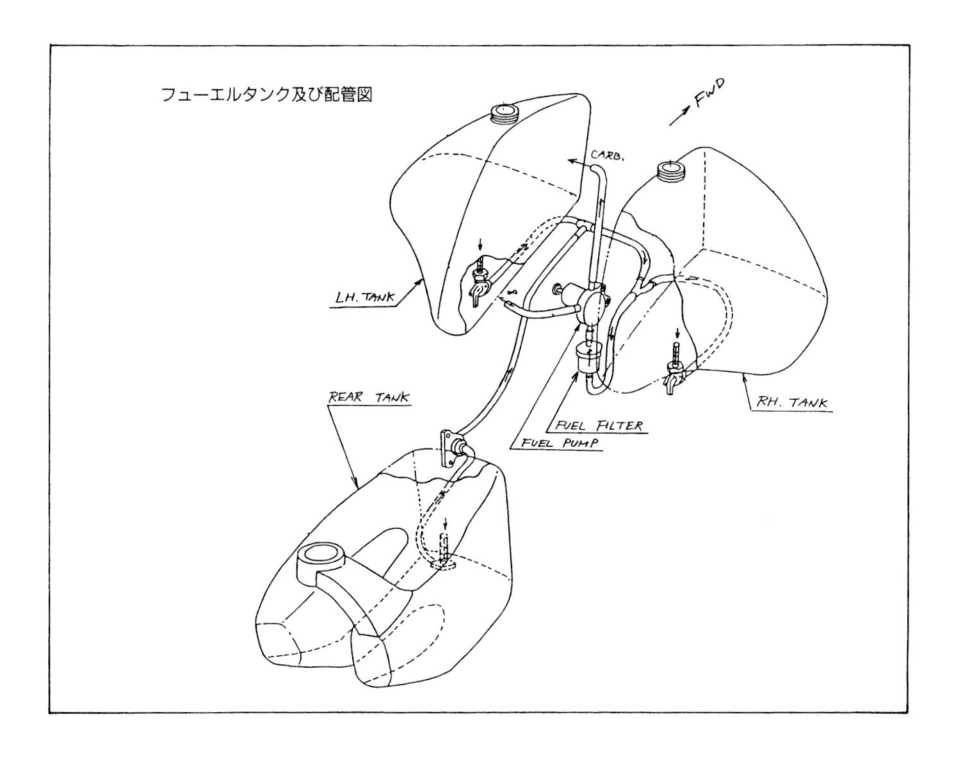

フューエルタンク及び配管図

しかし，59ℓものガソリンを，マシンのどこか1か所に積むのは，不可能である。それでフロントのタンクは左右分割，それにリアタンクを加えた，3分割のタンクシステムになった。これだけの容量になると，タンクが操縦性をぶちこわすことも考えられる。重心位置を上げず，安定したタンク位置，タンク形状を探さなければならない。

服部は，BMWのタンク形状に似た，前から見て逆ハート型をしたフューエルタンクの採用を提案した。重心位置も低く，安定もいい形である。この形状を採用した影には，実は服部の個人的な確証があった。確証とは，服部の奥さんだった。

その頃，服部は今にも父親になろうとしていた。奥さんのおなかははちきれんばかりである。このおなかが，NXRのタンクになった。子供を宿して大きく張り出たおなかは，しかし平均して突き出ているのではなく，ちょうどハートを半分に割って，それをさかさまにしたようなラインを描いている。これが，大きく重いものを，安定して抱える形なのだと，服部はハタと膝を打った。自然界の知恵だろうか，母親のおなかは，力学的な裏付けなど関係なく，ちゃんと必要なかたちを整えているのだった。

NXRのタンク形状の元になった服部2世は，'85年の夏に誕生した。生まれる前は，仕事のヒントを授けてくれた父親思いの子供だったが，生まれてしまえば人並に夜泣きの嵐で，設計の追い込みで，家に帰って構想をまとめる服部を，ずいぶんと悩ませたものだった。

さてタンクまわりでは，まず考えなければいけないのは，メンテナンスである。整備はタンクを外すことから始まるし，タンクは外しやすくなければならない。だから，フロントタンクをヒンジでスイングアップできる設計にした。ガルウィング式のタンクとでもいえばピッタリくるだろうか。これで，内部のメンテナンスは大分やりやすいはず，との自信作だったのだが，後でフューエルポンプの位置を巡って，現場のメカニックと一悶着を起こすことになるのだった。

不慮の転倒で，もしタンクに穴が開いたら，との問題もある。現実には，タンクのクラックも，ガソリンがにじんでくるくらいの症状ならば，なにもせずに走ってしまうことが多い。しかし，とがった岩などでタンクを破るように裂いてしまったら，とても走れる状況ではない。それでもその日のゴールまではたどり着けるたくましさが欲しいから，タンクがひとつ使いものにならなくなっても，残りのふたつを使って走り続けられる設計を考えた。それぞれのタンクに独立したコックを設けて，ダメージを受けたタンクはそのコックを切ってしまえば，無事なタンクのガソリンまで失うことはない。もちろん，タンクの1/3を失うわけだからガス欠の心配はあるが，燃費はスロットルの開け方いかんで5割くらいは変わってくる。タンクを壊してしまった時には，それなりに抑えて走ればいいのである。

このコックは，緊急時ばかりでなく，望むならば，3つのタンクの好きなタンクから空にしていけるという副次的効果もあった。それで，前後の重量配分を変化させることが可能である(反面，丸々残っているタンクが破損した場合，失う燃料は大きい)。どこのタンクから使うかはライダー個々の判断に任せられた。が，みんな，面倒な作業は避けて，ごくふつうに3つのタンクから平均に使っていったようだった。3つのタンクは，コックを全部オンにすれば，ガソリンはそれぞれから平均して供給される。つまり，3タンクといっても，使い勝手としてはひとつのタンクとまったく同じことである。

唯一特例がラレイで，彼は最初から後ろのタンクは操安が重いので歓迎していなかった。実戦でも，走り始めるとまず後ろのタンクを使って，後ろを軽くすることを心掛けていたようである。他のライダーには，この類の話はなかった。

3つのタンクを同時に使っていくのは，操縦性の問題からも都合がよかった。ガソリンの増減で前後の重量配分が変わっては，どの重量配分で操縦性のセッティングを決めたらいいのかがわからなくなってしまう。だから，3つのタンクからは，同じバランスで燃料が流れ出すのが理想である。

これは3つのタンクの，高さを揃えることでクリアした。

他，フロントタンクにはケブラー製のガードを設けて，万一の事故に備えることとした。また激しい動きでガソリンが揺れて，特にガソリン残量が少なくなった時，瞬間的なガス欠症状になる恐れを考えて，すべてのタンク内にはバッフルウレタンを挿入することになった。

●サスペンション

サスペンションは，フロントがテレスコピックフォーク，リアがプロリンクのモノショックで，外観上は特に目新しいものではない。しかし，モトクロスマシン並の路面追従性が要求されて，それでいて車重はモトクロスマシンとは比べものにならないほど重い。しかも走り方の特徴は，アクセルワークでマシンの姿勢を変えてショックを逃がしてやることをせず，ギャップにそのまま突っ込んでいくという。サスペンションへの要求は相当高く，厳しいものがあった。

'85年のラリー視察でも，サスペンションがスカスカに抜けたマシンは数多く，それゆえ，リアサスユニットをエンジンの前部に置くレイアウトも考えたのだった。これもサスへの過酷な要求の緩和作戦の一環である。しかし，このレイアウトが却下となって，マス集中化による慣性モーメント減少が売りものの，エンジンの後ろにサスユニットを置くレイアウトとなったのは前述の通りである。

プロリンクは，リアサスのユニットとスイングアームの間に介したリンケージによって，サスペンション特性をプログレッシブにするのが特徴だ。メーカーを問わず，この

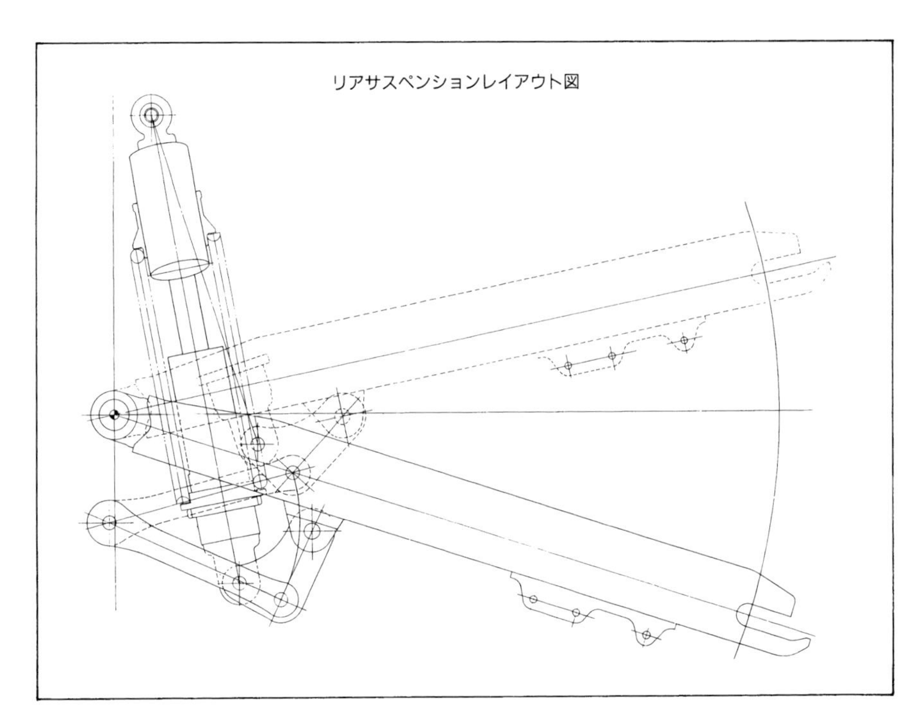

方式のサスペンションの出始めの頃は，サスペンション特性曲線の立ち上がりの強い，最初は柔らかく，ストロークするに従って腰が出る特性がよく採用された。時代も変わり，その後は最初から最後まで，あまり特性の変化しないものが好んで使われるようだ。

NXRでは，すでに実戦を走った'85XLのサス特性を参考にしつつ，ダンパー性能やサスペンションストロークなどを決定した。

特性は決まったが，このままでは従来通り，過酷な使用条件に耐えきれずにサスユニットがスカスカになってしまう恐れがある。そこでダンパーは分離加圧タイプとして，リザーバータンクをユニット本体とは距離を置いて設定した。本体とリザーバータンクをつなぐパイプも，ダンパーオイルの冷却ポイントと考えて，やや長めにした。これが，最後の詰めの段階になって，ちょっと慌てた原因となった。リザーバータンクに向かうパイプが小回りがきかずに，本来取り付けたかった位置にはどうしても付かなくなってしまったのだ。苦肉の策として，リザーバータンクは，ユニットから遠く離れた，シートエンドに取り付けられているのである。

NXRのレイアウトでは，リアサスユニットは，後方シリンダーのエキゾースト熱にそのままさらされている。ユニット上部は特に熱せられやすい。ここは，ちょうど熱による性能劣化が懸念されるダンパー室のあるあたりである。このままでは具合が悪い。そこで，ユニットの上下を逆にして，ダンパー室が熱の影響を受けないユニット下部に来るようにした。かつて，ダンパー室はユニットの下にあるのが一般的だったが，バネ下重量を軽くするため，今ではほとんどがユニットの上部に位置している。NXRではバネ下重量の多少の増加には目をつぶって，ダンパーの耐久性向上を狙ったのだ。

スプリングは，通常使われているシリクロ材に対して，強度の高いマルエージング鋼を前後共に使った。マルエージング鋼は自硬鋼とも呼ばれ，応力がかかるとそこがどんどん強くなる性質を持っている。通常の金属は曲げたり伸ばしたりしているうちに，その部分が劣化してきて折損してしまうが，マルエージング鋼は反対に強くなるのである。マルエージング鋼の採用で，同じ強度を出すにはスプリングが細くてすみ，軽量化に役だった。

●ビムース

マシンの形態とは直接関係がないが，タイヤをノーパンク化する要件も，ずいぶんウェイトの置かれたところだった。パンクが，チューブを持つオートバイの慢性的な持病なのは，大昔から変わっていない。それでもロードレースなどなら，発生率の低さから，パンクしたら運が悪いとあきらめることもできる。しかしパリダカでは，パンクは日常茶飯事といっていい。それなのに，パンクしたら，旧態依然のパンク修理かチューブ交換をしなければいけない。この時間的なロスは大きい。

その頃のパリダカでは，ビムースなるものがようやく使われ始めていた。ビムースとは，チューブの代わりにタイヤの中に入れるもので，空気の入ったチューブのかっこうをしたリング状のスポンジの塊だ。袋状ではないから，これならパンクの心配がないと

これがビムースだ。パンク対策として登場したものだが，これをタイヤにセットするのがひと苦労だ。

思われていた。ところが，ビムースにも欠点がある。

まず，空気圧が一定である。ビムースそのものを入れ換えれば，何種類かの堅さを選べるが，通常の空気圧調整のようなわけにはいかない。スポンジ状だから，調整のしようがないのである。ビムースには空気圧というものが存在しない。代わりにEVQ(相当空気圧)で堅さを表現する。チューブだと，空気圧はフロント1.3kg/㎠，リア1.7kg/㎠で，ビムースのEVQはこれの2割少なめとしたが，それでも乗車フィーリングはゴツゴツ感がある。これもビムースの欠点のひとつだった。

次に，ヒステリシスによる発熱の問題があった。タイヤは地面に接地する時に，荷重を受けて一瞬つぶれ，また復元する。つぶれたりふくらんだりを繰り返しながら，回転運動を続けているのである。この際，つぶれる時の方が，ふくらむ時よりも早く変形する。この現象をヒステリシスというのだが，このエネルギーの差が，熱となってビムースの中に残ってしまうわけである。ある荷重，あるスピードを越えた時の発熱に，ビムースは耐えられなくなる。耐久限度を越えたビムースは，溶けるというか，砕けるというか，とにかく粉々になってしまうのである。

製造元のミシュランは，160km/hまでは大丈夫というのだが，エンジンパワーによっても差はある。NXRは，パワーもスピードも従来マシンを上回る予定だから，ビムースを100%は信頼できない。現実問題として，フロントには使えるが，リアに使うのはちょっと心配，というあたりが当時のビムースの実力だった。

ただし，今後ミシュランの開発も進むだろうし，ビムースが加熱しないアベレージの遅いコースもある。速度が遅い，尖った岩が牙をむいているコースでは，パンクをしないビムースが，真価を発揮することだろう。フィーリングがやや劣る件については，パ

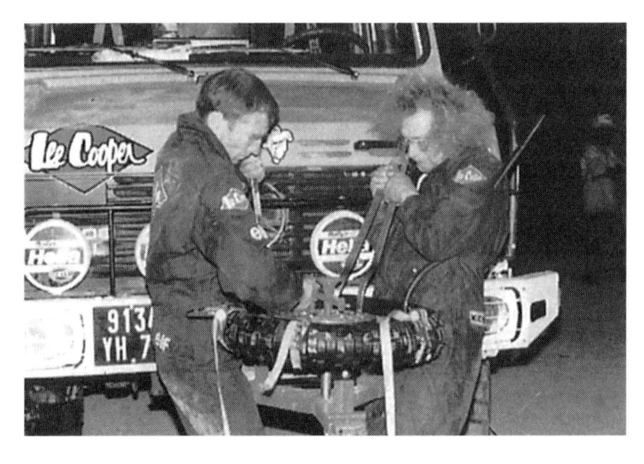

キャンプ地でタイヤにビムースをセットしているところ。2人がこん身の力をこめて作業しているが，3，4人でやることが多い。

ンクしない安心感と相殺されるということで，構想段階では前後共ビムースを使用することが決定していた。
いずれにしても，ビムースを使うための特殊なリムやタイヤは必要がない。チューブとビムースには互換性があるから，この時点ではそれほど悩むことでもないのである。

●その他の装備

その他，構想段階で検討されて，実現へ向かった仕様が7つほどあった。
まず，可動フェンダーである。可動，というとたいそうなメカのようだが，フロントフォークの上下動と一緒にフェンダーが動く，一般のロードマシンと同じタイプである。しかしオフマシンとしては，当時は異例のことだった。トライアル車を除けば，オフマシンにはアップフェンダーが使われていた。タイヤとフェンダーの間に泥がつまって抵抗となったり，時にはフロントタイヤが動かなくなることさえあるからだ。しかし，パリダカは相手が砂だ。ねちょねちょとまとわりつく泥は，パリダカにはない。ならば可動フェンダーでもよかろう，ということになった。泥よけ性能の面でも，アップフェンダーはかなり大きくしないと効果が少なく，転倒時に破損しやすい弱点もあった。反対に可動フェンダーは，ステアリングヘッドとフェンダーの間に大きなすきまができ，エンジン冷却にも都合がいい。'85年の視察時でも，エンジンをより冷やしたい日には，どこのメーカーのマシンもアップフェンダーを外して走っていた。つまり，なくても大きな問題はないということである。
ただ，パリ郊外で行われる予選(プロローグランと呼ばれ，この成績をもってスペシャルステージのスタート順を決めるほか，この成績自体も総合成績に加えられる)は，深い泥と水たまりがあって，可動フェンダーは不向きだった。事情を知らぬ素人エントラントになると，この予選走行でフロントのタイヤをスタックさせたりしていた。NXRも，この予選だけは，アップフェンダーを装着して，泥はけをよくしている。
ふたつめはスキッドプレート上の水タンクと工具箱だ。水タンクは，レギュレーションで5ℓ持てと決められている。工具箱は，義務ではないが，やはり絶対に必要だ。
こういうパリダカ専用小物の設定も，'85年の視察の目的のひとつだった。が，正直なところでは，ゼロからマシンを作るとなると，もっと大きな問題が山積みされており，'86年型実戦車を送り出す時点では，暫定の水タンクをつけるのがせいぜいで，時間切れのため，工具箱はフランスサイドにお願いするハメとなってしまったのである。
ただし，水タンクと工具箱をスキッドプレート上に設置するのは，当初からの予定通りだ。ガスタンクが巨大で，重心が高くなりがちだから，できるだけ低い位置で，なおかつ最低地上高ギリギリの場所として，スキッドプレート上が選ばれたのだった。

ホイールをはずすためのスタンド。ふたつに分解して携行し，スキッドプレートに開けられた穴に差しこんで使用する。

3つめに，メインスタンドがあった。メインスタンドが欲しいとの要望は，早い時期からあったのだが，一般市販車のようなメインスタンドは，重量的にも採用できない。当時，精力的に参戦していたソノートチームのヤマハ車が，スキッドプレートを緊急時のセンタースタンドに活用している例があったが，ヨソの真似をするのは恥ずかしいとの技術屋魂が頭をもたげてきて，これはナシ。結局，サイドスタンドと反対側のスキッドプレートに前輪を浮かせるためと後輪を浮かせるための，2か所の穴を開け，つっかえ棒をさしこむ方式とした。このつっかえ棒は，工具と一緒に持ってもらう必携品となるわけである。

ちなみに，NXRのサイドスタンドは，通常のバイクとは逆の，右サイドにつけられている。大きなマシンのエンジンをかける時には，スタンドは右の方が楽，という評価をもらったのは後の話で，右サイドスタンド誕生の秘密は，左側がエキゾーストパイプでいっぱいで，スタンドをしまうスペースがなかったからだった。設計をした人間も苦肉の策で，これでは使いにくいという反論を甘んじて受けていたが，あにはからんや，実際には右でも左でも，その使い勝手にほとんど差はなかった。

4つめに，スペシャルステージ中でタイヤを外すことになった場合を考え，スイングアーム，フロントフォーク共に，先端を開放型にすることにした。これは耐久ロードレーサーではよくやることで，強度的にも，そんなに悩むことはないはずだった。

5つめ，同じくメンテナンス性を考えてだが，カウリングの取り付け部分など，使えるところにはできるだけワンタッチファスナーを使うことになった。ワンタッチファスナーは，ロードレーサーのカウリングなどではいたって一般的な止め具である。こうしておけば，工具がなくても整備ができる場合があるわけだ。

6つめ，これも整備上のことだが，ボルト類をできるだけ統一する計画をたてた。ボルトには，スパナなどで回す六角頭のものと，アレンキー(六角棒)で回すヘキサゴンボルト，＋ドライバーで回すもの，－ドライバーで回すもの，などの種類があるが，NXRでは可能な限り普通の六角頭ボルトに統一した。

回す工具が一番小さいのはヘキサゴンボルトだが，レンチが入る孔に泥がつまった場合や，ぶつけて形が歪んだ時の対応を考えると，六角頭ボルトに勝る決定打とはならなかった。これはメーカーの好き嫌いもなんとなくあるようで，ホンダ車は一般に六角頭ボルトを多用し，ヤマハはヘキサゴンボルトを好んで使うようであった。

最後に，シートの表面にカンガルースキンを貼った。HRCスタッフには想像外の話だったが，パリダカ常連たちによると，シートはカンガルースキンがグリップがよく，疲労軽減になるという。また，汗の吸収性もよいとのことだった。カンガルースキンは水に弱いが，パリダカでは雨の心配がほとんどないし(皆無ではない)，ライダーたちがそれがいいといっているので，拒む理由はまったくない。製作は東京シートに依頼され，ライダーにも評判のよいシートができあがった。ただしプロト車のテスト時に，ヌブーが好みのシート形状ではないといって，スポンジをその場で切って形状を修正したことがあった。フランス人は，こういう作業を黙々と始める習性があって，HRCスタッフとしては，一瞬慌てさせられてしまうのである。

シャリエが持つ工具一式。左からエアボンベ，チェーンカッター，プラグレンチ，XLレンチ，ラジオペンチ，ボックスレンチ各種，タイヤレバー，タイヤリムーバー，エアゲージ，バイスプライヤー，コンビネーションスパナ，ナイフなど……。

なおシートは，その後スペアチューブを収納できるように，後部をチャックで開閉できるように改められた。'86年型ではこの収納部がなく，ライダーはスペアのチューブを腰に巻いて走っていた。'87年型から収納部ができて，ライダーもスマートな姿で走れるようになったのである。

第4章　試作、実験、設変

●スケジュール

具体的なマシンの形態が見えてきて，開発作業に手をかけながら，松田は役員として開発日程表を作成した。まずプロトマシンを４月から５月にかけて完成させ，これで各種テストを行い，６月にエンジン４機とフレーム２機を作成，７月にモロッコの砂漠で最初の現地適合テストを行う。

ホンダの開発の考えは，一貫して現場主義である。実際に走る場所で，実際に乗る人間によって，実際にレースを行う条件でテストさせなければダメだというわけである。だからマシンの開発がある程度進むと，必ず『現適』と呼ぶ現地適合テストがスケジュールに組みこまれる。

最初の現適が終わったら，その評価をすぐさまマシンに反映させなければならない。８月には夏休みの連休がひかえているから，その前までに変更点を洗い出し，休み明けにはマシンを組み上げ，２度めの現適に持ち込む。２度めの現適はサハラ砂漠を予定していた。これが９月。さらにこれを評価して，10月には実戦車を完成。11月には，現地へ向けて発送するという段どりである。当時の日程表では，７月22日～26日までがモロッコ現適，９月14日～21日がサハラ現適とされている。実際には，そのどちらも実現不可能だったのだが，日程的に苦しかろうが，なんとかするしかないではないかという使命感と，まぁどうにかなるだろうという楽観的予測とが合体して，こんな日程を作らせた。

往々にして技術屋というものは，楽観的なものである。新しい物を作るというのに，できるかなぁ，難しいなぁ，と頭を抱えて悩むタイプは，思い切った作品をモノにしづらいらしい。おもしろそうだからなんとか作ってやれと，息まくくらいがちょうどいい。少々楽観的な人間でないと，こういう仕事は務まらないということかもしれない。

●水冷

〝やっぱり水冷がいいんじゃないか〞

こんな声が上がったのは，こうして，いよいよ実際の作業が始まる頃になってからのことだった。すでに空冷のXLVベースということで，レイアウトもかなりのところまで進行してきている。

水冷のメリットはいうまでもない。信頼性の向上である。特にパリダカでは，信頼性

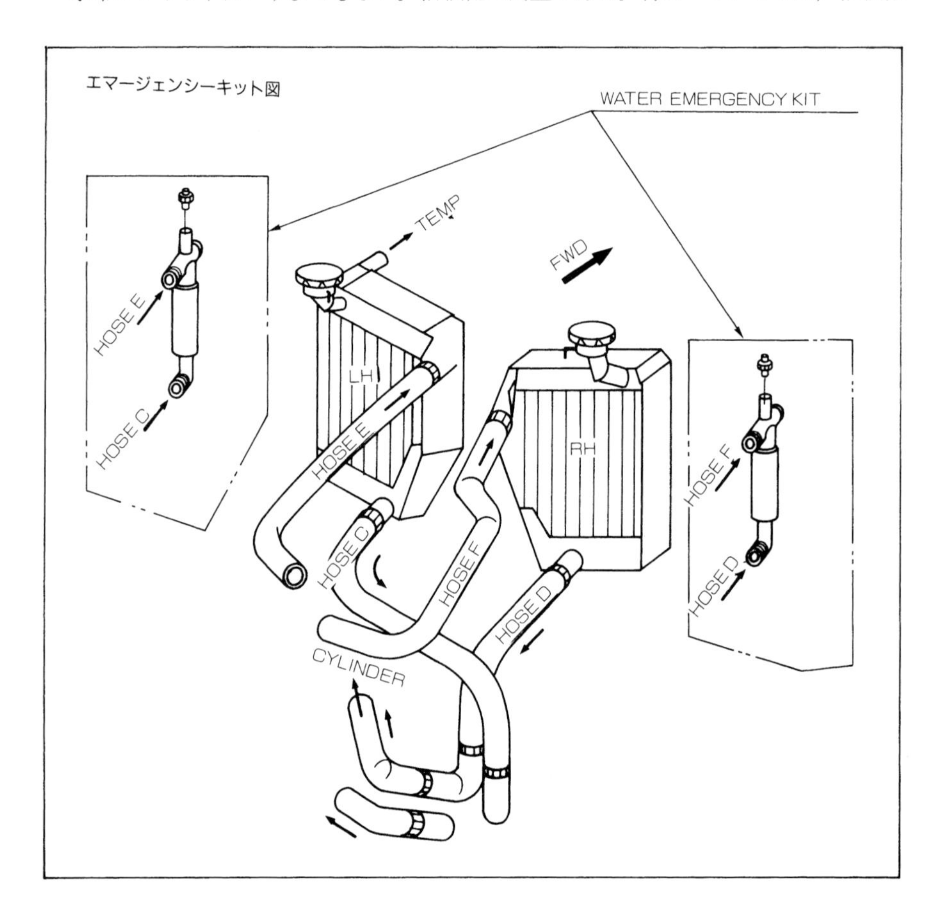

が大きなポイントとなるから，その点では水冷を否定する要素はどこにもない。メカニズム的には，水冷は空冷より若干複雑になり重くなるが，熱によるトラブルがなくなってメンテナンス項目が少なくなれば，デメリットを帳消しにして，さらにオツリがくるはずだ。特に，前後V型エンジンでは，前方バンクに冷却風を遮られる後方バンクの冷却が，どうしても苦しい。水冷なら，それも解消する。

しかし根強い反対派がいた。パリダカは断固空冷だという。

〝砂漠には水がないではないか。そんなところへ水冷エンジンを持っていってどうする，ロンメル将軍は空冷戦車で北アフリカ戦線に勝利したのだ〟と鼻息は荒い。ロンメル将軍はともかく，もちろんこれは一理ある。当時，主力マシンに水冷マシンが皆無だったのも，空冷説の裏付けとなっていた。

確かに砂漠に水はない。しかしないのは水だけではない。オイルのメンテナンスは毎日行っているのだから，オイルは運んでいけるということだ。ならば水だって運べるだろう。だいたいパリダカに出ている4輪車は，2輪とは正反対に水冷エンジンばかりである。それで水の入手に困ったという話を聞いたことがない，と水冷派は反対派を説き伏せていった。

スケジュール的に進行している空冷を捨てて，ちょっと逆進行するかたちで水冷を採用するのは，松田の中にもいささかの迷いがあったのだが，結局その後の経緯をみれば，

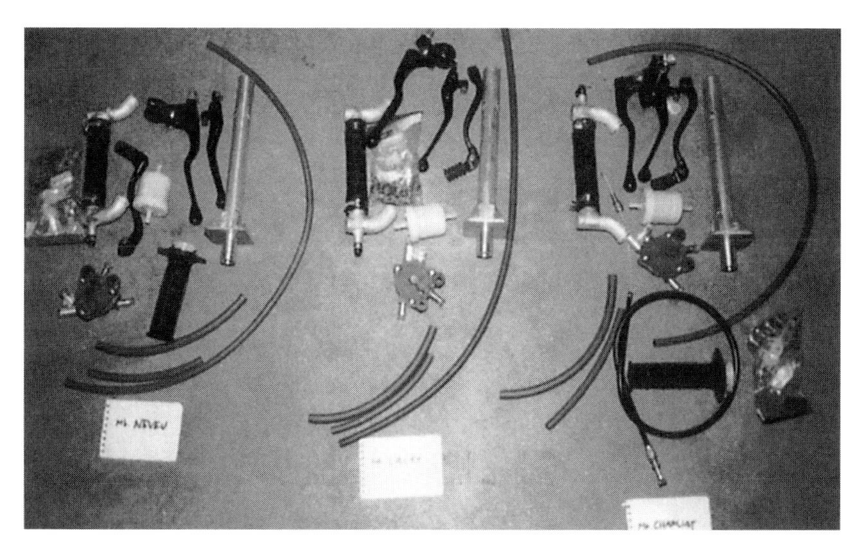

ライダーが携行するパーツ類。それぞれの右側にあるホース類がラジエターのバイパスキット，それにフューエルポンプやレバー，スタンドなど。左からヌブー用，ラレイ用，シャリエ用。

この時の決断は正解だったと断言できよう。松田も，当時を思い返して，その決断には御満悦なのである。

さて，水冷となって考えなければいけないのは，ラジエターのパンクである。石が飛んできてラジエターを直撃するかもしれない，転倒で壊すかもしれない。そんな時でも，とにかくキャンプ地への帰還だけはできなければいけない。そこで，緊急バイパスキットを作って，工具と一緒に必ず携行してもらうことになった。ダメージを受けたラジエターを，このバイパスでパスしてしまえば，水を致命的に失うことなく，走り続けられるのである。

しかし結果論では，この緊急キットは，4年間でただの1度も使われなかった。これにはふたつの理由がある。ひとつはNXRの冷却系の信頼性が高かったこと。そしてもうひとつは，これを使わなければいけない，ごく珍しい事態となっても，ライダーが使ってくれなかった(！)のだった。

もちろん，各ライダーにはトラブル発生時にすべきことを，きちんと頭にたたきこんでもらってはいるが，レース中のライダーは，一種のパニック状態となっている。水がもれているのを知っていても，そこで停止して，水温が少し下がるのを待って，バイパス水路をつなぐという気持ちになれず，無理をしてでも，一歩でも先へ向かって走りたい心理にかられるのである。

パニック状態でミスを減らすマシン側の配慮は，この当時はほとんどなされていなかったといってよい。それがもとで，リタイアとなったケースもある。そういう手痛い教訓があって，その都度フランスホンダの連中に指摘され教えられて，NXRは育てられ，より完成されていくのであった。

●進行

10月の最初の指示から，すでに半年近くが過ぎた。プロジェクトが本格的に立ち上がったのが12月。1月には現場視察を行い，具体的な開発指示書ができた。これは空冷エンジンとなっていたが，2月中旬の開発企画で，水冷に切り替わっている。

開発企画の段階では，本来ならきっちりとした図面が完成されているはずが，実際には，なんとなくできているという状態だった。話をしながら次から次へとふくらんでいく構想は，図面にしなければ始まらない。しかしすべての部品は，他の部品と持ちつ持たれつの関係で構成されているから，ひとつの部品の図面だけを先行させて仕上げるのは，事実上不可能だ。

なんだかんだとバタバタして，4月末までには，一応の図面が出揃った。とはいってもこの図面は，完璧な完成図面ではなかった。ガソリンタンクなどは『木型による』と書かれただけの図面である。ただし，その後の現適テスト日程を考えると，これでギリギリの日程だ。

それからすぐに(実際にはすでに試作や実験に入っている部分はいっぱいあるのだが)実験や試作が始まる。図面から部品を起こす作業は，言葉にすれば簡単だが，実は起こし方にもいろいろあって，一筋縄ではいかない。たとえば，ネジやギアの類は，機械加工だけでできあがる。いよいよになれば，3日くらいでできる。ガスケットは，最悪の場合は紙を切れば完成だ。このあたりは，それほどスケジュールを気にするには及ばない。

問題は，加工が多い部品である。クランクケースなどは，木型が必要で，木型ができたら鋳造となり，鋳造素材ができて初めて，オイル経路を作ったり，面を平らに整形したりの加工作業に移る。こういう加工に時間がかかる部品(足が長い部品というのだが)は，出図をまごまごしていると日程に間に合わない。他との流用もきかないものばかりだから，足が長いモノは率先して早めにやらなければいけないのである。

それでも，できた部品を組んで，一発でエンジンが回って耐久性も出て，すべて一発でOKとなれば，その手前の試作で少々時間がかかろうと，問題がない。ところが，問題発生で作り直し，となったら，あらためて図面を引き，型を修正し，となってしまう。

作り直しもまた，一筋縄ではいかない。ギアなどは，壊れたら厚くするという単純な対策が可能だ。ところが，たとえばピストンでは，そうはいかない。壊れたからといって肉厚を厚くすると，重くなる。ピストンの重さは，単体ではわずかの差でも，激しく往復運動した状態では，静止状態の何倍もの慣性重量となって，他のエンジン部品に負担をかける。だから，お手軽な対策はできないのである。

重量を変えずに強度だけを上げたい場合，ふつうは材質や製造方法を変えて対処する。ピストンなら，鋳造から鍛造に製法を変えたりするわけだ。NXRの場合，ピストンは最初から鍛造で，強度に関しては問題がなかったが，これも鍛造ならいいというものではない。鍛造は強度は出るが，加工が難しい。思い通りの形状にするのはたいへんなのだ。だから，形状が複雑な物は，鋳造の方が結果がよい場合もある。

すべてケースバイケースでなんともいえない上に，隣りの部品との強度や重さの兼ね合い，製作スケジュールやコストの話がからんでくると，事態は非常にややこしくなる。最後は，清水の舞台から飛び降りる覚悟の決断を迫られる。1台作るのに，何回飛び降りるか数えきれない。だからプロジェクトリーダーは，一本芯の通った決断ができる人間がよい。前にも触れたように，リーダーの個性がはっきりしていないと，マシンも芯の通ったものにならないのだ。

いずれにしろ，図面，試作，実験を1サイクルに，やり直しとなるとまた図面に戻る。特に足の長い部品でこのサイクルが何度か重なるようになると，7月のモロッコ現適に行けないばかりか，翌年のラリーそのものに間に合うかどうかさえ，怪しくなってしまうわけである。

●浜の真砂は尽きるとも

ベースマシン，たとえば，'85年型に対する'84年型のような存在があれば，図面はベースマシンのものを下敷きに，一部を書き直すことでできあがる。図面をチェックするのも，新たに書き直した部分だけを，集中的に行えばいいわけだ。ところが，NXRはまったくの白紙状態からスタートしたマシンである。XLVやRS750Dなどのをベースにしたといっても，図面上ではひとつとして共通の部分はない。こうなると，検図も相当念入りに行わないと，危ない。図面にミスがあって，部品と部品が干渉するようなことになると，試作車が組み上がらないということもあるわけだ。

組み上げ担当は，酒井保太郎だった。酒井の担当は整備である。いわば最も現場に近い仕事である。試作部品ができあがると，部品は酒井の元に届けられる。設計陣が不安そうに見守る中で，酒井がそれを組み上げるのだ。ふつう，オートバイの整備は，サービスマニュアルなどがあって，それにのっとって行うことになっている。あとはやり方と使うパーツを間違わなければ，必ずきちんと組み上がる。

ところが試作車の場合は，そんな保証はどこにもない。酒井が悩み始めると，設計した本人たちも〝ちゃんと，組めるハズなんだけど〟と，だんだんトーンダウンしてしまう。酒井に設計陣が〝ゴメンナサイ〟をする頃には，酒井には怒る気力も残っていない。

もちろん，全部の試作部品がこんな按配では，オートバイ製造業は失格だ。こんなことはごく一部である。しかし，苦労したところは，各自の記憶にもしっかり残っているものだ。

酒井が苦労したのは，まずエンジンだ。NXRのエンジンはOHCで，カムはチェーンで駆動されている。カムチェーンには，ジョイントがないエンドレスチェーンを使う。ところが，試作から上がってきたNXRのエンジンは，どうしてもカムチェーンをかけることができなかった。図面上ではカムチェーンは問題なく収まっているし，現物を見ても，組み上がってしまえば問題ないように見えるのだが，組めないのである。チェーンの張力を保つスリッパーの位置決めを，チェーンの組みこみに先がけて行う手順になってしまったために起こった事件だった。

設計陣が大慌てで製図版に向かって図面に修正を加えている頃，酒井はスリッパーの位置決めを削り落とし，多少スリッパーがガタガタする状態で，エンジンを組み上げた。もちろんこんなエンジンでは走れたものではないが，とりあえずベンチテストが待っている。現物合わせで，テストのスケジュールの遅れを最小限に食い止めるのも，酒井の

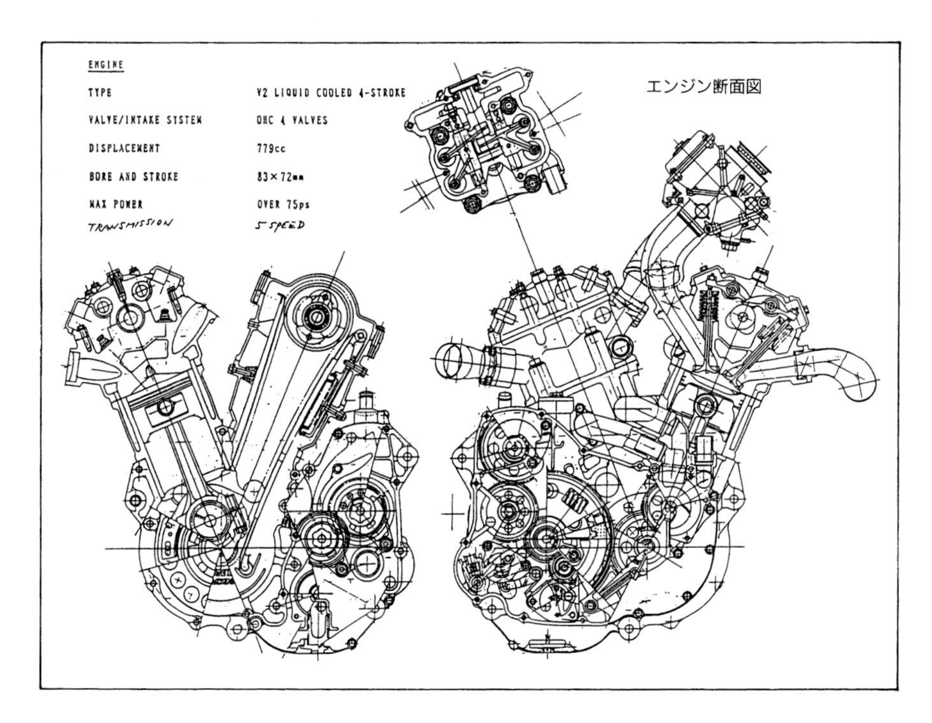

仕事のうちである。

しかし困るのは，それが本当に図面のミスなのか，組む方の努力不足なのかがはっきりしない時だ。たとえばエンジンをフレームに載せる時，キャブレターを組み付ける時。こんな作業は，現代型オートバイの場合，知恵の輪のような作業になるのが常である。知恵の輪なら，必ず解ける保証があるが，試作の知恵の輪には，その保証がない。エンジンを横にしたり斜めにしたり，いろんなことをして，そのあげくに，これでは載らない，と判明するのである。エンジンの積み降ろし作業は重労働だ。だから，初めて試作車にエンジンを載せる時は，中身がカラッポのエンジンを使って作業する。そうしないと，ぎっくり腰どころの騒ぎでは済みそうにないからである。

NXRも，最初の時には，とうとうエンジンがフレームに載らなかった。NXRのエンジンは，アンダーループを外した，左サイドからフレームに押し込む設計になっている。ところが，スイングアームピボットのすぐ前にあるエンジンハンガーが邪魔をして，エンジンがそれ以上中に入ろうとしない。エンジンハンガーを脱着側のアンダーループに移して問題は解消したのだが，２次元の図面でチェックする限界が，時として，こういうところに現れてしまう。

〝エンジンが載らない事件〟の類は，ひとつひとつがスケジュールの遅れにつながってくる。もちろん歓迎すべきことではない。しかし，試作の一発めから，まったく問題なくすんなり組み上がってしまったとしたら，これはこれで問題ありとなるのだという。

つまり，スキマが多すぎるのである。マシンを通して，反対側の風景が見えるようでは，マスの集中化が問われる現代のマシンとしては，なんとも具合が悪い。最初からスンナリ組めてしまった場合には，モノのつめこみ具合が甘い，ということになるわけだ。

だから，酒井が設計陣にどなりちらしながら四苦八苦して，一方設計陣はその酒井をなだめすかしながら，最後はトンカチやノコギリの御世話になって試作車が組み上がった方が，最終的に仕上がったマシンは，完成度が高いものになるのである。

それにしても，設計段階でのエンジンとフレーム間の連絡は，並の頻度では済まない。エンジンの寸法がちょっと変わっても，それでフレームが設計変更になることもある。フレーム・エンジン間の連絡は，ほとんど連日にわたって行われることになる。それでも，チェックミスは発生するのだ。

どうせ試作の第一発めはマトモには組み上がらない。それなら図面の検討にはいくら時間をかけても一緒だ。細かいチェックは二の次，とりあえずエイヤッと試作部品を作り上げてしまってから，現物を参考に図面を修正するというやり方も，あるにはある。しかし，こんなやり方は超豪傑のやることだ。どんなに心臓に毛が生えているといわれている設計屋でも，図面のチェックは最後まで行い，それでも試作の組み上げはビクビクしながら見守るのが，普通である。

〝浜の真砂は尽きるとも，世に盗人の種はつきまじ〟

石川五右衛門は，この世の別れにこう詠んだ。松田は，試作車組み上げの真最中のドタバタぶりを嘆きつつ，そしてまたフムフムと納得しつつ，こう思うのだった。

〝浜の真砂は尽きるとも，世に設変の種はつきまじ〟

●初走行・初転倒

はたして，モロッコの現適には行けなかった。試作部品が倉庫に入ってきたのが6月になってからだったから，7月のテストには，集まった部品を組んだ，そのままの状態で行くことになる。走るかどうかもわからないマシンを，いきなり砂漠には持ちこむわけにはいかない。最低限きちんと走って，評価のまな板に載せられる状態に仕上げてからでなければいけない。というわけでモロッコ現適は，あっさりと予定変更とあいなった。

さて，発注した部品が工場に続々と到着する時期は，マシンを作っているという実感を最も強く感じる時である。しかし，タンクの木型ができた時には，スタッフ一同が驚いた。グロテスクなのである。なんせ，それまで扱ってきたマシンのタンクがみなスリ

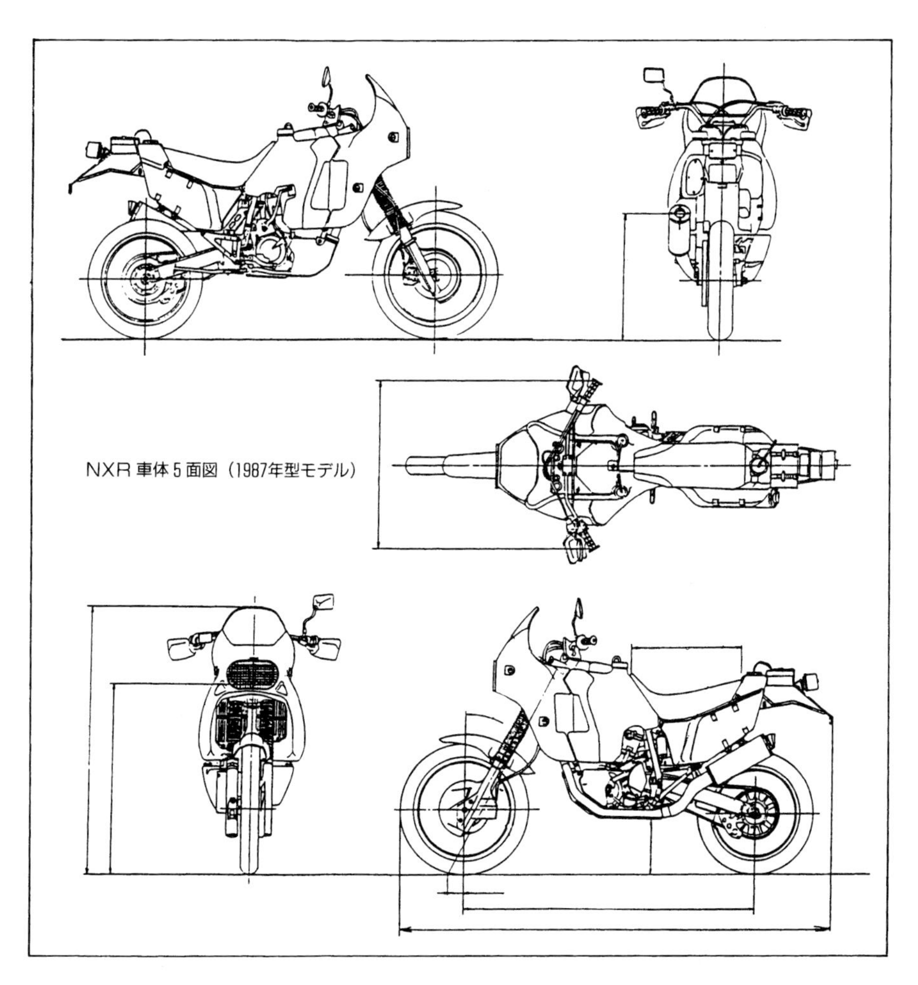
NXR 車体５面図（1987年型モデル）

ムでコンパクトだったのである。届いたタンクはホンダ車の中で最も大きい。こんなものをつけたらどんなオートバイになるのか，と素朴にとまどった。自分たちで図面を引いておきながら無責任ではあるが，いざ実際に現物を目の当たりにすると，一同のアングリと開いた口は，しばらく閉まらなかったのである。

７月に，NXRはようやく，栃木にあるホンダのテストコース，ホンダ栃木プルービンググラウンド（HPG）を走り始めた。HPGには，数百mのバギー（ATC，ATVなど）用非舗装路がある。最初はここを走った。ここで，走って止まるという，基本的な走行性能をチェックした。とりあえず問題がなく動いたので，今度は砂の直線路に移った。

ライダーの主力は増田耕二。他数名が，文字通り動くかどうかを確かめる。初めは皆，テストライダーらしからぬ，おっかなびっくりライディングだった。もちろん，できたてのマシンだから最初から飛ばすのは危ないが，走る姿を見ていると，慎重さからくるおっかなびっくりではない。

正直なところ，増田はこのマシンに乗るのが怖かった。初めてのものにすぐ慣れるのが苦手な増田だが，その性格を差し引いても，その大きさ，4サイクルの野太いサウンドに，けっこう真剣な恐怖を感じていた。おそるおそる転がした感想は，ロードバイクみたいなマシンの感じだったということだ。こんなマシンを完成させることができるのだろうか。その自信も，まったくといっていいほどない状態だった。

プロト車のテストは，女の子をくどくのと共通するものがあると，増田は言う。最初はおどおどと近寄っていく。こんなことして大丈夫だろうか。嫌われないだろうか。そして1回デートしてみる。そうしてしまえば，気は大きくなる。えーい，行っちゃえ，と最初に感じた恐怖はどこかに忘れてきてしまうことになる。

この時，NXRの第1号の転倒者が出た。テストコースは，林の向こうをひと回りするレイアウトになっていたのだが，その林の反対側，見守るスタッフからは見えないところで，テストグループの立川章次が転倒したのだ。転倒自体はポテンと寝転んだ程度で，けがやマシンの損傷もなかったのだが，本人いわく〝とにかく重てぇ〟ということで，マシンを起こしてエンジンをかけピットへ帰りつくには，たいへんな苦労をしたようである。

〝満タンだったら，絶対起こせないぜ〟
立川は，汗をぬぐいながら初転倒の感想をスタッフに語るのだった。

この時の車重は190kgで，実戦車もおおむねこのくらいとなる予定だった。フランスホンダからは具体的な車重の指示はなく，少しでも軽く，とのことだった。HRCがこの要望を守って，可能な限り軽いマシンを作った結果が，この車重である。なんといっても750ccオーバーのマシンである。モトクロスマシンのような，軽いマシンにはなりえない。だから，ほんとうに起こせないかもしれないという疑問は，そこそこショッキングなことだった。

しかし，これ以上車重を軽くするのは事実上不可能なため，パリダカライダー連中ならなんとかするだろう，ということにして，その場ではムリヤリ納得するしか方法がない。〝パリダカをやる連中は，たとえ女の子でも，みんなバカ力の持ち主である〟〝いざとなればタンクを外してでもなんでも起こすだろう〟〝火事場の馬鹿力はすごいのだ〟諸説紛々，無責任かつ真剣な議論が，その後しばらくは続けられたのだった。

この問題は，その後も，開発陣の頭には常につきまとい続けていた。が，とにもかくにも開発は進行した。後日，ヌブーが初めて来日した際，懸案の〝起こせるのか〟問題の決着がつくことになった。〝砂に埋まったら，どうやって引き出すんだ〟と，ヌブーに質

問したのである。起こせるのか，と聞いたのでは，優勝したライダーへの質問としては失礼だから，起こすことができない日本勢には，想像するのもたいへんな，砂に埋まった際の脱出方法を聞いてみたのだった。

ヌブーは，なにくわぬ顔で〝簡単だよ〟と答える。

〝マシンの一方を掘ってマシンを倒して，その後を埋めて，それでマシンを起こしゃいい。なんてこたぁない〟と，彼は楽しそうに，絵を書いて説明してくれたのだった。

それにしても，砂漠の真ん中の炎天下でそんな作業をするのは，いかにもぞっとしないことではあったけれど，当の本人がなんてことないと言っているのだから大丈夫なのだろう。話を聞く方には，そんなに簡単なものかなぁ，という疑問も少々あったのだが，とりあえず，100%納得しないまでも，事は一件落着したのであった。

この，初期テストの時点では，リアのラバータンクが間に合わなかった。といって空っぽのまま走るのも具合が悪いので，リアタンクシェルにガムテープでフタをして，水の入ったポリエチレンの袋を何個も入れて，テストを行った。これが怪我の功名となった。水の量を加減して，いろいろな重量配分をためすことができたし，リアタンクがい

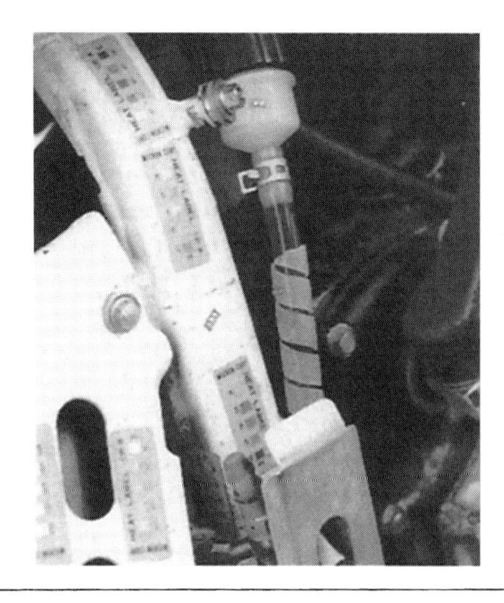

テスト中に温度を測定するプレートをあちこちに貼り，マシンの状態をチェックする。

ったい実際に何ℓの容量をもっているのかも，計量することができたのである。

市販車でもそうなのだが，設計段階で燃料タンクの正確な容量を算出することは困難である。タンクが四角かったり丸かったり，幾何学的に素直な形状ならともかく，現実のタンクは，えてしてフレームを逃げたりで，複雑な形をしているものだ。さらに溶接跡やリブなどがあり，正確なガソリン容量は，図面上ではなく，本当にガソリンなり水なりの，とにかく液体を入れるまではわからないのが実情だ。NXRも，前後で59ℓの設計だったが，その正確な容量は実際に水を注ぎこんだ時点で，初めて確証を持てたといってよかった。

炎天下のテストでもあり，まだまだセッティングの未完成なプロト車は，キャブが不調に陥って始動困難になったりもした。みんなで汗をかきながらキックしたり，あげくの果てには押しがけをして，ようやくエンジンに火を入れる苦労もあった。

フレームの強度を調べるための応力測定で，記録用のテープレコーダーを背負ったまま，何十回となくジャンプを繰り返した。フレームの強度はもちろん，ベンチで耐久性を実証されているはずのエンジンも，実際に走ってみると，思わぬウィークポイントが現れたりする。すべては走ってみなければわからない。かといって走ればすべてがわかるものでもなく，壊れそうなところを予見して測定する必要がある。壊れたマシンをどれだけ多く見てきたか，その経験が勝負になる。

こういうテストは，重量配分にしろ，タンク容量にしろ，いわば設計段階の〝裏〟をとっていく作業である。このシェイクダウンテストでは，大きな問題，予期せぬ症状は発生せず，開発スタッフとしては，内心シメシメとほくそえみながら，初テストは順調に進んでいったのであった。

第5章　現　適

●テネレへ

現適テスト車の仕上がり具合は，スタッフの間ではけっこう評価が高かった。

〝いいマシンができた，これならきっと大丈夫。ひょっとしたら，わざわざ現適に行かないでも大丈夫じゃないか〞

こんな冗談さえ飛んでいた。それはともかく，スタッフ一同は内心，かなりの自信を持っていた。自惚れていたともいえる。

ともあれ，テネレ砂漠での現適は予定通りに行われた。テネレ砂漠を舞台に選んだのは，パリダカ最大の難所とされていたからである。が，本来ならモロッコで洗い出すは

テネレ砂漠での現適基地。この時は砂嵐で，顔をさらして歩くことができないほどだった。

砂漠の真ん中だから，こうして日陰をつくらなくてはやっていられない。屋根になっているのは全員のマットだ。

ずの初期問題点を残したままに，名物難所へでかけていくという，いささか大胆なテストとなったのも事実だった。

場所の設定や現場のマネージメントは，フランスホンダの役回りである。後藤田以下，車体設計の服部，エンジン実験の高橋弘二，車体実験の増田，整備の酒井の5人のHRCスタッフは，フランスホンダの立てた当初の予定より10日遅れて，2台の完成車と2台分のパーツと共に，パリに入った。

パリでフランスホンダの一行が加わって，テネレの現適一行は，まずニジェールの首都ニアメイへ，さらにアガデスまで移動。服部と増田が正月にたどった道のりと，まったく同じである。真冬の1月と真夏の9月では，気象条件が大違いだったが，半年前には散々だった増田も，2度めとあって，アガデスの街になつかしさを感じるほどになっていた。

フランスホンダのメカニックとマシン，パーツ類などは，チャーター機でパリから直接アガデス入りした。ニアメイ経由アガデス行きは，通常便のフライトも飛んでいたのだが，大事な荷物を間違いなく運ぶには，定期便はいささか不安があった。

アガデスを出た現適チーム一行は，テネレ砂漠の道標，テネレの木へ向かった。この間はランドローバーをチャーターしての，270kmの陸上移動だ。そして，そのあたりで陣を張った。テネレの木は，一面砂漠のテネレにあって，たった1本生えていた木だ。ある時，なにもこんな広いところでと思われるような事故を起こした者がいて，この木を折ってしまった。しかし，木は旅人の道標として重要だから，ほんものの亡き後は，鉄の棒にバケツやガラクタをくくりつけた，人造のテネレの木がその任を果たしている。

テネレの木は砂漠の真ん中にあるが，それでもテネレ砂漠の中にあっては交通の要所だから，稀にツーリストが立ち寄ることがある。NXRはトップ機密のマシンである。ツーリストに見られるのもまずいし，まして，他チームの関係者に見られるのは絶対に困

アガデスにおける現適一行。上列左からシャリエ，バロン，服部，後藤田，高橋，クーロンで，その前の中腰になっているのが増田。下列は左から医者と運転手に続く3人めが酒井，次いでギュー監督，ヌブー，ティトン。

テストがすんで就寝の時間だ。砂の上にマットを敷いただけのベッド。もちろん見わたすかぎり地平線だ。

る。どこかのチームがこの時期のテネレにテストに来ている可能性は大だ。

昔々，第1次大戦の頃，シトロエンの開発チームが丈夫なクルマを作ろうと，砂漠へテストにでかけていった。ところが行った先に，ライバルメーカーの某社が，やはりテストにやってきていた。砂漠の真ん中で，突然バッタリ出会った両者は，機密保持よりもなによりも，人恋しさが先に立ち，ついついお互いに歩みよって，やぁやぁと声をかけあった。それから1年ほどして，シトロエンの当の開発担当者は，ギョッとなった。発売が迫った新型車とそっくり同じクルマが，その某社から発売になったのだ。人恋しさに負けて寄っていったばかりに，重要機密を盗まれたという，お粗末千万な話である。

が，フランスホンダ＋HRC一行とて，この〃シトロエンの轍〃を踏まない保証はない。念には念を入れ，テスト現場はテネレの木からだいぶ離れたところに設定した。正真正銘の砂漠の真ん中だ。一行は，そこを拠点に4日間のテストに入った。

このあたりは，砂漠の中でも砂が柔らかくフラットで，日本人の認識からすると，文字通りの砂漠といっていい。BMWが上位に顔を見せるのは，パワーを生かせるテネレ砂漠から，というのはもっぱらの通説だ。BMWに勝つには，ここでの最高速が大きく物を言う。テネレを制すれば，パリダカを制する。ここでの性能評価が，実際の戦闘力を把握する，よい材料となるのだ。

テネレでのテストが終わると，土漠での高速テストだ。砂漠より路面は堅い。反面，石や岩などが出現し，時々地面に大きな穴があったりする。これもまた走りにくい。このテストを1日行って，最後は山間部へ入って，岩場のテストを行った。パリを出てからパリに帰るまで，11日間のテスト行だった。

HRC側としては，試作マシンに対する自惚れのような自信もあって，現適では距離を走らせ耐久性の確認をしたいと考えていた。エンジンはベンチでの耐久テストを済ませて，まずは大丈夫の線が出ている。フレームも，現適の前に，鈴鹿8時間耐久で来日し

大切なパーツはしっかりケースに収められている。むこうに見えるのがテネレの木。

いわゆる土漠。ここで高速テストが行われたが，半年前と違って増田は砂漠旅行を楽しんだようだった。

たギュー監督以下フランスホンダの面々が，やっぱりリアブレーキはディスクがいいとか言いながら（もちろん，そんな要望はこの時点からは間に合うわけがない），おおむね太鼓判を押してくれていた。

ちなみに，フランスホンダのメカニックたちは，グランプリも，耐久レースも，パリダカも，みんなこなしてしまうツワモノが多い。8時間耐久の際には，いつも名ピットワークを見せて，日本のファンにも知られるライオン丸ことギー・クーロンら，ジャンルを問わずあちこちのレースに顔を出す名物メカニックである。彼らが，マシンをなめるように見渡しておおむね満足気だったので，HRCスタッフ面々としては，けっこういい気持ちになっていたわけだ。

この時のライダーは，シリル・ヌブー，ジャン・ミッシェル・バロンのフランスホンダ契約の各ライダーに，フランスホンダの営業スタッフでもあるフランソワ・シャリエ，さらにタイトル目前の国内チャンピオンシップと重なって欠席のジル・ラレイの代わりのテストライダー，アレックス・ティトンの計4名である。シャリエは，プロフェッショナルライダーではないが，プライベートでエンデューロレースなどに参戦しており，その実績と性格を買われ，サポートライダーとして参戦が予定されていた。

サポートライダーを，フランス語では〝ポーター〟と言う。ヌブー，ラレイ，バロンの3名のライダーをサポートするためだけの目的で走るのだ。3人のマシンに問題が出た際には，自分のマシンからパーツを提供して先に行かせる。そして自分は，後発のサポートトラックが追いついてくるまで，じっと待っているわけだ。

誰にでもできることではない。サポートすべきライダーたちに，大きな遅れをとって

テスト中のギュー監督とライダーのヌブーの打ち合わせ。スクリーンの高さを決めている。

は役に立たないし，といって速すぎて追い抜いてしまったのでは絶対にまずい。トップライダーに匹敵する能力を持ちながら，勝ってやろうという生ぐささを持っていないことが条件となる。その使命は，かえってまっしぐらに突っ走るよりも難しいくらいであり，こんなライダーはそうそういない。シャリエは，貴重な人材だったのである。

この時服部は，８耐の時に来日したフランスホンダスタッフの注文で，タンクの注ぎ口にはめこむ，茶こし型のフィルターを作って，現適に持参した。ところが，フランスホンダの連中はせっかく持っていった茶こしを，なかなかマシンにつけてみようとしない。服部としても，わざわざ作って持ってきたのだから，ぜひつけてみてほしい。そう言っても〝いいのいいの，後でいいの〟てな感じで，どうもらちがあかない。そのうち，服部もだんだんしびれが切れてきた。

〝人がせっかく作って持ってきたのに，つけてみようともしないとは何事だ〟

服部は，フランス人を相手にタンカを切ったのである。これでようやく，件の茶こしは，マシンに取りつけられることになった。ところが，いざつけてみようとすると，茶こしは寸法が違っていて，とうとうマシンにつけることはできなかった。タンカを切った手前，服部はしばらく小さくなっていたが，フランス人は事を水に流すのが速い人種だから，いつまでも小さくなっている必要はさらさらないのだった。茶こしはその後，ちゃんと設変（設計変更）を受け，実戦車にはきちんと装着されることになる。

さて，そんな布陣で望んだ現適だったが，スタッフの自惚れはここまでだった。現実はやっぱり甘くない。砂漠での操安は，日本でのちょっとしたテストくらいではどうにもならないものだったのだ。

●現適，その評価

現適で，文句なしの評価が出るのでは，とタカをくくっていたHRC陣営の甘い期待は虚しかった。まず，砂漠走行中に発生するスネーキングが，要対策の筆頭項目となった。

砂の抵抗で，ステアリングヘッドを中心にマシンが右や左に蛇行するスネーキングは，砂漠走行にはつきものだ。舗装路と同じ操安を実現するのは，所詮不可能である。テストの現場では，スタッフの目の前を通過する際も，大きく蛇行して通過する様が目撃された。それ以前に，テネレの木に向かう砂漠の道で，プロト車が残していったのであろう，激しい蛇行のワダチを目にしていたスタッフたちは，実際にスネーキングを目の当たりにして，改善の必要を痛感した。

ただし現適車のスネーキングは，砂漠のベテランライダーの評価によれば，許容できないものではないという。ギュー監督は，砂漠のスネーキングは当たり前，それより耐久性のテストを重点に行いたいと主張する。HRCスタッフの方は，砂漠にいるうちにで

テネレ砂漠におけるNXRの現地適合テスト。砂漠でのスネーキング現象がまず問題となった。

きるだけ多くのテストをこなし，たくさんのデータを日本に持ち帰りたい。両者の意見は，なかなか一致をみない。

その晩，テネレの星の下で，ギュー監督を相手に，操安テストか耐久テストかの，大議論が繰り広げられた。話しこんでいるうち，話題は耐久レースの発祥にまで発展した。フランス人こそ，耐久レースの生みの親であるというような話である。話の結論は，誰も記憶していない。しかし，スネーキング解消に向けて，いくつかの対策が決定したところをみると，耐久テストの時間を割いて，操安テストも行うことになったのだろう。

スネーキング改善に向けての対策は，次の５項目が挙げられた。

1)リアフォークの剛性を高くする——量産を流用した現行のスイングアームピボット部を，専用品とすることで解決できる。

2)フレーム剛性を上げる——これも，フレームピボット部の上下のクロスバーのサイズをアップすることで，剛性アップが可能である。

3)分担荷重を変える——操縦性は，前後の重量配分が大きな影響力を持つ。そこで分担荷重を変えて，求める操縦性を探ることになる。現場では，チェーンの長さを調節し，チェーン引きの長穴をいっぱいに使って，スイングアームの長短の傾向をチェックしていった。

4)リアクッションのセッティングを変更する——ダンピング特性を変更して，操縦性を改善するプランである。

5)タイヤ——これは，HRC側としては何もできず，求めるブロック形状，コンパウンド等を，フランスミシュランにお願いして何種類か試作してもらい，これを再度テストする方法をとる。

1)のスイングアームピボットは，現行ではCRの鍛造品を使い，それにアームをつなげる構造となっていた。強度不足は，ここを見直すことで解決しそうである。新たにアルミから削り出し，接続部分の剛性不足を補い，さらにピボット部のベアリング径もサイズアップされた。それに伴って，スイングアームのシャフト径も，1サイズ上げられている。これと共に，2)のフレーム剛性も上げて，強度のバランスをとっている。

3)の分担荷重と4)のサスペンションセッティングは，現適の後，フランス国内で行ったテストによって改善OKの報を受けた。フランスホンダでは40㎜長いリアフォークを試作したが，HRCでのテストによって，ここまで長くては弊害も出ることがわかった。従って，実戦車のリアフォークは，現適車より25㎜延長されたのだった。

5)のタイヤのブロックは，高いほど深い砂でのグリップがいいが，逆に堅い路面では，パワーに負けて歯こぼれをするブロック剥離の原因にもなる。ちょうどいいブロック高さは，実際に走ってみないことにはなかなか決定しづらい。現適時も，ミシュランが用意したテストタイヤを，ギュー監督がひとつひとつナイフでブロック山を削り，様々な高さがトライされた。

ちなみに，ギュー監督の使ったナイフは，タイヤ専用のナイフではなく，ふつうの小刀である。オピネル(OPINEL)という名の，このフランスのナイフは，フランス人なら誰でも持っているという，よく切れる携帯用ナイフである。その割に，よくあるサバイバルナイフのように仰々しくなく，素朴な味わいのある製品だ。実は，松田もこのナイフを1本持っている。'85年のパリダカ視察の際に気に入って手に入れたものだ。かぶれやすい性格だからと松田はいうが，これも技術者の必要条件かもしれない。ただし，以後このナイフを使うような場面に，松田は出会っておらず，ナイフは机の中に大事に保管されているという。

話が逸れた。場面を現適の現場に戻そう。テネレでの砂漠テストを終え，山岳セクションに移ると，リアの突き上げが指摘された。フランスのライダーたちは，症状が出るとスタッフを呼びにきて，その現場まで連れて行き，スタッフの見ている前で同じ走りをしてみせる。高速からブレーキングしてコーナリングに入る際，リアが浮き気味となってオットットとなるものだ。

症状は，非常にわかりやすく顕著で，ひと目見ればその問題点が把握できた。それでも，ライダーたちは何度でもオットットを演じ続ける。もうわかったからいい，とOKサインを出しても，さらにこれでもかという具合にオットットを繰り返すのだった。こうまで目の前で見せられると，その説得力は強力だ。話を聞くよりも対策が早い。これは，サスペンションの伸び側ダンパーを少し強くすることなどで，解決が可能だった。幸い，症状が出たコースは，福島県二本松のダートコースに類似したところがあったから，日本に帰ってからも，そこで対策の確認作業ができたのだった。

ロックセクションでのリアの突き上げ現象。ヌブーがこれを何度も何度もくり返し再現してみせた。

テストの終盤，今後の日本でのセッティングのデータをとるため，増田もNXRのハンドルを握った。初めて走る砂漠は，増田にはやはり恐怖だった。5200rpm，速度にして約140km/h。自分の限界がさっぱりわからないから，スネーキングとの格闘に必死である。横を見れば，同じようにスネーキングしながら，シャリエがこちらを窺いながら走っている。増田には，隣のシャリエを見続ける余裕はない。硬い砂，柔らかい砂が交互に現れる。その境いめも恐怖だった。

しかし最初は恐怖だった砂漠走行も，その後徐々に楽しいものに変わっていき，最後に増田は，NXRを仕上げることへの，自信のようなものも感じていた。砂漠への慣れ，状況判断はともかく，ライダーの資質として彼らを見れば，ラレイが少々乗れる程度だ。増田がベストを尽くしてマシンを作れば，彼らパリダカライダーには，きっと満足のいくものができるはずだ，と。

●耐久テスト

実走での最高速テストや操縦性のチェックをしながら行った，ギュー監督の本来の目的だった耐久テストは，4000kmをメドとしていた。4000kmというのは，パリから，ラリーの休日となるアガデスまでの距離にほぼ等しい。アガデスまで来れば，たっぷり１日の時間を利用してマシンのリフレッシュが可能である。アガデスまで耐久性に余裕を持ってたどりつけば，ひとまず安心ができるのだ。

テストでは，１号車が3592kmを走行した。２号車は，トラブルが発生してその対策の間テストを中断したので，１号車ほど距離は伸びずに終わった。２号車のトラブルは，ミッショントラブルだった。このトラブルは，ベンチでの耐久テストで予見できたものだったが，対策部品が残念ながら間に合わなかったのだった。

だから，トラブルの発生自体は悲観すべきことではなかった。だが，テストは続けなければならないから，２号車はエンジンを積み換える必要があった。その作業にかかろうとすると，フランスホンダのスタッフが，ミッションを直そう，と主張した。エンジンを丸ごと交換せずに，ミッションを組み換えれば，ミッション以外のエンジンパーツ

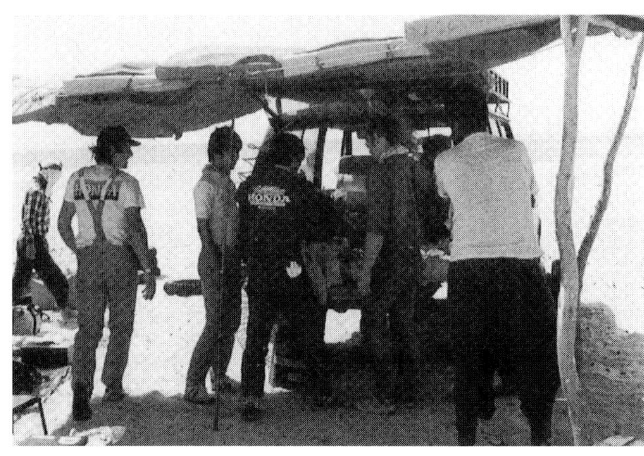

砂ボコリの舞うテネレ砂漠で，NXRはミッション交換作業を受けることになった。

は耐久テストを続行できるし，ミッションを交換する作業の予習にもなる。この主張に納得して，トラブルを起こしたミッションは，砂漠の真ん中で交換されることになった。

ミッションの交換作業は，酒井以下にすれば手慣れたものだが，さすがに砂漠の真ん中で作業するのは初めてである。もちろんHRCの工場と比べれば，設備もはなはだしく寂しい。どれだけ神経を使っても，空中に舞って運ばれてくる微小な砂は，遮断しきれない。普通なら，とてもエンジンをオーバーホールする気にはならない環境である。〝なんでこんなところでエンジンをばらさなきゃいかんのだ!?〟と酒井は思った。

しかし，これもテストの一環である。砂漠に入った人間が，砂まみれのパンを食せねばならないように，マシンもまた，砂まじりの整備を受けなければならない。これでトラブルを起こすようでは，パリダカマシンとしてとても合格とはいえない。

幸い砂漠でオーバーホールを受けた2号車は，その後はトラブルなく走り通した。砂まみれの環境に対応するたくましさを，NXRが持ち合わせていた証明ができたわけだ。

とはいえ，1号車，2号車共，4000kmの目標には及ばないまま，時間切れでパリへ戻った。目標に足りない分は，フランスホンダがフランス国内で引き続き耐久テストを行ったので，2台のテスト車はそれぞれ4000kmの目標値をクリアした後，日本へ帰ってきた。

日本へ帰ってきた2台のプロト車は，さらに日本での耐久テストに入った。エンジンその他はアガデスで徹底的な整備が可能にしても，フレームは全行程1万kmあまりを走り抜かなければならない。テネレから帰ったテスト車は，その後も日本のダートコースを，しばらくの間，走り続けたのである。

さて，現適テスト最終日，シャリエが大転倒した。シャリエ自身は無事で，その点は

テスト終了間際にシャリエが大転倒。タンクガードを外していたためにタンクにクラックが入ったが，なかなかできない転倒テスト(?)まで実施したことになった。

幸いだった。彼は，HRCスタッフに〝マシンを壊してごめんなさい〟としきりと謝っていたが，頼んでもおいそれとはできない転倒テストができたのだから，むしろ歓迎したい事件だった。

マシンはかなり激しく転倒し，タンクにもクラックが入った。クラックの入ったタンクは，本来つくはずだったFRP製のプロテクターが，接着剤の加減が悪く装着されていなかった側のタンクだった。プロテクターがついている反対側はまったくダメージを受けておらず，これでプロテクター効果も充分確認ができたわけだ。思わぬ転倒テストも結果オーライで，傷だらけとなったプロト車をかこんで，テストスタッフ一同の表情は明るかった。

●戦闘力

マシン開発にあたっては，求める性能条件が何かが重要だ。実は，その根本のところで，日本側とフランス側とで違っていた。それが現適の真最中，テネレ砂漠の真ん中で発覚した。

食い違いは最高速に関してだった。HRCでは，NXRの最高速は180/hkm以上として開発を進めてきた。その根拠は，従来型単気筒のXLが砂漠で160km/hをマークするが，ライバルBMWは，さらに20km/hほど速いという証言があったことだ。情報は，ライダーからの伝え聞きでしかない。ラリーのコースに，スピードガンを持って入りこむのは，ほとんど不可能だし，そのデータの正確性も疑わしい。ライダーの証言が，最も確かな情報と考えるのが妥当である。

テストは，ライダー任せに，適当なところまで行って帰るコースを設定した。結局往復で100 kmくらいのコースになったが，ちょうどキャンプの前を通過する頃に，スピードガンを構えて待っているという寸法である。ところが炎天下のこと，とにかく暑い。ガイドの連中に巻き方を教えてもらって頭をターバンで守り，いつ来るかいつ来るかとひたすら待っているうち，ついに犠牲者が出た。増田である。強い日差しにやられて，ぶっ倒れてしまったのだ。

増田がぶっ倒れながらも測定した最高速度は，残念ながら160km/h以上を記録しなかった。最高速の計測に使ったスピードガンは，一般に広く知られているスピードガンである。フランスの入国時に〝スピードガン〟といって申告したところ〝我が国に銃など持ちこまれては困る〟と，大もめにもめたいわくつきのものだが，そんな笑い話を思い出している場合ではない。160km/hしか出ないテスト車に，日本側スタッフはこりゃタイヘンだ，と青くなってしまったのである。

予定の最高速は出ない，増田はぶっ倒れるで，日本側一同が悲壮な状況にある時，ふとフランスホンダ一行を見れば，妙に落ち着いている。そんなに落ち着いていていいものか，180km/hの要件はどうするんだと，それで日仏会談が始まった。

最高速は，路面条件などで大きく変化する。舗装路と砂漠とでは，同じスピードが出るわけもない。NXRも，どんな路面コンディションで，何km/hの最高速が必要である，という打ち合わせは，もちろん充分に行っていた。だが，落とし穴はここにあった。打ち合わせの際の，日本人対フランス人の下手な英語の応酬の中で，なんとデザート（砂漠）とダート（泥・土）がこんがらがってしまったのである。『ダート路面で180km/h出てほしい』という要望が，日本人には『砂漠で180km/h出てほしい』と聞こえていた，という顛末である。

こういったコミュニケーションの問題は，いろんな国の人間が集まった時にはよくある話だ。事が専門分野であるだけに，通訳も役に立たず，言葉が通じなくても意が通じる場合が多い反面，双方がわかった気になって勘違いし続けている事態も，往々にしてある。日本人対フランス人で話をしているのに，フランス人同士で意見の食い違いが発生し，突然フランス語の激しいやりとりが始まって，その場の日本人はただキョトンとするばかりということも，よく遭遇する事態である。

砂漠の真ん中での話し合いの末，誤解は解消した。NXRのマークした160km/hの最高速は，フランスホンダが求めていた性能そのものだった。日本人一同は，ウソの性能条件を基に，意味もなく心配していただけだったのだ。誤解発生の当事者，つまり聞き違いの当事者は，'85年のラリーにでかけた松田，服部，増田の3人だった。現場でひとしきり恥をかいた服部，増田の報告を受けた松田は，現適部隊の部署を訪ねて，ひたすら恐縮するはめとなった。

新たに得た証言によると，'85年のXLは，砂漠での最高速度は130km/hだったという。BMWは160km/hでテネレ砂漠を巡航するので，NXRは160km/h以上の巡航を可能とすればひとまず合格だ。

〝実戦では，BMWも安全マージンをみこんで140km/hくらいでの巡航になる。NXRもタイヤの耐久性や緊急時のことを考えて160km/h以下で走行することになるだろう〟と，これはライダーの予想である。

NXRのテスト結果は，追い風条件下で160km/h，向かい風で150km/h，その平均は155km/hとなり，おおむね満足という結果となった。ただしこれでよしとするのは危険だ。現状の160km/hは，能力の100％を発揮してのことだから，余裕を持つためには，170km/h＋αのスピードが欲しい。それ以上のスピードは，危険回避を考えると宝の持ち腐れとなる。だから実戦車のエンジン出力は，現状の5％増しとすればよかろうとなった。

最高速の次に大きな性能要件は，燃費である。目標は9.1km/ℓだったが，計測したところ，10.78km/ℓとなった。これは上々だ。この結果は，テネレの砂漠地帯，アガデス南方の高速地帯，北方の山岳地帯の各パターンの平均である。条件的には，実戦の走行パターンとほぼ同等と解釈してよく，燃費はまったく問題なしということになった。

燃費も最高速と同様，実際に走らなければ確かなデータとならないもののひとつだ。ダイナモ上でも燃費は計測するが，その場合は比燃費といって，何g/ps・hr，１馬力１時間あたり何ｇの燃料を消費したか，のデータになる。これは回転数と発生馬力によって倍ほども違ってくる。

この比燃費に各部のフリクション抵抗による燃料消費が加わって，走行燃費になるわけだが，これも走り方，アクセルの開け方次第で大きな差になって現れる。比燃費はあくまでも実験室内でのデータであり，焦点はあくまで実戦を想定した走行パターンでの燃費となるわけである。

ちなみに燃費は，日本では何km/ℓと表現するのが一般的だが，フランスホンダのパリダカ部隊は，何ℓ/100kmと計算していた。9.1km/ℓは11ℓ/100km，10.78km/ℓなら９.３ℓ/100kmとなる。距離の長いパリダカでは，どれだけの燃料が必要かを計算するのに，その方が便利だ。それだけスケールが違うということでもあるが，これもフランスホンダのパリダカ経験から生まれた知恵のひとつではある。

総合的な戦闘力の評価は，テストの様々な条件を加味したうえ，'85XLや，仮想敵であるBMWとの比較で行われた。ライダーたちの評価では，NXRプロト（現適テスト車）は，従来型XLよりすべての面で上回っているとのことだった。実戦車に投入する対策要件は，エンジン出力を全域で２psアップさせること，これは160km/hの最高速目標まで，＋５km/hを図ったものだが，すでにベンチでの実験を通じて，馬力アップは見通しが立っていた。現適に持ち込んだエンジンは完成された状態ではなく，最良のエンジン特

条件別燃費表

条件	燃費	
砂　　漠	10.04km/ℓ	9.96ℓ/100km
高速悪路	11.09km/ℓ	9.02ℓ/100km
ロックセクション	10.21km/ℓ	9.79ℓ/100km
移　　動	11.00km/ℓ	9.09ℓ/100km

戦闘力総合評価

	BMW推定	XL600R改	NXR現適	実戦車予定
高速悪路	7	5	7	7
砂　　漠	7	5	6	7
ロックセクション	5	5	6	7

（XL600R改の戦闘力を５とした時の，各ホンダ車の戦闘力）

性を求めた種々の実験の，その途中の段階のものだったのである。

ギュー監督は，NXRプロト車はBMWに対して，操安で少々，パワーで少々，優位にあると総括した。テスト後に作られた報告書では『開発時の方針通り，高速，砂漠でBMWと同等，山岳部でXLを上回れば（山岳部では，BMWよりXLの方が，性能的に勝っていた），BMWに勝てるマシンに仕上がるという狙いは正しく，現状の問題を解決すればNXRがBMWを上回るのは間違いない，つまり優勝可能である』とまとめている。

●スクープ

現適テストに先がけて，NXRプロト車は，フランス国内で簡単なオフロードランを行っていた。ライダーはラレイとティトン。テストの目的は，アフリカの現適に発送する前の，確認テストといった意味あいで，フランスホンダにほど近いコースで，人気がないのを充分確認したうえで行われた。

テスト自体は，ごく平穏無事に終わったが，現適テスト陣が帰国した頃，とんでもない事態が発覚した。極秘事項であるNXRの開発テストが，あろうことか，フランスの雑誌に写真入りで紹介されているのである。スクープされたのは，このフランスでのチェック走行の時だった。なんでこんなことになったのだ，いったいどうしたことなんだ，とフランスと日本の間で連絡が行き交い大騒ぎになったが，撮られてしまったものはし

アフリカへ渡る直前にフランス国内でNXRの小テストを行った。その時雑誌社により写真をとられ，スクープ記事が掲載された。

かたがない。フランスホンダの広報担当者は，HRCに申し訳ないと謝ってきたが，後の祭りである。

しかし松田はこの事件を，個人的には悪い事件とは考えていない。これで緒戦に負けたりすると，さぞみっともないことになっただろうが，結果的には，その予告宣伝として，このスクープは営業的にも実にうまい具合に作用したといえる。

実は松田は，このスクープ騒動はフランスホンダが積極的に仕組んだ〝リーク〟ではないかと思っている。もちろんこの問い合わせに対し，フランスホンダからは正式な否定が届き，一件落着してはいる。しかしその後も松田は，ジャーナリストをうまくコントロールした絶妙なリーク作戦だったなと，ひとりで勝手に感心しているのである。

第6章　実　戦

●実戦車発送

現適から帰って，フレーム関係の耐久テストを行いながら，現適で明らかになった問題点や要望項目を洗い出し，細かな設計変更の末に実戦車を完成させる作業に入った。現適が9月の末のことだったから，その作業に費やせる日程は，ギリギリ2か月だ。4台の完成車，6機のスペアエンジンと同時に，膨大なスペアパーツ類までも，12月の期限までには一気に揃えあげなければいけないのだから，その間の忙しさは並ではない。

それと並行して，クランクケースはアルミでいくか，マグネシウムでいくかなど，最後の最後まで出ない結論を求めて，ベンチ室もフル回転だった。設計ではマグネシウムでいくことになっていたが，耐久性に100%の自信が持てず，土壇場まできて踏ん切りがつかずにいたのだった。結論は結局出ないまま，多少の軽量化よりも安心をとって，クランクケースはアルミ合金で作られることになった。

そんなこんなで，ようやく実戦車ができあがり，発送の段取りとなった。発送に際しては，プロジェクトリーダーの後藤田以下，服部，酒井の3名が，フランスへでかけ，その受け渡しに立ち会った。

受け渡しといっても，納品書にサインしてもらって帰ってくるようなわけにはいかない。HRCでは時間切れで，発送後に作業を残している部分も，少なからずあったのだ。

まず，コースの指示が書かれたマップを巻きとるケースである。前年の視察の時には見てきてはいたが，いざ作るとなると，これこそまったくデータがなく，とうとう作業のとっかかりがつかめなかった。時間的にも，マシンそのものの対処におおわらわで，

スタートを前にして，ベルサイユ宮殿前広場で車両保管されている。この間自由にマシンを見ることができる。

1986年パリダカの実戦直前，ダンパーのサブタンクは，リアフェンダーにマウントされた。

本来はもっとも重要と考えてもいい，こういった補器に関しては，二の次にならざるをえなかったのだ。

マップケースは，さすがにパリダカの国フランスでは物も豊富で，モーターでマップを巻きとるケースが一般に市販されていた。NXRも，その市販の電動マップケースが装着されたのである。当然，コンパスについてのノウハウもなく，マシンを送りこんでから，フランスホンダの工場で最後の作業をすることになった。

フランスホンダに持ちこむ前のNXRは，装備面からいうと市販状態のXLにほぼ等しかった。ステアリングまわりに，スピードメーターとトリップメーターが兼用の，デジタルエンデュランスメーターがついているだけである。このメーターは，基本的にはXLのものを流用したが，XLはトリップメーターが100kmフルスケールなので，小数点を動かして1000kmフルスケールに直し，イルミネーションが追加してあった。他，トリップの減算，加算を，メーター上のノブではなく，ハンドル手元のスイッチで行うように，リモコンを装着した。メーターの電気的改造は，意外に手間と時間を食った作業になった。

改造のベースになったエンデュランスメーターは，XLの純正部品なので誰でも手に入れることができる。しかし，長距離ラリー用に改造を施したものは，HRCのスペシャルで，もちろん非売品だ。HRCのライダーの他には，何人かのホンダ系ライダーと，ガストン・ライエが使用している。なぜ，ライエがこれをつけることになったのかは，もう少し先の話になる。

フランスホンダからの当初の要望では，時計がぜひ必要だとのことだった。しかし，エンデュランスメーターに時計を組みこむのは至難の技で，時間がないこともあって非常手段を用いて対処した。設計スタッフのひとりが，スクーターに飛び乗って，最寄りの大ディスカウントストアに急行，ひとつ1000円弱の，文字板の大きなデジタルウォッチを手に入れ，それをペタリと貼りつけたのである。この時計は，ラリーを無事に完走，日本の工業技術の高さを密かに誇示することになったのだった。

工具箱や水タンクも，作業が完璧ではなかった。それでも水タンクは，レギュレーション上必要なものだから，アンダーガードの左右に最大2.5ℓ容量のものを装着した。これはFRPを加工したものだった。工具箱は，アンダーガードの前方につけることだけは決めていたが，こちらはまったくの手つかずのまま，フランスへ発送となった。

フランスホンダでの作業は，まさに突貫工事となった。現物合わせで切ったり貼ったりして，仕上げているその横で，別の修正箇所を見つけたりする者がいるから，まるで実戦中のピット作業のようであった。こんな中で，誰かが水タンクの水を味見してみた。

フランスホンダの工場で作られた工具箱。1個の重量は1138g。

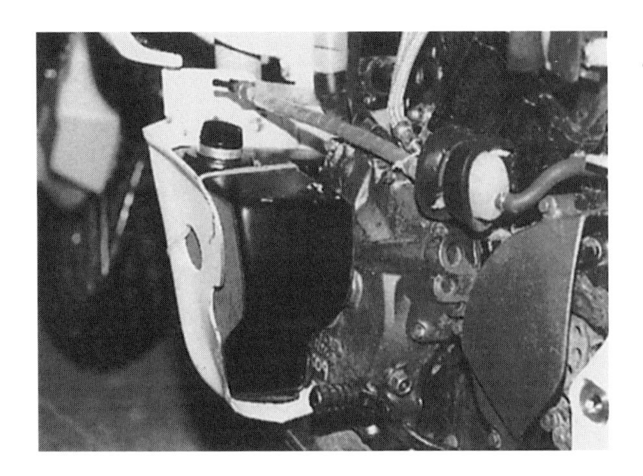

スキッドプレート上に急造して収められた水タンク。FRP製。

それは，とても飲める代物ではなかった。FRPの，溶液の臭いがたっぷりと水にしみついていたのである。

〝いくら砂漠の真ん中でも，こんな水は飲めない〟

矛先は，水タンクに向けられた。結局，このタンクも作り直しである。当時のフランスホンダは工場が狭かった。パリダカ用のワークショップは，臨時に別の倉庫を借りたのだが，4台のNXRがズラリと並んで作業を受けると，スペースはほとんど残っていなかった。NXRの他，2台のベンツ・ウニモグと2台のトヨタ・ランクルが，積み込み荷物のチェックや装備品の確認など受けていて，こちらもまた余裕がまったくない状態で作業が続けられていたのだった。

こんな最中，フランスホンダのメカニックから，フューエルポンプについて要望が出た。フューエルポンプは，タンクにマウントされていたが，これが整備上大きな障害となるというのである。毎晩の整備，その他コース上でも緊急の整備などでフューエルタンクを外す機会は多い。パイピングも，その都度外す。その際，ポンプがタンクにマウントされていると，タンクを外すのに4本も5本ものパイプを外さなければならない。これが不便なだけでなく，思わぬ整備ミスにもつながり，大きなトラブルの元になる。ポンプをフレーム側にマウントしたいのだが，改造してもいいだろうか,というお伺いである。お伺いというと言い方は優しいが，彼らはずいぶん頑固な態度だった。

ポンプの位置は，HRCでも充分な検討を重ねた結果だったし，耐久テストもその位置で消化してきた。場所を動かした場合，耐久性は保証できない。ましてや，モノがフューエルポンプである。これが壊れてはマシンが動かない。過去の経験上，実戦間際に仕様を変更したところは，いくらなんでもないと思えた部分でも，トラブルとなって返ってくることが多かったから，ここはなんとしてもあちらに折れてもらうしかない。

ここで，酒井が〝そりゃダメだな〟と口にした。これは日本語である。ところが〝ダメ〟なる日本語が，その場の雰囲気もあって，フランス人に通じてしまった。これにライオン丸のギーさんがカチンときた。そして，3人の日本人に向かって，フランス語でまくしたて始めた。

ギーさんを説得するのは，たいへんだった。若干の不便を伴っても，ちょっと気を配れば済むではないかという説得法では効き目がない。疲れている時には常識的な気配りができなくなる，だから疲れている時に作業する部分は容易なものにしたい，と強硬である。どうにかこうにか，彼らが引き下がった時には，3人のHRC代表はヘトヘトになっていた。最後は〝来年には絶対ここを直します〟と約束させられて，それでなんとかおさまったのだが，言いだしっぺのギーさんは，最後にはプイッとどこかへ姿を消してしまっていた。

ところが，問題はポンプだけではなかった。実戦に先がけて，マシンにステッカーを貼る最後の仕事がある。いよいよ明日はプレス発表に臨むという日，カラーリングやステッカー貼りの最終調整を行った。これが，特に自己主張の強いフランス人相手とあって，おおいに紛糾してしまうことになった。

HRCは，NGK，DID，RK，SHOWA，ショウワアルミ等，マシン開発に協力願った各メーカーと，本家のHRCのステッカーを貼る使命を持っている。実戦車を送り出す際，すでにロスマンズの指定カラーは届いていたから，指定通りのロスマンズカラーに仕上げた後，協力各社のステッカーを貼って，フランスへと送り出したのだった。このステッカーが気にいらないという。火の元は，ロスマンズだった。

協力各社のステッカーが，大きすぎるというのである。しかし，これ以上小さいステッカーがない。メインスポンサーのロスマンズには，マシンの外形図を渡して，カラー

フランスホンダ前に勢ぞろいしたサポート隊一同。ベンツのウニモグ2台，ランドクルーザー2台の布陣である。

リングを指示させている。これはメインスポンサーに対する常識的な対応だ。だが，返ってきたデザイン図を見ると，残ったスペースはいくらもない。そのスペースの中，ギリギリ小さいステッカーで勝負しているのだから，ロスマンズにも多少泣いていただきたいところである。

この紛糾の原因は，スポンサーへの窓口がフランスホンダとHRCの２本立てになってしまっていたことが尾を引いているようだった。フランスホンダからロスマンズには，HRC関係の小口のスポンサーの話は伝わっておらず，HRCは協力各社に〝ステッカーを貼らせていただきます〟と大見栄を切ってしまったというところである。

結局，フランスホンダとロスマンズに，なんとか納得してもらってプレス発表に臨んだ。このプレス発表は，NXRという車名が初めて公になった時でもあった。それまでNXRは，NT５という社内呼称で呼ばれていて，正式名称を持っていなかったのだ。NXRとは，『ニューXR』の意だが，その名付け親は不明である。おそらくフューエルポンプ騒動と並行して，フランスホンダの営業部で決定されたものなのだろう。

さて，プレス発表の後，セルジュ・ポントワーズの予選でマシンを見ると，なんと日本サイドのステッカーがほとんど貼られていないではないか。早速抗議を申し入れ，スタートの朝には無事にすべてのステッカーが貼られているのを確認して，後藤田以下３人はひと安心してラリーを見送ったわけだった。

しかし，その後に報道されたラリー中の写真を見ると，日本サイドのステッカーがない。フランスホンダに問い合わせても，走行中にはがれて飛んでしまった，という答えが返ってきて，どうも釈然としない。本当ははがしてしまったんじゃないか，というウラミは残るのだが，すでにラリーは終わってしまって，後の祭りである。真偽のほどはともかく，HRCサイドとしては，現場に行っていないとやはり弱みがあるものだと，悔しい思いをするのがせいぜいだったのである。

●雪

いよいよ，第８回パリダカールラリーが始まった。スタートは１月１日だが，それに先がけて車検があり，さらに12月30日にはパリ郊外のセルジュ・ポントワーズで予選が行われた。プロローグと呼ばれるこの予選は，最初のスペシャルステージのスタート順位を決めるためのものだが，ここでの遅れも総合結果に加算されるから，この時からラリーは始まっていると考えた方がいい。

当日，パリの周辺は雪景色だった。砂漠を走る覚悟はできていても，雪の上を走るのは予定外だ。まして，パリダカ用マシンは重く，背が高い。プライベートの中には，砂漠用のデザートタイヤのままでプロローグに出走する者もいて，そうなると転倒しない

セルジュ・ポントワーズで行われたプロローグ。パリダカでは珍しく雪中走行となった。走行しているのはヌブーで，このプロローグランに限り，アップフェンダーをつけている。

だけで精一杯。とてもタイムを出すどころではない。

ただし，雪が降ったのは予定外としても，プロローグが泥んこの中で行われるのはいつものことだ。エントラントをとことん苦しめ，そして走り抜けてきた者たちを祝福する，主催者ティエリー・サビーヌらしいさじ加減である。サビーヌのこんな采配を知りつくしているフランスホンダでは，プロローグに向けてふたつの対策をした。マディ用タイヤを装着することと，ダウンフェンダーを外してアップフェンダーをつけることである。まとわりつくような泥は，タイヤとフェンダーの隙間を埋めつくし，フロントタイヤの回転をも止めてしまう。ダウンフェンダーをつけたまま走るくらいなら，いっそ外してしまった方がリスクは少ない。

しかし，上には上がいるものだった。当日の雪をいち早く予測したのか，なんとスパイクタイヤを用意してきた知恵者がいた。プライベートでヤマハに乗るモト雑誌編集者(当時。その後雑誌社を辞め，エキュリエールというパリダカチームを率いている)ピエール・マリ・ポリだ。スパイクタイヤを禁止とするレースは多いが，パリダカのレギュレーションには，スパイクタイヤについての項はない。ポリは，当然のように，雪のプロローグでトップをとった。2位につけたのは，ふだんはリザルトの後方を固めるATV，3輪車だった。

しかし，NXR勢も頑張った。長身のラレイがポリに遅れること1分15秒の3位，バロンが4位，6位にヌブー，シャリエも9位に入り，全員が10位以内におさまったのである。ライダーの技量によるところが大きいにしても，NXRの低速重視のエンジン性格と，車体の取り回しの軽さが，この結果を生んだとみても間違いではない。この分だと，疲れないマシンという設計要件は，まずクリアしているとみてよさそうである。

●9分23秒

この年，タイムを競うスペシャルステージは，プロローグを含めて23あった。当初はもっと多くのスペシャルが用意されていたのだが，サビーヌの死亡事件があったり，ラリー全体があまりにも遅れたりで，何回かのスペシャルはキャンセルになっている。

23回のスペシャルのうち，もっとも多くトップをとったのは，イタリーホンダのアレッサンドロ・デ・ペトリ。全部で6つのトップをとった。次はベルガルダ・ヤマハのピコで，トップは4回だ。これにBMWのライエが3回で続く。

この猛者たちに比べると，NXRのライダーたちがとったトップの数は，ぐっと可愛いものだ。1月8日にヌブーが，翌日の9日になんとシャリエがトップになった，その2回だけである。ラレイは，ついに1度もトップをとることがなかった。

しかしこのラリーは，日ごとの速さを競うものではない。あくまでもトータルの順位が重要だ。最多トップのデ・ペトリの総合順位は5位，ピコは10位に終わっている。速いにこしたことはないが，速くない日に，いかに遅くならないか，という技術が，パリダカでは大きく実を結ぶ。デ・ペトリやピコは，その速くなかった日に，トラブルやミスコースをして，優勝争いから脱落していったのである。

NXRの方も，けっしてトラブルが皆無というわけではなかった。アフリカに入って最初のスペシャルでは，バロンがフロントホイールを破損した。しかしこれは，すぐ後ろから追いかける〝ポーター〞のシャリエが，自らのホイールを提供し，バロンの遅れは1

スタートの朝。フランスホンダのクルーが荷台でチーズを切って新年を祝っている。

ベルサイユ宮殿前のスタートに集まってきた人々。

時間半に収まっている。ホイールを提供してしまったシャリエは，3時間半ほど遅れて，マキシマムタイムオーバーのペナルティ，10時間を課せられているから，シャリエがいなければ，当然バロンがこのペナルティを受けたはずだ。ここでいったん46位にまで順位を下げたバロンは，その後1月8日には11位にまで盛り返している。

さて，ヌブーは23のスペシャル中，たった1回だけトップをとった。そしてこの1回のトップで，ヌブーは総合のトップに躍り出たのである。こんな芸当ができるのは，それ以前の遅れ時間が，ごくごく少なかったからだ。1月7日，トップに出る前日のヌブーは総合3位につけていたが，トップのアンドレア・バレストリエリとの差は，トータルで16分ちょうどしかなかったのだ。ヌブーが，総合8位と順位的にもっとも低迷していた1月4日でも，トップとの差は26分31秒でしかない。

毎日のスペシャルで，トップとヌブーのタイム差は，平均するとたったの9分23秒に過ぎない。

●トラブル

正月休みが明けて，'86年の仕事始めに入ったNXR開発チームのスタッフは，フランスから空輸されてきた雑誌の写真を見てギョッとなった。それは，2台のNXRが立往生している写真だった。そして1台のNXRは，フロントホイールがない。かたわらのNXRは，おそらくシャリエ車だろう。これから〝ポーター〟の本領発揮で，自らのホイールを献上する，そんな場面なのだと思われた。

すでにラリーは終盤を迎えていて，日本に届く情報では，ヌブーとラレイは順調に勝利へ突き進んでいたのだが，一歩間違えればすぐさまリタイアに直結する，パリダカの

前半のロックセクションで発生したリムの損傷。歪んだまま走行することも可能だが，そのうちにクラックに発展し，最後はホイールがバラバラになってしまう。

恐ろしい現実が，雑誌の写真にはあふれていた。

この年のNXRは，ホイールの損壊事故が多かった。実戦前には，すべてのホイールの慣らしを済ませてあるから，スポークの緩みなどが原因とは考えにくい。フランスホンダから送られてきたホイールの現物や写真などからすると，損壊したホイールはスッパリ切断されたようなものもあった。岩などに打ちつけた，そのショックによる破損なのだろう。

ホイールのトラブルは，ホイール自体の強度を上げることによって，ほぼ解消する。が，日本のアルミ押し出し材の技術は世界でもトップレベルで，材質的にこれ以上のものは望めないところにある。となれば，強度アップは，肉厚を上げることしか考えられない。少しでも軽いマシンを作りたい意志には反するが，ホイールが割れて走れないのではいたしかたなかった。

ニアメイでの休日。1日がかりでマシンのリフレッシュ。古いタイヤを外して新しいタイヤを組む作業も，この時に集中して行う。

パンクも，全部で4回発生した。これも石やギャップによるショックが原因だ。パンクは，17インチホイールをリアに使ったヤマハ車を含め，メーカーを問わずにどこのマシンも見舞われたトラブルだ。タイヤも，大きなチームはほとんど例外なくミシュラン〝DESERT〟を使っている。マシンの側からは何の対策もできず，せめてホイールの脱着が容易にできるような設計を考え，あとはどんな走行条件でもビムースが使えるように，ミシュランにハッパをかける以外に手がないのだった。

ビムースは，結局フロントのみに使用し，リアにはゴムの厚いヘビーデューティチューブを使った。NXR以外でも，2気筒以上のパワーのあるマシンは，ビムースをリアに使うのは見合わせていたようだ。それでも，ギャップにホイールを叩きつけるようなかっこうになった時には，ビムースがボロリと崩れ落ちることが少なくなかった。ホイールからタイヤを外すと，中にはボロボロになったビムースが散らばっていることもあって，ビムースの熟成はパリダカエントラントにとっての緊急課題ともいえた。

NXRが使った〝DESERT〟は，9月の現適でテストした，NXR用にコンパウンドを変えたものだった。さらに，ブロックの高さを3種類用意した。高速用にブロックのトップを5㎜低くしたもの，山道のコーナリング用に，ブロックのサイドを深くえぐったもの，そしてミシュランの型通りの〝DESERT〟。3つのタイヤを使い分けた印象では，どれも一長一短があり，どれがいいとは決めることができなかった。'87年型に向けては，やはりまた現適を行って，そこでタイヤの評価を仰ぐことになりそうである。

●ブレーキ

ブレーキは，フロントに270㎜のシングルディスク，リアは140㎜のドラムブレーキを

ライダーからの要望で'87年型からリアにもディスクブレーキを採用した。

採用した。効力は，これで充分のはずで，現適の評価も上々だった。しかし摩耗してくるに従い，制動力の低下が認められた。制動力が落ちたマシンは，パッドが焼けており，熱によるトラブルとも考えられるが，真相は不明である。真相が不明では対策のしようもなく，'87年型でリアディスクを採用すると共に，ブレーキ容量を増した大きな理由となった。

ブレーキの効きそのものは，ラレイとシャリエから注文が出た。リアブレーキが，ペダルの遊びや効きに変化が生じること，また効きも充分でないこと，の2点である。制動距離は路面のμによって決まるから，パリダカのようなμの低いところでは，ブレーキ性能そのものを上げても，制動距離は変わらない。とはいえ，ライダーから出た注文でもあり，ライダーの心理的安心感の必要性から，'87年型では240㎜のディスクブレーキへと設計変更することにした。

その後，ディスクになった'87年型NXRに乗った彼らは，効きがよくなったと評した。実際には，'86年型に比べてブレーキの操作荷重が多少減った感じを，効きがよいと表現しているのだと思われるが，ライダーに安心感を与えるのも目的のひとつだったから，この設変はおおいに意味があった。ライダーにやる気を出してもらうマシンを作るのも，HRCの大事な仕事のうちである。

'86年型の場合，ブレーキシューは，シャリエとヌブーが2日に1度の頻度で交換した。2日めのシューを使う場合には，ブレーキアームのセレーションをずらして，シューの摩耗に対応した。ただしラレイのシューは，毎日交換した。ラレイのシューは，他のライダーの倍のペースで摩耗するのである。持っていったシューも，きれいに使いきって帰ってきた。パーツの数に余裕がなかった，数少ない部品のひとつである。

これはラレイの乗り方の問題で，姿勢のコントロールやパワーのコントロールなどに，積極的にリアブレーキを使っているものと思われる。ラレイがリアのドラムブレーキに対して注文をつけたのも，彼がリアブレーキをよく使うタイプのライダーだったからかもしれなかった。

●ジャン・ミッシェル・バロン

ヌブーが総合優勝，ラレイが２位のワンツー・フィニッシュ。サポートのシャリエも15位で完走した。NXRの初の実戦参加は，最高の好結果に終わった。だが，これを手放しで喜べないアクシデントも発生した。１月11日。ゼッケン97番のジャン・ミッシェル・バロンが事故を起こし，意識不明の重体に陥ったのだ。

現場は，パリダカ最大の難所，テネレ砂漠の砂丘越えを過ぎた，荒れた舗装路だった。スペシャルステージも終え，キャンプへ向かうリエゾン中のできごとである。バロンはここで転倒し，頭部を強打，そのまま昏睡状態に陥ったのである。

バロンは，ヌブー，ラレイと同じく'85年に引き続いてのフランスホンダのライダーだ。プロローグでは４位，出足は好調だったのだが，最初のスペシャルステージでトラブル，順位を大きく落とし，12位にまで挽回してきたところで発生したアクシデントだった。

転倒の原因は，本人の意識がなく，目撃者もいないので，まったく不明である。路面の穴に落ちたとか，出てきたロバをよけようとしたとか，手袋を脱ごうとしたとか，様々

赤いシャツのバロン（左から２人め）を中心にライダーのスナップ（1985年テネレ現適）。

にいわれているが，これは状況からの想像がほとんどだ。真実は本人のみぞ知るのだろうが，その本人はその後もなお，昏睡状態を脱しなかったという，たいへん悲惨な事故となったのである。

事故当時，日本に入ってくる情報は，いたって寂しいものだった。ロバの飛び出しとか路面の穴とかは，後から少しずつ入ってきた話であって，事故直後の日本には，情報といえる情報は皆無に等しかった。

『事故が発生した。詳細はいっさい不明。状況はシリアスである』

それだけだ。パリダカの通信事情は，その後は年々改善されよくなっており，現場の状況をパリでも把握できるようになった。しかし'86年当時は，そんな設備は整っておらず，HRC側も，パリダカの通信システムを利用するノウハウに欠けていた。まさに，暗黒大陸での出来事だったのだ。

なにも知らされないでシリアスだ，とだけ伝わったのでは，不安はいたずらに大きくなる。設計陣としては，事故の原因がマシンに起因するや否やをなにより知りたいところだが，とてもそんな情報は入ってこない。

情報を得るため，後藤田と服部がダカールまで飛ぶことになった。本当は事故現場に飛びたいところだったが，アフリカへの旅支度は手続きが煩雑で時間がかかり，しかもラリーそのものもダカールへ向けて移動している。この場合，ダカールで待ちぶせた方が賢明ということになったのだ。それでも，日本よりフランスの方が支度が早いということで，後藤田，服部の両名は，とるものもとりあえず，フランスに向けて旅立った。

パリへ入った両名は，セネガルなどのビザを取得しつつ，フランスホンダに詰めてバロンの事故についての情報収集に努めた。リエゾン中の事故であること，マシンの問題ではないらしいこと，バロンの症状はかなり重い様子であること，そして，NXRが初年度にして優勝しそうなことは，フランスホンダで初めて知らされたことだった。それから，２人はダカールへ向かった。

ライダーとしてのバロン本人の処遇は，契約がフランスホンダと結ばれていたから，HRCとしてはなにもできない。むしろHRCとしてはギュー監督に会うなり〝おめでとう〟を言う立場である。HRCにとっても初めての勝利だが，フランスホンダにも，'82年以来の久々の勝利なのである。しかし，後藤田，服部の両名は，バロンの事故のことが頭からついぞ離れなかった。ダカールへ来ることになったのも，事故の状況調査が目的なのだから，彼ら２人は複雑な心境のまま，優勝シーンを目撃することになったわけだ。

結局バロンの事故は，マシンの問題に起因するものではなかった。現場がリエゾンということもあり，事故を起こしたマシンは比較的スムーズにアガデスに運びこまれ，そこからフランスホンダへの返送の手続きがとられた。これが砂漠の奥地だったら，事態はなお一層混沌としていたことだろう。

ダカールのゴール。ホンダの旗を立て，ヌブー，ラレイ，シャリエが揃ってゴールしてきた。

アガデスでフランスホンダスタッフの調査を受けたバロンのマシンは，各部パーツの作動状態はOKで，転倒のダメージも左右カウルなどが路面との摩擦で削れている程度だった。マシンからは事故の原因を推測できる材料はなにも見つからず，その瞬間になにが起こったのかは，今もって神のみぞ知るところなのである。

バロンの事故について話をし，優勝について喜びあった後藤田，服部両名には，もうひとつ大事な仕事が残っていた。フランスホンダの面々からの，改修要望の打ち上げである。ギュー監督以下は，優勝したことなど忘れたように，次から次へ，あそこがいけない，ここはこうした方がよい，と改善項目を挙げ連ねてきた。

事故が心配でダカールへ飛んだ両名は，重苦しい雰囲気のまま優勝の現場に居合わせ，ダカールみやげに山ほどの問題点を持ち帰った，というわけである。

1986年のパリダカ優勝を遂げたNo.95，シリル・ヌブー。

第7章　見直し

●要望，山積み

初年度にして優勝した好結果に反して，NXRに対するフランスホンダの注文は多岐にわたっていた。ただし，基本的な設計方針やその仕上がりは，結果が示す通りに，狙いの適性具合は実証され，ライダーの評価も上々だった。この年のコースは，ライダーの証言によると砂とラフが半々とのことで，砂上での操安と共に，軽い取り回しを念頭においたNXRの方針が，そのまま生かされるかたちとなった。

砂漠の最高速では，NXRは必ずしも最速ではなかった。ヤマハの４気筒FZTは160km/hの最高速を誇るとのことであるし，Ｌツインのカジバは，150km/hという報告だった。これに比べ，NXRはBMWと同程度，135～140km/hでの巡航となったが，これはライダーが自身の疲労を考え，安全速度を選んだこともあった。

しかし，操安性を含めたトータルのポテンシャルを考えると，NXRを越えるマシンはないといってよかった。９月の現適で指摘されたウォブル対策もほぼ的を得ており，他車，特にBMW，カジバがウォブルに悩んでいたことを考えれば，最高速の遅れは，ないものと考えてもよさそうだ。ただし単気筒マシンとは，最高速でも10～20km/hのアドバンテージがあったとのことだった。

前半に集中していたロックセクションでもNXRの操縦性の評価は高かった。結果を見る限りでは，トップは常に単気筒勢に独占されているが，これがそのままポテンシャルの評価とはならない。フランスホンダはチームの作戦で，前半戦ではマシンとライダーをいたわって走ることに努めた，それゆえの結果なのである。それでも，日々の遅れ

ラリー中に移動するメカニックたち。左は飛行機の中。寝ているのはソノート・ヤマハのメカニック。右は飛行機を降りキャンプ地へ向かうギー・クーロンとラレイのメカニック。飛行機で移動するメカニックは身の回りの荷物をもつことだけが許されている。

は30分以内にとどまっていて，テネレでの追い上げが，比較的楽に運んだ要因にもなった。

このように性能面では高い評価を受けたNXRだが，現場のメカニックからは，なかなか手厳しい意見が出た。彼らからは，マシンを受け渡した段階で，フューエルポンプの位置について指摘されているので，この種の意見が出るであろうことは，充分覚悟のうえだった。しかし，注文項目が列挙されてみると，その数は通常開発されるマシンの比ではなく，次年度に向けて意をあらたにせざるを得ないほどであった。

注文項目の多くは，メンテナンス性に集中していた。フューエルポンプを始めとして，マシンのあちこちで，簡便な整備への要望が出た。奥のパーツを交換するために，手前のパーツを外さなければならない点などが，その例だ。フレーム関係では，マウントの位置をずらせば解決するが，エンジンの配管の取り出しに関する注文は，事が複雑である。結局，メンテナンス性を見直した'87年型では，クランクケースの型から修正を加えることになった。外装部品は言うに及ばず，いってみれば，マシン全体に亘っての見直しがされたわけだ。

工具類にまとまりがない，たくさんの工具が必要だ，工具箱の具合がよくない，との注文も深刻だった。飛行機で移動するメカニックは工具を持ってはいけないレギュレーションで，このためサポートトラックが到着するまでの間は，メカニックはライダーが

キャンプ地での光景。サポートトラックが到着するまで，車載工具でできる整備をすませたら，まずはひと眠り。

運んできた工具に頼って整備をすることになる。だから工具関係の要望は，ライダーとメカニック双方から出てくるのだった。

もっとも，これらメンテナンス性に関しては，製作段階で充分な配慮があったとはいえなかった。納期に追われ，まずは充分なポテンシャルに仕上げることが優先されて，整備性や工具箱などは，やはり若干犠牲となっていたのである。だから，'86年型のこの評価は，ある意味では当然の結果といえるもので，'87年型では使う側の立場を考えてのマシン作りに，おおいに気を配ることが再確認されることになった。

●サスペンション

サスペンションは，操安性がよかったこともあって，おおむね好評で大きな問題はなかった。セッティングも現場でのアジャストはせず，ほとんど設定そのままでOKだったほどだ。現場で変更したセッティングは，リアの伸び側のダンパーを，クリックにして1～2段上げたのみだった。そこで'87年型では，伸び側ダンパーの調整範囲を広げて，伸び側ダンパーを強くしたい場合に対処できるものにしておくことになった。

フロントフォークは，多少の前屈感がラレイより訴えられた。これはビムース使用によるもので，フロントフォークのセッティングに起因するものではなく，実際の操縦性には問題がない。しかし，ビムース自体の堅さによるゴツゴツ感は，ライダーには気分のいいものではない。また疲労の原因にもなるので，ビムース使用を前提としたセッティングを行うべきだということになった。

プロリンクのリアサスは，外付けの２本ショックに比べて，マスの集中やレバー比の自由度が大きいメリットの代償として，リンケージ部分のメンテナンスの必要性が生まれてくる。が，錆が出るような環境ではないので，リンケージの交換はまったくなかったばかりか，グリスアップもほとんど行わないで走り通している。また，車重が重たい上に距離も長く，熱対策で頭を悩ませた苦い思いのあるショックユニット本体も，苦労した甲斐ありで，なんら問題なく1本で全行程をこなしたのだった。

フロントフォークもほとんど問題はなかったが，1度だけ，ヌブーのフォークが柔らかくなり，交換したことがあった。原因は，バルブの不具合によるダンピングフォース抜けか，オイル抜けが考えられるが，現場では真相は定かにはならなかった。現物が日本に到着次第，サスペンションメーカーのSHOWAに，解析を依頼することになった。

フロントフォークにはブーツをはかせ，砂の混入を防いだ。このブーツは一般市販車と基本的には同じものである。実戦後に確認したところ，フォーク内に混入した砂の量はいたって微量で，問題がないレベルだった。

なお，フロントフォークは，クッションストロークを増すために，フロントアクスルよりも下に突き出たかっこうになっている。悪路その他で，この部分が地面とヒットする恐れを考え，ボトムケースガードを設けていた。実際は，ボトムケースにもいくらかの傷が認められたが，フォーク内部のバルブ類の作動に影響を及ぼすほどの傷ではなく，ガードの有効性が確認されている。

●ラジエター

水冷化となって，ラジエターやウォーターホースの信頼性を懸念する声もあったが，結果は，まったく問題がなかった。ラジエター容量の設定にも，狂いはなかった。設定は，外気温40℃の時に水温80℃以下。80℃を越えても，すぐにエンジンが破損するわけではなく，120℃くらいまでは熱ダレ状態で馬力が失われていくことになる。4サイクルエンジンならばおおむね共通だ。実際の水温はテネレ砂漠で最高80℃，アルジェリアのロックセクションでは60℃にとどまっていた。この年は例年より外気温が低く，40℃になるはずのテネレでも30℃程度だった。だからラジエターの設定は，かえって余裕があり過ぎるくらいだった。

電動ファンも，1度も回らなかった。電動ファンは，左右両側のラジエターの，右側のみについている。もともとが，絶対必要というより，万一の水温上昇に備えたものだった。ところが1度も出番がないまま，電動ファンの取り付けステーが折れるというトラブルが発生した。ステーは，軽量化のためアルミを使ったのだが，強度に多少難があったようだった。この分では電動ファンの出番は今後もなさそうだと，ステーの破損を機に，スタート1週間後のタマンラセットで，電動ファンは全車取り外されてしまった。

それでも水温にはまったく異常はなかった。ただし，停車して走行風が絶えると，水温は急激に上昇するので，ファンを外した後，長時間停車する場合には，エンジンを切るよう気を使ったようだ。走っていれば最高80℃の水温も，止まって５分もすると，90℃を越えるのである。

まめにエンジンを止めた場合，気がかりなのは再始動だ。エンジンが温まっている状態からの再始動は，エンジンの熱気がこもってキャブレター内のガソリンがパーコレーション(沸騰)を起こし，非常に苦労する場合がある。しかしNXRでは，熱間時の再始動も問題はなかった。

当初，ラジエターの破損は致命的と考え，破損したラジエターを殺して，生きている部分を短絡させるバイパスホースを用意，各車にエマージェンシーキットとして渡したのだが，ラジエタートラブルは皆無で，このキットは未使用のままHRCへ返ってきた。

●砂

アフリカの砂漠の砂が，日本の砂とは比較にならないほど細かいことは，第７回大会の視察で実感した。そこで防塵対策は防水並に行って，砂対策には考えられる万全を期していた。

はたして実戦では，細かい砂が乾式のエアクリーナーエレメントにびっしりとつまった。エレメントは，状況に応じて１～２日で交換し，交換しない日もエアによる念入りな清掃を行った。乾式のエアエレメントは，乾いた細かいホコリが多い場合には，湿式に比べて有利な点が多い。湿式では，エレメントに塗布されたオイルがホコリを吸い寄せ，あっという間に使用限度を越えてしまう。ひとたび目づまりを起こした場合でも，乾式は取り出してパンパンとはたけば，エレメントの能力はだいぶ復活し，とりあえずの走行には問題がない。ちなみに，湿式の優位性は，空気が湿気を含んだ場合である。乾式のエレメントは濡れてしまっては使いものにならない。だから通常のオートバイのエアエレメントには，湿式が使われていることが多いのだ。

'86年のパリダカでは，セルジュ・ポントワーズの雪，初日のリエゾン中の雨など，全体からすれば非常にわずかではあったが，雨中の走行もあった。しかし，砂対策を充分に行ったNXRは，砂同様に水によるトラブルも，皆無だった。

●インパネ，ヘッドライト他

NXRのヘッドライトは２灯式で，設定では，55Wのワイドビームとスポットライトを左右にひとつずつ装備することになっていた。ライトも，他のパーツと同じく，小さければ小さいほどいい。この要求にピッタリだったのが，耐久ロードレース用のヘッドライトだった。耐久レースでも，ヘッドライトが大きければ，カウルの形状にも影響する。そこで各メーカーとも，オリジナルの小さなヘッドライトを作って持っているが，それをパリダカマシンに流用するところも各メーカー共通のようだ(この，ワークス部品であるヘッドライトが，プライベートライダーの手に渡ったことがあった。'87年のことだ。最小排気量でエントリーするのを誇りとしているらしいバルバツァントのMTX125である。この件でフランスホンダを問い詰めてみたこともあったのだが，その返答はモニョモニョと詳細不明で，結局ごまかされた)。

ヘッドライトの光量に関して，ライダーの評価はけっしてよくなかった。早い話が暗いのである。砂漠にはもちろん街灯などなく，一面の砂はヘッドライトの明かりをすべて吸い取ってしまう。そこで'87年型では，さらに明るいバルブの使用を決定し，82Wのハロゲン球をスタンレー電気に特注したのだった。

ところが，これは後日談だが，翌'87年から，ラリーの方針として夜間走行は極力避けることとなり，日々の成績のよいNXR軍団が夜間走行するチャンスは激減した。よって，ヘッドライトに関する注文を受けたのは，'86年型が唯一となり，特注の82Wヘッドライトも，やや宝の持ち腐れとなった感があった。

なおラレイは，個人的な好みから，左右共にスポットライトを装備した。彼以外はスタンダードのままスポットとワイドを併用した。ラレイがスポットライトの2連装を好んだ理由は，どうも定かではない。

その他，操作性に関しては，さぞ使いにくかろうと懸念したスターターノブの位置が，まぁまぁという評価を得たこと，オフモデルとしては初めてのケースとして，その強度が心配されたカウルステーにはまったく問題がなかったことが安心材料としてあげられたが，走行風や砂攻撃から手や腕を守るナックルガードが小さく，ガード効果が足りない旨の指摘があった。要するに，もっと大きなものをつければいいのだが，タンクが並外れて大きいNXRでは，ハンドルをいっぱいに切った時のタンクのクリアランスを考えると，たかがナックルガードの形状も，なかなかむずかしいものがあって，'87年型に向けてトライ&エラーの連続ということになってしまった。

カウリングと可動フロントフェンダーは，HRCだけの装備ではないかと自負している部分があったのだが，実際には，いろいろなチームがこの両装備を登場させてきた。新しいメカは，どこも同じような時期に思いつくものであるという，今さらながらの実感だった。

現適時に指摘された，タンクとヒザの干渉も，あらためて改善項目としてあがってきた。とにかくタンクが大きいのだから，ライダーの希望を完璧に満足させることはできない。しかし，ライダーには気持ちよく走ってもらいたいから，タンク形状は年々，これでもかこれでもかと，改善を続けていくのだった。

少しよくすると，ライダーからはもっとよくしてくれという要求が出る。こうなると，いたちゴッコである。以後，ヒザとタンクの問題は，NXR設変の恒例となってしまったのだった。

●排気音

レース用マシンの騒音は，各レースごとに定められたレギュレーションによって規制されている。が，パリダカの場合はちょっと事情が違う。パリダカ自体には，騒音規制がないのである。つまり，音はいくらうるさくてもかまわないということになる。

ところが，スタートからアフリカに渡るまでの，フランス(や時にはスペイン)の国内を走る時には，その国の騒音基準に準じる必要がある。レース用マシンといっても，一般公道を走るという点に，パリダカの特殊性がある。アフリカ諸国に関しては，騒音規制という発想がないらしく，この頃は一切の消音をせずに走っても，法的には問題ないようだ(フランス，スペインはもとより，砂漠の道も，現地の人々の公道である場合が多いことを考えれば，パリダカのコースは，そのほとんどが公道だといっていい)。

ただし，排気音規制は，沿道住民の迷惑や，規則で定められているからだけではない。乗っている本人も，あまりうるさいと疲れてしまう。ロードレースでは，排気音に惑わされずにライディングに集中するため，耳栓をしてレースに望むライダーが多いが，パリダカの場合は距離が長いので，マシンそのものの音量を下げるのだ。

もっとも，音を静かにすることと馬力を出すことは相反する関係にある。妥協点をど

悪戦苦闘してサンルイのキャンプ地にたどりついたラレイ車。マシンはすごく汚れているが，それだけでなく排気音が大きくライディングに集中できないという指摘がラリー後にあった。

こに置くかは，非常に悩むところとなる。むしろ，規則で決められれば楽だともいえる。ともあれ，悩んだ結果，一応の消音をした状態で現適に望んだ。

この時点では特にうるさいという声は上がらず，もっとパワーが欲しいという要望の方が大きかった。だから現適後は，パワーアップ対策に集中したのである。音がうるさくなる処置はしていないものの，パワーが上がった分だけ，同じ消音器を通しても，排気音は少しばかり上がったかもしれなかった。

はたして実戦後，ライダーからはもう少し静かにしてほしいと要望があった。排気音がうるさくてライディングに集中できず，時には眠くなってしまうこともある，というギョッとするような要望である。ライダーの方も，短期間の現適テストと，3週間にも及ぶ実戦とでは，感覚的に違うものがあるのだろう。いずれにしろ，'87年型では騒音対策をさらに行う必要があった。

ただし，デフェーザーパイプを追加して音量を下げた，フランス国内規制仕様ほどに静かである必要はないらしい。'86年型NXRでは，その国内規制による車検での騒音測定も，ギリギリでパスするという綱渡りだったから，'87年型では国内仕様もアフリカ仕様も，どちらの騒音も下げる必要に迫られたわけである。

この対策は，すでに目安はできていた。集合マフラーの採用である。ふたつのエキゾーストを1本にまとめる集合マフラーを採用すれば，1)排気音の低減，2)フラットな出力特性，3)NXRで約2kgの軽量化，が実現するが，これはすべてがうまくいった場合の話である。

集合マフラーは，単にふたつをひとつにすればいいというものではなく，どこでつなぐか，太さの加減をどうするか，両方の長さを揃えるにはどうするか，など，意外にめんどうな問題が多い。特にV型は並列と違って各気筒のエキゾーストパイプの長さを揃えるのが困難なうえに，出力特性をめぐって試行錯誤を繰り返さなければならないから，初年度のNXRではどうにも時間が足りなかったのである。これには，もともと設計の下敷きとしたダートトラッカーのRS750Dが2本マフラーだったからという理由もある。RS750Dが集合マフラーで完成されていたら，NXRも最初から集合マフラーで登場することが可能だったかもしれないが，そんなことを今さら言ってもしかたがないので，NXRチームは，'87年型の集合マフラー化に向けて，開発に励むことになったのである。

その後，NXRの排気音は年々静寂化されていく傾向になるのだが，そうなるとライダーの方も欲が出るのか，なんとステレオを聞きたいという要望まで出た。さすがに実現しなかったが，なんとか眠気を取り払いたい，リラックスしたいという願望は，けっこう切実なものがあったようだ。

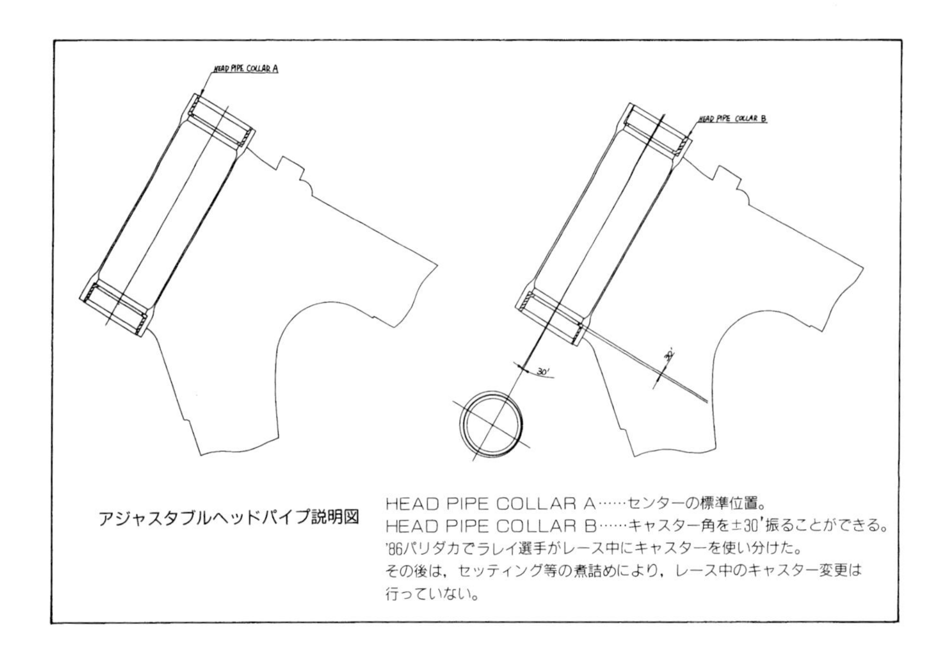

アジャスタブルヘッドパイプ説明図

HEAD PIPE COLLAR A……センターの標準位置。
HEAD PIPE COLLAR B……キャスター角を±30'振ることができる。
'86パリダカでラレイ選手がレース中にキャスターを使い分けた。
その後は，セッティング等の煮詰めにより，レース中のキャスター変更は行っていない。

●アライメント

NXRのフレームは，開発段階からヘッドアングルを変更できる構造を残してある。キャスター角は，マシンの性格を定める重要な部分だから，大きな変更をすることはありえない。が，コースの状況次第では，設定の幅を広げておいた方が対処しやすい場合もあるだろうとの考えがあったからで，具体的には，ヘッドアングルが30分傾くように，偏心しつつ角度がついたベアリングレースを，上下分用意しておいたのである。これを使えば，キャスター角を30分立てることもできるし，30分寝かせることもできる。ノーマルと合わせて，3通りのキャスター角が選べるわけである。

しかし実際には，このキャスター変更を選んだのはラレイだけだった。ギニアのタイトなステージを終えたラベのキャンプで，ラレイはステアリングの重さを訴えたようだ。軽いステアリングと直進安定性とは，こちら立てればあちらが立たずの関係だが，ラレイはここで軽いステアリングの方を選択したということなのだろう。

キャスター角の他，トレールを大小させるため，オフセットを変えたステアリングブリッジも持っていってはいたのだが，ラレイがラベでキャスターを30分立てた以外は，一切の変更を受けずに終わっている。しかし'87年には，変更が必要になる場面はあるやもしれず，こういった構造はそのまま受け継いでいくことになった。

●スペアパーツ

22日間のラリーに使う消耗部品たるや，いざトラックに積みこもうと並べてみると，ギョッとするほどの量になる。もちろん，タイヤやエアクリーナー，ブレーキパッドにチェーン，スプロケットなど，調子よく走っていても減っていく部品もある。しかも残念ながら，壊れる心配もしなければばならない。スペアのエンジンからハンドル，タンク，マフラーなど，心配していけばきりがない。１度壊れた部分は，２度と壊れないという保証があれば楽だが，運の悪さと，なにかの手違いが重なれば同じところが次から次へと壊れていくことも考えられる。

すべてのスペアパーツは，サポートトラックに積んでいかなければいけない規則だから，パーツが少なければトラックの負担も軽いし，トラック自体のスピードも上がる，整備も早く始められる，といいことずくめだが，万一肝心のパーツが載っていないと大変だ。あれも持っていきたい，これも持っていきたい，でも全部は持っていけない……。遠足の前の晩の子供と同じ心境を，スペアパーツの品定め役は味あわされるのである。

幸い，レース結果で判断すると，ほとんどのパーツは数を満たしていた。ギリギリだったパーツはわずかに３点だけ。転倒などで壊れた物が多かったのだろう，エンデュランスメーターと，ドライブスプロケット，リアのブレーキシューである。

ドライブスプロケットは，15Ｔと16Ｔが設定されていたが，実際に使ったのは15Ｔのみで，15Ｔが不足気味となったものだ。ブレーキシューは，主にラレイがせっせと使ってくれたゆえのことだろうが，使うなと言うことはできず，これも’87年型ディスク化の

アガデスでトラックから整備するために部品を出しているところ。スペアパーツはたくさんもっていきたいが，サポートトラックも速く走る必要があるのでその兼ね合いがむずかしい。

理由のひとつになっているのである。

●BMWよりの手紙

ダカールで，後藤田と服部が優勝の喜びに浸りながら，フランスホンダのきつい要望を神妙に聞いていたゴール翌日の１月23日，日本のホンダ本社では，１通のテレックスを受信していた。ドイツはミュンヘンからの国際テレックス，発信元はBMW本社である。文面は以下のようなものだ。

THIS YEAR'S RALLYE PARIS-DAKAR WAS NOT ONLY OVERSHADOWED BY TRAGIC EVENT, BUT ALSO MORE DIFFICULT THAN EVER BEFORE WITH REGARD TO ITS HIGH DEMANDS ON ALL PARTICIPANTS.
TO YOUR CONVINCING VICTORY WE WOULD, THEREFORE, LIKE TO EXPRESS OUR HEARTIES CONGRATULATION.

｛今年のパリダカは，悲劇のイベントだっただけではなく，すべての関係者に多くのことを強いた，かつてない難しいものでした。
あなたがたの説得力ある勝利に，とり急ぎ心からお祝い申し上げます。｝

このテレックスは，HRCの机に陣取り，砂漠に思いを馳せながら結果を待っていた松田にとって，なによりの祝福だった。これが日本のメーカー同士だと，もっとギスギスした感じでしのぎを削り合っているのだが，この文面は，そういう感情が感じられないあたたかさがあった。HRCが参戦計画を立てた時点では，BMWは最強の宿敵だったが，この手紙以来，松田はすっかりBMWのファンになってしまっている。

NXR開発の一番の当事者である後藤田がダカールの空の下だったから，BMWへは松田が早速返事を送っておくことにした。

WE THANK YOU VERY MUCH FOR YOUR CONGRATULATORY TELEX TO OUR PRESIDENT(HONDA MOTOR),AND IT IS OUR GREAT HONOR TO RECEIVE SUCH A WARMHEARTED CELEBRATION FROM YOU.
TO BE HONEST,WE HAD ENDEAVORED OVER 4 YEARS TO CATCH UP YOU AS OUR MOST FORMIDABLE AND ADMIRABLE COMPETITOR IN THIS FIELD.
WITH THIS ACHIEVEMENT,WE SINCERELY WISH TO COOPERATE CLOSELY WITH YOU SO AS TO CONTRIBUTING TO MAKE THE MOTORCYCLE SPORTS EVEN MORE POPULAR AND RECOGNIZED BY THE MAJORITY OF PEOPLE WORLDWIDE.

THANK YOU AGAIN FOR YOUR TELEX, AND MAY WE SEE HOPEFULLY AGAIN NEXT YEAR AT THE RALLY.

当社社長宛のお祝いのテレックス，誠にありがとうございます。貴社からかような思いやりのある祝賀をいただくことは，我々にとっては大きな名誉です。
正直なところ，我々は4年間にわたってこのフィールドで，最も手強いライバルとして，あなたがたに追いつこうと全力をつくしてきました。そしてこの偉業をもって，我々は心からあなたがたと協力して，モーターサイクルスポーツを，世界中のあらゆる人々により広く知ってもらうように努力を重ねたいと思います。
繰り返し，テレックスのお礼を申し上げるとともに，来年のこのラリーで再度お会いできることを願っております。

しかし，翌年のパリダカに，BMWはワークスチームとしては参戦してこなかった。パリダカに現れたBMWは，それまでBMWのワークスライダーだったガストン・ライエが新たにチームを結成，そのチームでBMWを走らせるという体制だった。BMW本社としては，NXRの参戦によって有終の美を飾れずにワークス撤退ということになってしまったわけで，このあたりの本心はもとより聞きようがないものの，松田としてはこの一件以来，BMWに対しては特別な感情を抱いていた。

'87年，BMWに乗るライエが，HRC製エンデュランスメーターをつけることになったのは，こんな背景があったからだ。ライエのマシンにつけられたメーターは，松田からBMWへの，お返しでもあった。もっとも服部の報告によれば，このメーターは転倒の犠牲にでもなったか，ラリー序盤にしてBMWのインパネからは，姿を消してしまっていたが……。

第8章　2連覇へ向けて

●次年度へ

すったもんだの１年間ではあったが，ワンツー・フィニッシュという結果を得て，NXRの初年度としては上々だった。ラリーが終わるとしばらくして，フランスホンダからパーツやマシンが徐々に返送されてきた。カルネを使って送り出しているので，使用未使用にかかわらず，原則としてすべてが返送されてくることになる。

HRCとしては，実戦に使われた部品が，次年度の開発に向けて，大事な資料となる。１点１点の部品について，破損，摩耗，疲労などをチェックして，弱いところは強く，強すぎるところは軽量化へと，設計変更が検討されるわけである。

ところが，まずは返送部品全体が，すっかり砂漠に馴染んでしまっている。全体がうっすらと砂を被っているうえ，なにやら臭い。なんというか，砂漠の臭いというかアフリカの臭いである。現場に行っている時には気がつかなかったが，清掃の行き届いた日本のオフィスに大量のパーツが紛れこむと，その臭いに驚かされてしまう。松田はこの臭いにたじろぎながら，１年前にパリダカ視察から帰ってきた時，家族からクサイクサイと言われたのを思い出した。詳しく説明することでもないが，不潔感をともなうクササではなく，ひたすらアフリカの臭いなのである。こういう経験をしたのは松田だけではなく，パリダカの出張に行った者は，それぞれ家族からの冷たい仕打ちを受けているのだが，その件に関してはお互いが意地を張っているのか，どうも内緒にしているようだ。

ただしHRCにこびりついた臭いは，よく調べてみると単純なアフリカの臭いではなく，ビムースに塗るオイルの臭いが，かなりの割合を占めていることが判明した。このオイルは，ビムースをタイヤに装着する際の潤滑を受け持つと共に，ビムースが溶ける原因となるヒステリシス発熱を減らす役も兼ねているようだ。臭いの主はなんでもいいわけだが，アフリカにしろビムースにしろ，HRCがふだん扱わないジャンルのものだから，その臭いはまことに妙なものとして，目立つのだった。

おかげで，きちんとパーツを清掃して処理するまでは，会社中がなんとなくパリダカくさくなってしまい，"パリダカ月間が続いているような印象を持ったものだった。

4台発送した実戦車のうち，まず日本に戻ってきたのはラレイとシャリエのマシンだった。戻ってきたばかりのマシンは，転倒の跡も生々しかったが，せっかく優勝したことだし，要望も多かったので，雑誌記者を招いての試乗会を催すことになった。当時はワークスマシンの試乗会はあまり一般的でなく，HRCでもあまり行っていないことだった。しかしNXRは，パリダカというあまり現実感のない舞台を走るマシンでもあり，積極的に乗ってもらって，いい記事を書いてもらおうという意見が多かったのではないかということだ。加えて，BMWにしろヤマハにしろ，ライバル車とはマシンのレイアウトがまったく違っていたから，そのまま参考にされることもないだろうという安心感もあった。また，実際の現場では，敵も味方も，皆パリダカ仲間のような感覚があり，キャンプでもけっこう好き放題に写真を撮られていたこともあって，今さら隠し続けることもあるまい，ということになった。これが，同じエンジンレイアウトでしのぎを削っていたりすると，雑誌記者たちにも乗せ渋った可能性はおおいにあったところだ。

試乗会は，NXRプロト車ができた時に，増田以下のテスト陣が，こわごわ乗っていた光景の再来だった。パリダカマシンに触れたことがない雑誌のテストライダー諸兄にしてみたら，NXRは非常識きわまりないモーターサイクルだったのだろう。試乗に参加したライダーの中に，XL600で日本人唯一のパリダカ完走を果たした中村洋氏もいたが，彼は『パリダカではマシンを壊さない走りが最も重要だ』との哲学を持っており，これをみんながフムフムと納得していた背景もあって，全員が壊さない走りに徹していたようだ。

もちろん数少ないワークスマシンであり，HRCとしても壊す走りは毛頭望んでいなかった。日本の記者やライダーに，パリダカマシンに対してなんらかの評価をしなさいという方が無理な注文だ。松田は，突然NXRに乗せられた感想はどんなものかと，そちらの方に興味があった。みんなが恐々とNXRを走らせる姿を見ているだけで，目的は果たしたという感じだった。

●'87年型

'87年型の開発は，5月から始まった。2年めということもあり，今度は目の前につきつけられた課題が山積みされていた。なにもないところからエイヤッとばかりにマシンを作り上げるのとは違って，ひとつひとつの問題点に，コツコツと対処していくことが必要になってくるわけだ。

こんな時に，'86年型のプロジェクトリーダーだった後藤田が，ロードレースの250ccを担当することになった。'86年から，HRCではワークスマシンのリースを始めたので，そちらのフォローをする人材が必要だったのである。

後釜のプロジェクトリーダーとして，松田は服部を任命した。服部の几帳面な性格が，腐るほどある問題点をひとつずつ確実に解決して，'87年型NXRをベストな仕様に仕上げてくれるだろう，という確信があったからである。

'86年型で打ち上げられた整備性の改善，それにともなう配管関係の見直し。集合マフラーの開発，ライバルの進出を予期してのパワーアップ。水タンク，工具箱，ナビゲーションシステムなど，'86年型では手つかずに終わってしまったに等しい部分への着手。ホイール強度のアップ，ビムース常用に向けてのサスペンションセッティングの研究，タイヤの仕様決定。さらに，全体的な軽量化……。

すでに'86年型という実績のあるベースがあるにもかかわらず，これだけの項目を修正するとなると，見直しは全面的な作業となる。図面は，下敷きに'86年型を使うにしても，すべて新規に書き起こされることになった。

こうして，全体のコンセプトは'86年型をそのまま受けつぎながら，細部に至るまでを徹底的に見直した'87年型ができあがった。2台並べてみると，'87年型の方が，ずっとス

見やすくなった1987年型のインパネ。電動マップケースは市販品で，その横にコンパス。エンデュランスメーターの横に水温計，反対側は時計である。

マートにまとまっているのがわかる。'87年型ができてしまうと，'86年型は優勝こそしたものの，その実体はほとんどプロトマシンに近いものだったと，松田は思う。いろいろとやり残した部分が表面に現れているわけで，ポテンシャルは高かったが，技術屋としては，不満が残る思いがしたという。

●国内テスト

'87年モデルの熟成テストは，恒例の現適テストに前後して，国内でも行われていた。国内でのテストランを担当したのは，伊田井佐夫，志賀吉信など，HRCや無限契約のモトクロスライダー。場所は主に福島県の羽鳥サバイバルランドだった。
〝いやぁモトクロスマシンとはずいぶんと違いますね。まったく性格のちがうマシンに乗ると，勉強になることがあります〃と，伊田はNXRのライディングを，それなりに楽しんでいたようだった。

NXRは，羽鳥の登りの直線で，110～120km/hをマークする。スピードメーターがついているマシンを走らせること自体が珍しい彼らは，増田を引きこんでの，最高速競争に興じたこともあったようだ。

ところが，後年，石橋博也らの若いHRCライダーを乗せた時には〝こんなマシンはボクには怖くて乗れません〃との感想が返ってきた。石橋のNXRライディングを増田が査定(?)すると〝路面の石を避けて通ろうとするためフロントの不安感が出る。少々の石は気にせず，ドドドンと踏み越えていかなきゃダメ〃となる。

フランスホンダの名物メカニックのギー・クーロン。暗闇の中では整備も食事も頭につけたライトが頼りだ。彼は夏の鈴鹿8耐も担当。

意外にNXRは，ある程度年齢のいったライダーに適合性があったようだ。疲れないマシン方針と，疲れない乗り方を心得ているライダーとのマッチングの妙，かもしれない。実際，モトクロスの速さではもはや石橋選手の敵ではない増田が，NXRに乗れば俄然，石橋選手よりも速かったのだ。

さて7月の末，毎年恒例の8時間耐久レースに，フランスホンダチームがやってきた。この機会に，フランスホンダ一同に'87年型を見てもらい，メンテナンス性など先方から打ち上げられた項目をチェックしてもらうことになった。その際ちょうど日程が合って，耐久テストに彼らが同行，はずみで彼らにもNXRに乗ってもらうことになった。

ヌブーやラレイなど，本職のライダーはこの中にはひとりも含まれていなかったが，ライオン丸クーロン以下のメカニックの連中も，けっこうNXRに乗ってしまうのには驚かされた。もとより専門外だから，操安性などに関して彼らの評価を待つまでもないが，メンテナンス性などのクーロンの評価は「悪くないよ」とのことで，通信簿をもらう生徒のごとく，この言葉にホッと胸をなでおろすとともに，2連覇に向けて，夢は大きくふくらんでいくのだった。

●空出張

'87年型の現適は，'86年9月に行われた。初年度と同様だ。ただし現場は，テネレ砂漠ではなく，アルジェリアのサハラ砂漠が選ばれた。テネレ砂漠にでかけていくのは，フランスから飛行機をチャーターしてアガデスまで飛んで，そこから延々と陸路を走らなければならない。時間も手間も，金のかかり方も莫大である。アルジェリアなら，フランスからは地中海を隔てた向かい側だ。フランス人には，ぐっと親しみが深い。もちろん，'86年型NXRの実績も，わざわざテネレまででかけていくことはない，という気にさせる大きな要因になってはいた。

このテストに日本から参加したのは，現適2年めの増田(テスト)と酒井(整備)，それに車体設計担当の堀井とエンジン設計担当の樟の4名だった。

この頃になると，砂漠の生活の様子もわかってきていたので，パーツと一緒にインスタントみそ汁その他もろもろの日本食をフランスホンダに送りこんで，砂漠行きの荷物に混ぜてもらうことにした。この砂漠行き荷物の荷造りをしているところに，フランスの雑誌屋さんが取材に来たらしい。記事によると〝日本の技術者は，砂漠のテストに宇宙食を持ってきた〟とある。確かにかなり大量のインスタント食品を持ちこんだし，こういうものがフランスではあまり普及していない背景もあったが，雑誌を見る限り，HRCのスタッフは宇宙人にされてしまったようであった。しかし宇宙人たちは，結局みそ汁にはありつけなかった。

アルジェの空港での盗難事件のためだ。被害は，増田のチームウェアとカメラ，それにトラの子の日本食である。いきなりガックリしたところへ追い撃ちをかけるように，決定的トラブルが勃発した。マシンやパーツを積んだトラックが，どうしても税関から出て来ないのだ。申告した部品点数が多く，税関が処理してくれなかったのが第一の原因だ。そのため，フランスホンダのギュー監督は，ホテルの部屋に1日こもりっきりとなって，部品点数が少なくなるように，リストの手直しを行った。ようやくできあがったリストを持っていくと，今度は窓口をたらい回しにされ，あっちだこっちだと税関をウロウロしているうち，木金と続くイスラム教の休日になってしまった。こうなると，アルジェリアのお役所仕事も頑固である。ピタリと閉まった窓口は，休日が終わるまで，これっぽっちも開こうとしない雰囲気だ。これで，現適スケジュールは，万事休した。

後に，フランスホンダの日本人駐在員から松田が聞いたところによると，アルジェリアが通関を渋ったのは，NXRやパーツ，それを積むトラックなどを，戦略物資と認めたからだという。何を根拠に戦略物資か否かを見定めるのかが不明だが，この頃アルジェリアとフランスの国交が怪しくなっていて，そのあおりをくって，いやがらせを受けたという説もある。アルジェのフランス大使館の物資さえも，2か月ほどかかってようやく通関される状況だという。これでは，とてもなんとかなりそうにない。

と，こういう話は，いずれも後からの情報収集分で，ギュー監督がアルジェリア政府を相手に七転八倒している頃，HRCからの日本人一行は，シャリエをツアーコンダクターに，ライダー3人(シャリエ，ヌブー，ラレイ)，ミシュランの技術者，ドクターと共に，テスト地であるオグラの街で，ひたすらマシンの到着を待っていた。

アフリカ出張が初めての堀井は，性格的に動じないようで，これならパリダカ担当として問題がないと周囲に思わせるものがあった。みんなが臭くて飲めないというコーヒ

オグラの街で。テストもできないから，こうして散歩するくらいで毎日が過ぎていった。

ーを〝大学時代の味がする，なつかしいなつかしい〞とおいしそうにすすったのも堀井だった。もっとも後になって，やっぱり臭いと，飲むのをやめてしまったから，かろうじて堀井の味覚の信頼性は保たれた。水そのものからして，クレゾールみたいな臭気なのだから，やはり飲めた代物ではなかったようだ。

対してやはりアフリカ初体験の樟は，毎日毎日何もすることがなく待つだけの生活を送っているうち，さすがにイライラがたまっていくようだった。朝起きて，臭いコーヒーは飲まずにパンをかじる。しばらくすると昼飯を食べに行く相談になり，フランス式の2時間コースの昼食にでかける。帰ってきて，暑い暑いとうだっていると，ようやく涼しくなった頃には晩飯だ。晩飯は，3時間コースである。幸いだったのは，オグラの街が，それでも比較的フランスナイズされていて，フランス式食事が，まがりなりにもできたことだ。それにしても，朝から晩まで食べるだけでは，いい加減うんざりしてしまう。

アフリカ出張が3度めの増田や，2度めの酒井は，さすがにベテラン，こんなところで動じていてはパリダカでは仕事ができぬ，と悟りの境地だった。だいたい，彼らの旅支度も，トラックと一緒に税関で止まっていて，受け取れない。荷物を全部預けてしまった者は，オグラでの〝休日〞は着の身着のままで過ごしてしたのである。ここで酒井と堀井の方法論に差が出た。酒井はたった1枚のパンツを，ホテルの部屋でやおら洗濯し始めた。その日はパンツなしである。一方堀井は，なにくわぬ顔をして，同じパンツをはき続けた。いずれにしろ，こんな事態に動じていては，アフリカ出張は務まらない。

酒井によると，アフリカの出張は，とにかくいちいち待たされる。入国で待ち，ガソリンを入れるのに待ち，飯を食うのにまた待つ。頼みの綱のフランス人も，日本人を待たせることは多く，これでまた待つ。結局，ずっと待っていなければならないのである。そのうち，待つのも仕事のうちだと諦められるようになってしまう。

食べるだけで，することがない。どんどん太る。アフリカに出張に行って太って帰ってきたら，さすがに申し訳なく，酒井はマラソンを始めることにした。しかし，9月の砂漠は異常に暑い。結局1日やっただけで体調が変になって，やっぱり何もしないでなすがままに過ごすことにした。あまりに退屈なので，窓の向こうに見える砂丘まで行ってみようということになり，てくてくと歩き始めてみたものの，行けども行けども砂丘には到着せず，砂漠のスケールの大きさをあらためて体感したというひと幕もあった。まさしく，悟りを開かずにはいられない環境である。

そうしているうち，オグラの街に日本人が現れた。これが某トラックメーカーの駐在員で，アフターサービスをしながらアルジェリアを転々といているとのことだった。退屈している日本人一行は，この人と仲良くなり，様々な〝情報〞がもたらされた。

例えば，宗教上の理由で女性の姿を見ることがないアルジェリアだが，軍隊の駐留している街には必ず女郎屋さんがある。彼女たちもアルジェリア国家の国家公務員で，本来彼女たちは軍隊専用なのだが，特定の日には，一般人にも解放されるという。ところが，相手が日本人と見るや，値段がピンとはねあがり，長い値段交渉の末，最後はアフリカの郷土料理クスクス付きでいくら，ということに落ち着くのだそうだ。

と，駐在員が話した情報はこういう類の情報であり，アルジェで奮戦するギュー監督の手助けには一切ならなかった。この某トラックメーカーの一団の他にも，オグラでは日本人と出会うチャンスがあった。これから，さらに砂漠の奥地へ入るという，やはりなにかの商売をしている人のようだったが，増田はこんなところにまで日本人が進出していることに強い印象を持った。

オグラでの休日は，結局3日続いた。3日めに，アルジェからテレックスが入り(なぜか電話は通じず，連絡はすべてテレックスに頼っていた)，テストは中止になったから帰ってこい，となったのである。テストはフランス国内に戻って，南仏のシャトートラスツールでお茶をにごすことに決定したが，これが'87年モデルの不幸の遠因となり，実戦後の評価点は，'86年のA評価からB評価に落ちてしまった。ただ，この評価はあくまでもライバル他車と比べてのことであり，ライバルの台頭具合によっても，評価は大きく左右されるものである。

テストの最後には，懸案のビムースの耐久テストも実施した。フランスの高速道路での実走テストである。ヌブーらが先に帰ってしまったこともあって，増田もこのテストのライダーを引き受けた。いきなり140km/hから始まって，150km/hで30分，160km/hで10分とパターンを決められている。30分の間，ずっと150km/hをキープしなさいというテストで，増田でなければできないテストだった。戻ってデータを見た増田は，ギョッと

アルジェリアでのテストができず，
テストは南フランスで行われた。
走っているのは増田。

した。ビムースは慣らしをしていないと耐久性が落ちるというデータがあったのだが，増田がテストしたのはまさに慣らしをしていないもので，しかも，使用限界温度ギリギリの高熱になるまで，走り続けていたのだった。

ともあれ，南仏でのテスト評価そのものは，各ライダー共大きな問題点もなく，細部の仕上がりや整備性の向上も含めておおいに満足のいくものだった。これで，スタッフ一同2連覇への確信を深めていくのだが，オグラでの待ちぼうけ事件は〝空出張事件〟として，HRC内で長く語りつがれている。

●スポンサー

2回めのNXR参戦，第9回パリダカールラリーを前に，HRCをもっとも慌てさせたのは，マシンの問題ではなく，スポンサーだった。

初年度にフランスホンダをスポンサードしたロスマンズは，パリダカには興味がなくなったとのことで，この年のサポート候補からは早いうちから外れていた。ポルシェの撤退（'86年のロスマンズは，4輪ではポルシェをスポンサードしており，こちらもめでたく優勝している）と入れ替わるように，キャメルがプジョーをスポンサードしてパリダカに参戦することが決まり，ロスマンズはこれがおもしろくなかったのではないかと松田は考えるのだが，それはともかく，レース運営を担当するフランスホンダとしては，新たなスポンサーを開拓しなければならなくなった。

こんな状況下に，イタリアのセルビスコ・マネージメントなる会社が，フランスホンダにパリダカ用のスポンサーを紹介するといってきた。セルビスコは，イタリーホンダ

フランス国内仕様の大型サイレンサーを装着した1987年型NXR。カラーリングはピエール・インポートの注文に妥協するかたちでライムグリーンの帯が入っていたが……。

とつきあいが深い広告代理店である。

ところが，セルビスコは相手のスポンサー名を明かさない。

〝話の相手は，間違いのないいいところで，スポンサーフィーも多額である〟

それしか言ってこないのだ。疑うつもりはないが，本当に大丈夫なのか不安になる話ではある。しかもセルビスコは，成約の暁には，紹介料をはずめという。

スポンサーが欲しいのは山々だが，これではすぐに飛びつくわけにもいかず，ましてフランスホンダとしたらイタリーホンダの代理店の世話になるのもいさぎよしとせず，二の足を踏んでいた。そんなところに，別方面からうまい話がフランスホンダに転がりこんできた。今度はピエール・インポートという家具の輸入会社である。

セルビスコとの話に比べると，ピエール・インポートはいくつかの点で条件がよかった。まずピエール・インポートの本社がフランスであり，フランスホンダとの同国同士の仲間意識は捨て難い。さらに，この話が直接フランスホンダに持ちこまれたこと。つまり紹介料がいらない。その上，提示された金額も満足のいくものだった。これで，ほぼ決まりだ。ピエール・インポートと契約をして，NXRを指定のカラーリングに仕上げるのも，時間の問題と思えた。

ところが一応の仮契約を終えて，カラーリングの相談に入ったところで，みんなが仰天した。先方の指示によると，NXRはまるでカワサキのワークスマシンのような，見事なライムグリーン一色に染まっていたのである。これでは，さすがに困る。事情を説明して再考をお願いしたのだが，アフリカを走るには，ミドリ色が大事であるという彼ら

ファッションメーカーのエルシャロがメインスポンサーとなった1987年型NXR。

の主張は頑固だった。それどころか，サポートトラックには竹の模様を描くという。砂漠に必要な緑と，マシンの生産国である日本のイメージを活かして竹模様を，とのコンセプトである。

マシンは，ライムグリーンの地に，ホーンビルというクチバシの大きな赤い鳥がでっかくあしらわれている。フランスホンダ側も弱ってしまっていたが，HRCとしても，竹や鳥では，なんとも精悍さに欠け，ハイテクイメージにはほど遠い。しかし，向こうがこれでなければダメという以上，残念ながらお断りせざるをえなかった。

話はまた白紙となった。セルビスコの持ってきていた〝いい話〟は，ピエール・インポートとごたごたしているうちにボツったと言われてしまい，一転，スポンサーのあてのない状態になった。このままではまいった，という窮地に登場したのが，ファッションジーンズメーカーのエルシャロだった。この場合，代理店への紹介料もかかるが，すでにそんなことを言っている場合ではなく，多少アシは出ることになったが，めでたく一件落着とあいなったのだった。

●派遣

’87年，松田は今度は誰かを現場に送らなければいかんだろうな，と考えた。バロンの事故の際の情報伝達の不足，メンテナンス面の情報不足など，初年度の体制は反省点が多かった。設計した者が現場にいない弱みである。

初年度にスタッフ派遣を見合わせたのは，パリダカがちょうど正月休みとバッティングするためだ。パリダカ出張は，クリスマスも正月休みも全部ふっとばして，そのうえ前後1か月もの長期になる。簡単に〝行ってこい〟とはいえない。正月休み返上で1か月もの出張を行う場合には，労働組合との事前折衝も必要だった。それでも，現場へ行かなければ細かなフォローができない。幸い，組合の理解が得られたこともあって，服部と磯村守の全行程派遣が決定したのだった。

組合の規定で，正月連休に仕事をした場合は，1か月以内に同じ日数の連休を取ることになっている。つまりパリダカに出張すると，平常勤務に戻るのは2月になってから，となってしまうのだが，これは会社のキマリだからいたしかたない。

服部は現適と初年度のスタート＆ゴールに次ぐパリダカ出張。磯村は，これが初めての海外出張だった。さすがにひとりで行ってこいと言われたら困ってしまっただろうが，海外に出たい盛りだったから，パリダカ出張はふたつ返事だった。

パリダカやアフリカに対する先輩たちのおどかしは，もちろん少なくなかった。けれど磯村は，そういう彼らがよくないことしか言わないのを見抜いていて，おもしろいことだってきっとあるはずだとへこたれない。

服部の旅姿。1987年のラリーにはHRCからスタッフが派遣されることになった。ラリー序盤の北アフリカは結構寒いのでこんなかっこうだ。

写真が好きな磯村は，HRCにあるパリダカ関係のアルバムがマシンの写真ばかりなので，景色や人を撮ってくることを誓って，休みの度，テントや食器を買い歩いて，準備に余念がないのだった。パリダカ出張をふたつ返事で引き受けた，珍しいタイプのひとりである。

第9章　辛　勝

●'87年パリダカ

NXRの，２度めのパリダカ参戦となった。'86年に優勝したNXRは，各部分ですべてにわたって改良を施され，まったく別のマシンに生まれ変わったといってよかった。ライダーも前回優勝のヌブーと２位のラレイ，サポートのシャリエと，必勝体制である。

ところがフタを開けてみれば，ラレイはリタイア，ヌブーもカジバのオリオールとのトップ争いに苦戦し，ゴール前日のオリオールの両足骨折というアクシデントによって，

フランスホンダ工場内のサポートトラックの準備作業。荷台も使いやすいように改造されている。

かろうじて勝ちを拾う結果となった。

フランスホンダの作戦は'86年同様である。前半は抑えて，中盤から後半にかけてトップに出る作戦だ。ところが'87年のペースは，結果として前年よりも速かったようだ。まずプロローグで，ラレイがトップとなった。ヌブーも7位に入っている。アフリカの最初のスペシャルでは，ヌブーが9位，ラレイは15位につけた。トップからの遅れは，それぞれ5分と13分。そして翌日，1月5日には，ヌブーは早くも総合のトップに躍り出たのである。ヌブーに遅れることわずか4分で，ラレイも総合5位につけ，さらにその翌日にはラレイが総合2位に浮上した。

この年，最大のライバルとなるオリオールは，彼らにくらべてゆっくりと，しかし着実にトップに向けて走っていた。オリオールが1時間遅れの14位から，25分遅れの3位に浮上したのは，1月7日のことだった。翌8日には2位に進出し，ヌブーとの20〜30分の間隔を守りながら，ふたりは壮絶なトップ争いへと突入していくのである。

●リタイア

こういう状況でも，トラブルは絶えなかった。フロントホイールが損壊するトラブルは，ホイールの強度を上げたので無かったが，その処置が裏目となった事件もあった。1月6日，インサラからタマンラセットに向かう，比較的高速のコースで，おそらくスピードの出しすぎだろう，シャリエのフロントビムースが粉々になった。

シャリエはすぐさま策を考え，持っていたリア用のチューブを，むりやりフロントに

フロントタイヤのビムースが発熱でススになってしまった。高速コースでスピードを出しすぎたためらしい。

おしこみ始めたのだが，リムがビムース専用品で，なおかつ強度アップをはかったフロントホイールには，チューブのバルブが顔を出す穴がなかった。ビードストッパー用の穴も，もちろんない。作業途中でこれに気づいたシャリエは万事休し，ランドローバー(この年からランドクルーザーに変わってランドローバーがサポートカーになった)のサポート隊を待つことになった。

同じ日，ラレイも同じトラブルに見舞われたが，こちらはスペシャルを終わってリエゾン中に起こったトラブルだったため，パンクしたまま走り通し，成績には影響がなかったのが不幸中の幸いだった。

ラレイは，翌日の7日，今度はガス欠に見舞われている。ガソリン容量に余裕のあるNXRでは，ガス欠トラブルは珍しい。これはラレイの勘違いが原因だった。

ラレイはリアのタンクから先に使う癖があった。リアタンクをある程度使ってから，今度はフロントを使うやり方だ。ところがこの日のラレイは，リアからフロントへの使用タンクを切り替える際に，リアのコックを閉め忘れた。つまり前後タンクを同時に使っていたわけだ。

その状態でガソリン給油ポイントに入ったラレイは，フロントにはまだガソリンが残っていると思いこみ，リアタンクだけに給油して再スタート，ガス欠の事態となったのだった。この日のラレイの成績はトップに遅れること約1時間半。戻ってきたラレイは，ギーさんを始めとするフランスホンダの面々に，さんざん愚痴を言われることになるが，ラレイもラレイで，これに真向から反論するしたたかな男であった。

最も衝撃的なトラブルに襲われたのは，1月10日のことだった。テネレ砂漠のスペシャルが終わり，アガデスのキャンプに移動するリエゾン区間のことである。ラレイのエ

中間点アガデスのゴール。ラレイ車はエンジントラブルを起こし，シャリエに押されてゴールした。エンジン全体からオイルが吹いているように見えたが，原因はカウンターシャフトのオイルシールだった。

ンジンはオイルもれを起こし，スペシャルのゴールではほとんどオイルがない状態になっていた。ところが，ラレイはそのままアガデスまで250kmのリエゾンに出発して，エンジンをブローさせてしまったのだった。

立ち往生したラレイは，追いついたシャリエに自分の肩を押してもらって残り70kmあまりを移動し，シャリエの手をパンパンにさせて，アガデスのキャンプに到着した。が，パリダカの規則では，たとえリエゾンでも，ゴール通過時には自力で走行しなければいけないことになっており，この規則に違反したラレイは，休日をはさんだ翌々日のスタート時に，失格を言い渡されたのである。

完全にラレイのチョンボだった。リエゾンでは時間に比較的余裕があるから，オイルもれの対策をするなり，オイルを調達してもれた分をつぎ足せば，舗装路では充分自力走行ができたはずだった。また，万一エンジンを壊したとしても，その場でサポートトラックを待ってエンジン乗せ替えを行えばいいことだ。リエゾンの設定時間はかなり余

エンジントラブルの整備を完了し，朝6時52分，ラレイがスタート台に向かう。ところがここで失格を宣言される。仕方なくラレイ車は使える部品をはぎとられ，フランスへ直送される手続きがとられた。下は失格後の作業。

裕があるから，これで遅れのペナルティを受けることは，まずない。

長いスペシャルステージをハイペースで走り続けたライダーは，心身共に消耗が激しくて，あんまり頭が回らない状況になっているらしい。この時のラレイも，オイルもれは承知しながら，とにかく早くキャンプに帰って，なんらかの対策を講じてもらおうと，それしか頭になかったのではないか。壊れないマシンを作ると同時に，壊れた場合にいかに平静でいられるかが，その後の展開の鍵を握る。それが，この時の教訓だった。

リタイアを宣告された時の，ラレイの落ち込みは見るも気の毒だったが，フランス人はあきらめがいいのか，チームスタッフ共々，それならしかたないな，という感じになった。しかし，言葉がわからず事態が飲みこめない日本からのふたりは，きちんと整備が終わって走れる状態で宣告された失格に，合点がいかないままの悔しさを味わった。

整備済みのラレイのマシンは，失格が決まると一転，壊れたエンジンに積み替えられ，使えるパーツはすべてはぎとられた。荷作りの終わっているサポートカーの荷をほどき，載っていたエンジンやはぎとったパーツを大慌てで積みこみ，スタート地点に向かうと，スタート時間にギリギリセーフというきわどさだった。

トラックを送り出したら，今度は残されたラレイのマシンの処理だ。数時間前にはスタートラインに並んでいた整備済みマシンは，いまやカウルもないみじめな状態となって，お馴染みのTEMET BOYAGEに預けられた。ここからパリへ返送されるのである。

すべてが終わって，メカニックたちが空港に駆けつけると，次のキャンプ地に向かう

アガデスでのフランスホンダチームの借家内。市場で手に入れた食物でランチ。手前の服部はレポート作成中。

アガデスで整備を受けるヌブー車。1日休息するアガデスは丸1日かけて整備できる数少ないチャンスである。

飛行機は，最後の一機が今まさにプロペラを回そうという時だった。

オイルもれの理由は，カウンターシャフトのオイルシールが抜けかけたことだった。オイルシールやクランクケースの図面は，'86年と変わっていない。作られた部品が，寸法を間違えていたわけでもなかった。にもかかわらず，オイルシールがばらつき許容範囲内で径が小さい方に振れ，ケースが悪い具合に大きい方に振れ，さらに距離を重ね酷使された結果が，こんなトラブルにつながったとしか考えられない。'86年でまったく問題のなかった箇所でもあり，このトラブルは晴天のへきれきだった。対策をしようにも，用意してきたパーツはすべて同じもので，交換をしたところで抜本的解決にはならない。

その日，スペシャルを終わってチェックしたところでは，ヌブーとシャリエのマシンのオイルシールからも，オイルがにじみ始めていた。ラレイのトラブルの後，ロックタイトとアラルダイトでオイルシールを固めてしまう荒療治はしていたのだが，オイルシールが回って，アラルダイトがねじれてしまっている状態だ。

キャンプでは，即席の対策部品の製作が始まった。ドライブスプロケットの裏側に入る，即席の大型ワッシャーを作り上げ，手近のネジ穴を利用して固定した。オイルシールの上から，フタをして，抜けたがるオイルシールを押さえこんだのだった。

●オリオール

カジバに乗るオリオールは好調だった。カジバチームは4台のエントリーだったが，まず1台がタマンラセットの手前で炎上し，さらにテネレ砂漠では，2台がマシンを交換したかどうかでレギュレーション違反に問われ，雑誌に掲載された航空写真が証拠となって，ラレイと同じ時点で失格を宣告されていた。

レギュレーション違反に対する主催者の対応は，寛大というよりいいかげんで，ラレイの時も含めて，すべて他チームの申し立てによるものだ。なにせ，オフィシャルなタイムキーパーがいないままに早い連中がゴールしてしまい，第3者の証言を元にレザルトが作られた日もあったほどである。カジバのマシン交換事件もラレイのチョンボも，みんながそれでよしとしていたら，失格にはならないところだったろう。

ともあれ，カジバが日々トラブルを出しているのは，誰の目にも明白で，現状でトップのヌブーを追い上げつつあるといっても，いつまで生き残れるかは疑問視する向きが多かった。なのに，オリオールは快調だった。ヌブーとの30分ほどの差を，秒単位でジワリジワリとつめてくる。広大な砂漠の中で，相手のワンミスを誘うような神経戦だ。

この神経戦に，まず根を上げたのがヌブーだった。1月16日，タイトで深い砂が続くトンボクトゥーネマ。ヌブーはスタート後200kmの地点で大転倒,フロントまわりにダメージを受け，マップケースも使えない状態になってしまった。マップケースが壊れては，ひとりでは走れない。ちょうどそこへ現れたイタリーホンダのテルッツィを道案内役にしたところまではよかったが，深くほれたワダチを迂回して走っているうち，テルッツィがミスコース，そのままヌブーも道連れ。これでタイムロスしたヌブーは，この日トップをとったオリオールに1時間遅れとなり，総合でも35分差をつけられ，逆転されて

1月17日，ネマのキャンプを朝4時2分にスタートしていくヌブー。しかし，4時59分にボロボロになったNXRと動揺したヌブーが帰ってくる……。

SSのスタートに間に合わせようと応急修理が行われた。終わってヌブーが出ていったのは5時25分。耐久レースで経験を積んでいるフランスホンダ・メカの本領発揮だった。ただしカウル修理まで手が回らず，その日はカウルなしで走った。

しまった。

悪夢はこれだけでは済まなかった。翌日，ライダーたちは朝の4時に，スペシャルのスタートへと出発した。飛行機の出発までは時間があるので，服部，磯村両名がこのあとしばしの睡眠に戻ろうとした30分後，ヌブーが戻ってきた。マップケースが作動不良。すぐに手元のスイッチが交換され，ヌブーは再びスタートしていった。

ところがその30分後，ヌブーがまたも戻ってきた。見れば，フロント回りをグシャグシャにして，ヘッドライトも割れて，かろうじてバルブに明かりが灯っている状態だ。実は，スペシャルのスタートまでの，リエゾン中の道で犬が飛び出し，それを避けての転倒だった。しかし，この時点ではその原因の聴取をしている暇はない。メカニックがあっという間にヌブー車を取り囲み，フロントフォーク，ヘッドライト，フェンダーなどを交換，カウルはつけないまま，作業時間25分でヌブーは3度めの出発をした。

この日のコースは，難しく，深く，あげくに砂嵐の影響で，マップの指示とは地形が変わってしまっている，たいへんなコースだった。後半200km，ヌブーはシャリエのフォローを受け，砂に埋まって動けなくなっているところを助けられたりもしたようだった。

トップは2日連続でオリオール。エンジンが壊れてくれるのではないかとの希望的観測虚しく，ヌブーはその差を1時間以上に広げられていた。

●8分59秒

ヌブー陣営が，捨てかけた希望を取り戻したのは，1月19日だった。ヌブーはこの日も再三転倒し，コンセントレーションの乱れを露呈していたが，オリオールを襲ったトラブルの方が，結果に与える影響ははるかに大きかった。リアにビムースをセットしたヌブーに対し，オリオールはチューブを組んだ。この差が見事に出た。鉄道の線路脇を走るこの日のコースは，線路と列車の車輪が擦れて削れた，先の尖った鉄片が散らばっている，きわめてパンクする恐れの多いシチュエーションだったのだ。

はたしてオリオールは２度のパンクを喫した。オリオールの焦りはいかばかりだったろう。それでも彼は，１回のパンク修理を30分ほどで済ませ，わずか９分30秒の差ではあるが，トップをキープしたのだった。

残りはあと３日，しかしセネガルのステージでは，よほどのことがない限り，順位の変動はありえない。勝負は486kmのノアディブーノァクショットにすべてがかけられることになった。ここで，ヌブーは今大会初めてのトップをとったが，オリオールとの差はわずか33秒。ゴールには２台がもつれるようになだれこんでくる状態だった（スタートは30秒間隔１台ずつなので，同時にゴールすれば後からスタートしたヌブーの方が30秒速いタイムとなる）。ミッションから異音が出始めたヌブーのエンジンを交換しながら，なんとなくこれで決まったという諦めの空気が漂い始めていた。

明けて１月21日，トップのオリオールとヌブーの差は８分59秒。距離は200kmと短く，前日500kmを走って30秒の差でしかなかったことを考えれば，すでに決定的といってもいいタイム差だ。しかも，ヌブーはここでミスコースをした。幸いだったのは，コースが狭く，後続がヌブーのミスコースに気がつかないまま，その後に続いたことだ。そして，事故は起こった。ミスコースしたトップグループが，狭いブッシュの道をかきわけ

１月21日リシャトールのスタート前。ヌブーはトップのオリオールとの差が８分59秒で，ほとんど挽回不可能と思われた。ヌブーは比較的リラックスしていた。

明るくなりスタートが近づく。トップのオリオール(100)はコチコチに緊張していたようで,そんなオリオールにフランスホンダのギュー監督が何やら話しかけている……。オリオールが転倒，骨折するのはこの日だ。

るように突進していく中，オリオールが転倒。オリオールは両足を骨折しながら，周囲のライダーに助けられ，とりあえずはスペシャルのゴールにたどりついた。このスペシャルでの，ヌブーからの遅れは6分28秒，タイムの上では，その差2分31秒でトップのままだが，とてもではないが，キャンプ地へのリエゾンにスタートできない。この時点で，棄権せざるを得なかったのである。

サンルイのキャンプ地では，オリオール転倒の報に大騒ぎだった。このアクシデントに，ヌブーも少なからずショックを受けていたが，反面，これで2位に1時間半の差を持つ単独トップとなったわけで，その心中はまことに複雑。メカニックたちも，喜び

ダカールでの最後のスペシャルステージの走行。トップになったヌブーは，イタリーホンダのオリオリと一緒にゴール。ホンダのワンツー・フィニッシュである。

たいものの周囲の状況がそれを許さない雰囲気で，キャンプ地の居心地はよくない。なにをしても取材の対象になってしまうので，下手な表情を盗まれないうち，全員でホテルに引き上げ，翌日のゴールを想うことにしたのであった。

◎

この年のパリダカは，NHKの中継の他「なるほど・ザ・ワールド」の取材や，松任谷由実のチームが参加して本人も随行するなど，日本のお茶の間にもずいぶんと浸透してきた感があった。日本に残った松田もNHKの放送は必ず見ることにしていたが，さすがにNHKでは，ヌブーやオリオールの個人名は出てきても，企業名であるホンダの名は出てこず，それにひきかえ，夏木陽介監督で篠塚建次郎が走る三菱チームは，日本人というよしみで人もマシンもどしどし画面に登場し，いささかおもしろくない思いをしたのを覚えている。

1987年パリダカの優勝者たち。右がNo.95シリル・ヌブー。

第10章　熟　成

●ヌブー来日とプラモデル

第9回パリダカが終わった直後，2年連続優勝を果たしたヌブーを，ベスト販売店大会に呼ぼうという話が持ちあがった。ベスト販売店大会は，ホンダ系の成績優秀販売店の全国新年大会である。しかし，大会がゴールのたった3日後というタイトなスケジュールだった。ゴール翌日ダカールでの表彰式を終えたヌブーは，スポンサーのエルシャロの関係でイタリアに飛んで現地のテレビに出演，そのままフランスへ戻って今度はフランスのテレビに出演し，とって返して日本行きの飛行機に飛び乗るというウルトラC。ヌブーの家はパリから南へ200kmほどのツールにあるが，家へは寄らず，パリーダカールーローマーパリー東京の世界1周旅行となったわけだ。

販売店大会には，ロードレースのワイン・ガードナーもゲストとして来ていたのだが，成田からのヌブーの到着が遅いので，松田共々，やきもきしながら彼の到着を待っていた。その頃ヌブーは，成田からヘリコプターで羽田に飛び，羽田からクルマを飛ばして会場である赤坂のホテルへ向かっている，その最中だった。

大会そのものは，ヌブーの到着を待たずに始まったものの，おきまりの開会のあいさつなどがあって，ヌブーの登場すべき時間には，ギリギリセーフで間に合った。大会の出席者は販売店の御主人がほとんどで，パリダカのことを知らない人も多かったはずだが，なにせ今勝ったばかりのネタだけにトピック性は高く，ロードのガードナー，パリダカのヌブーという形で紹介されて，なかなか受けはよかったようだった。

この後HRCに立ち寄ったヌブーは，応接室に飾り置かれていたプラモデルのNXRを

ゴールで優勝を喜ぶヌブー。ホンダはこれで2連勝，ヌブーにとってはパリダカ5度めの優勝である。

見つけて，大喜びした。このプラモデルは，'86年型NXRを，タミヤ模型がモデル化したものだ。

模型化にあたっては，前年の夏前頃に，タミヤの設計陣がHRCに取材にやってきた。マシンのモデル化は，レース活動を広くアピールする上で，HRCにもメリットのある話である。ちょうど，フランスホンダから帰ったラレイ車があったので，それを素材として見せてあげることにしたうえで，松田は〝図面も見ますか〟とたずねてみた。模型とはいえ，新しいモデルを1台作るのだから，それなりのデータが必要だと考えたのだ。もちろん，エンジン内部の図面を見せるわけにはいかないが，外観の図面くらいなら，松田は見せてもいいと考えていた。

〝いいえ，図面はいりません。写真が撮れればけっこうです〟

予期に反して，彼らは松田の申し出を断ってしまった。写真をパチパチ撮っていくだけで，はたしてちゃんとした模型ができるものなのかと不安に思った松田だったが，聞けば，実車を見る視点と模型を見る視点の違い，大きさの違いその他諸々の理由で，実車を正確にスケールダウンしたのではイメージ通りのモデルに仕上がらないという。だから実車の寸法は，模型を作るうえでは参考にはならないのだという。なるほどと，松田は妙に納得したものだった。

半年後，模型は無事完成し，タミヤ模型がプロの手で仕上げて，マシンの生みの親であるHRCに1台献上となった。ヌブーが見つけて大喜びしたのは，その1台だった。ヌブーの気に入り方は相当で，ぜひ欲しいと言う。あげないという理由は見当たらないが，なんせ，小さなプラスチックモデルである。無事にフランスまで到着するかどうか，その保証がない。こちらの不安を説明すると，飛行機には手で持って入るから大丈夫だと，断固譲らない。じゃあくれぐれも気をつけて，と気をもみながら，模型はパリダカの勇者のものとなったが，はたして完全な姿でヌブーの家に飾られているのかどうかは，追跡調査に至っていない。

●ナビシステム

1987年，パリダカ参戦も3年めを迎えた。'88年型のテーマは，ナビゲーションシステムだった。1年めはマシンそのものを作りあげた。2年めでそれを見直したが，まだまだナビゲーションシステムと呼べるものはできておらず，コンパスやマップケースは，またもフランスホンダの手を借りて間に合わせるという具合だった。3年めこそキチンとしたものを仕上げなければならない。'87年のラリー終了時の打ち合わせでは，ヌブーの優勝もあってマシンそのものに対しての要求が少なかった反面，コンパスの見にくさに不満が集中したことも，本腰を入れてナビシステムに取り組む原動力となった。

'87年型NXRに装着したのは，フランスの戦闘機ミラージュのサブコンパスだった。'86年に使ったセスナ用コンパスの誤差が大きいので，フランスホンダが苦労の末に入手してきたものだった。これでも，見にくい，信頼しきれない，読み取り誤差が出る，などの注文が出た。ミラージュのコンパスでも狂うのか，いやそんなことはないはずだ，とHRCではコンパスそのものの研究から，'88年型ナビシステムの開発が始まったのだった。

コンパスの誤差には，大きく4つの種類がある。まずは地磁気の偏差角である。コン

フランスの戦闘機ミラージュ用コンパス。高価で入手には苦労したようだ。

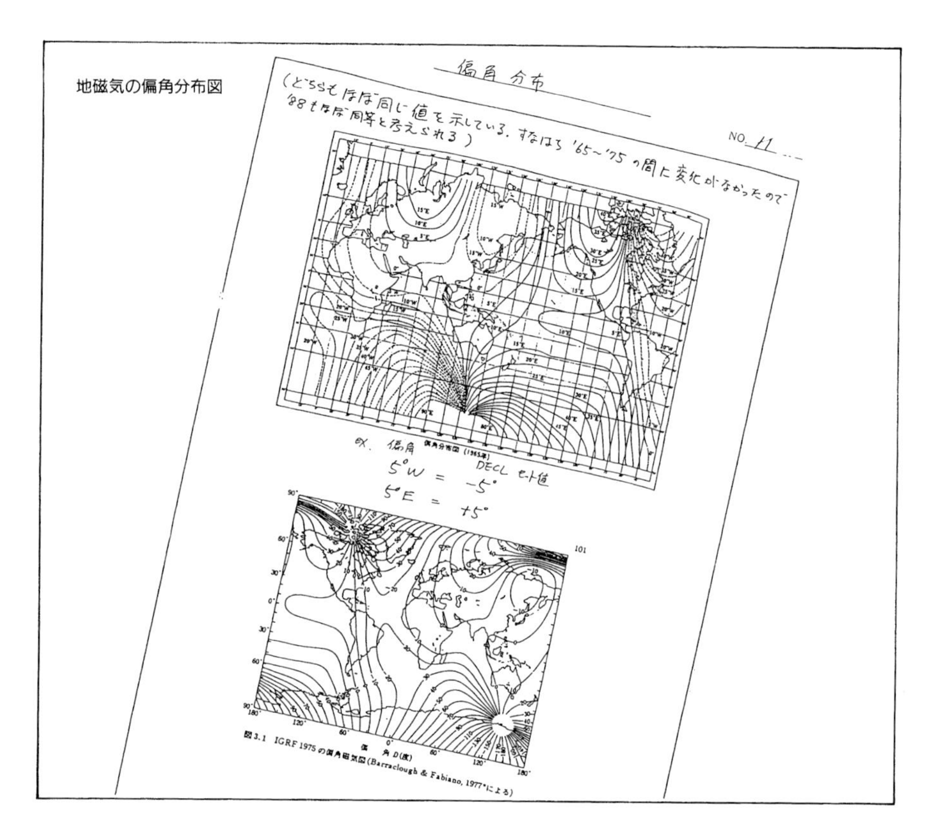

パスの指す方向は，実際には地磁気によって決まるのだが，これが場所によって必ずしも一定ではない。南極，北極近くでは，コンパスが正しく北を指さないのは知られているが，実は地球上のほとんどあらゆるところで，コンパスの北と実際の北は，最大15度ほど偏っているのである。

次は，単純な読み取り誤差があげられる。コンパスを見る時は，目線とコンパスを一直線上に置かなければならないが，パリダカでは走りながらコンパスを見る。ここで誤差が発生するのだ。NXRでは誤差が出ないように，車体中央にコンパスを取り付けたが，それでも頭の位置が車体中央からずれたり，右目で見たり左目で見たりすることで，コンパスの示す方向は微妙に違ってくるのである。

３つめの誤差は，オートバイが鉄でできていることによる。鉄は磁性体だから，真北，真南に向かって走っている時以外は，走ることによって地磁気に乱れを生み，コンパスの誤差となるわけだ。

第４の誤差は，コンパスを読む人間の単純なミス。角度を示す数字を読み違えたり，計算を間違えたりで生まれる誤差である。

4つの誤差のうち，まず偏差角誤差について考えてみる。偏差角は，地球上の各地点によって変化するが，同じ場所ならば偏差角も一定である。そこで偏差角分布図を仕入れて調べたところ，アフリカ大陸のパリダカの舞台となるあたりは，偏差角が0度から－10度であることがわかった。これは，スタートの時にその日の偏差角をライダーに伝えれば，その日1日に関してはほぼ問題がないレベルである。

3番めの誤差は，マシンの材料に鉄がある以上，本質的には避けられないことだ。この誤差は，'86年型のセスナ用コンパスで＋13度から－22度，苦労して手に入れたミラージュ用の'87年型でも，0度から－19度と，その幅はそれぞれ35度と19度にも及んでいる。だからといってセスナやミラージュがこんな不正確なコンパスで飛んでいるのかというと，そんなことはない。ミラージュは，NXRよりも鉄部品が少ないうえに，コンパスとの相性を合わせて，誤差ははるかに少なくなっているはずだ。NXRでも，'88年型のアナログコンパスは，同じミラージュ用のものを使いながら，誤差幅は11度に縮まっている。

これらの問題は，しかしデジタル化により一気に解決できることが多い。各種の誤差は，デジタル化した数値をコンピューターで修正して方向精度を上げることができるし，視認性の向上はいうまでもない。そこで'88年型では，ライダーの圧倒的要望もあって，メインコンパスにデジタル式を採用することを決めた。取り付け方法に対策を施したミラージュ用コンパスは，デジタルコンパスにトラブルがあった時のバックアップとして残された。デジタルコンパス採用に関しては，当初，4輪用の市販品を使うことが考えられたが，調べたところ2輪用として使うには耐久性に難があることがわかった。そこで，独自のデジタルコンパスの設計が始められた。

コンパスの研究過程では，地面に部分的に鉄鉱石があればその影響を受けることとか，太陽の黒点活動で磁気が変化することなどが発覚したが，そこまで考えるのは不可能でもあり，さすがに太陽黒点の研究には入らなかった。逆に，すべての基本となるべき主催者の作ったマップは，どれほどの正確性を持っているんだという疑問も浮かびあがった。案外，なんの補正も行わない読み取りをしているやもしれないのだが，そう思いながらも，まずは正確なコンパスの開発が，進められていったのだった。

ナビゲーションシステム全体としては，コンパスの示す数値の横に，目指すべき方向を並べて表示し，実際に向かっている方向とのズレを指示するヘッディング機構（飛行機の自動操縦では必須メカである）を設けることになった。今まで，揺れるアナログコンパスから方角を読み取って，ルートマップ上で進むべき方向を確認し，両者の差を頭の中で計算し，正しい針路にマシンを向ける，という作業を行っていたライダーは，進むべき針路を入力すれば（これは手元の操作で完了する），後はナビシステムの示す，右や左

3年めを迎えるNXR1988年型パリダカマシンのインパネ。

今までエンデュランスメーターだったところに，ボディをそのままにデジタルコンパスを配置した。トリップメーターは左上，速度計と回転計は左下にセットされている。アナログコンパスもセンターに位置された。左の1987年型と比較するとその差は一目瞭然だ。

の指示に従って走ればいい。右という指示に従って右旋回を始めれば，目指す方角になった時点で〝右旋回せよ〃の表示は消えるから，難しいことを考えず，ひたすらヘッディング機構に頼って走ることも可能なのである。

他，水温計は従来通り，スピードメーターとタコメーターは，それほど始終見ている必要がないので，水温計と反対側，ヘッディングメカの左側に配置した。マップを読み取るのに最も重要なトリップメーターは，'87年型ではエンデュランスメーターに組みこまれていたが，これではライダーの視線が下を向きすぎて見にくいので，アナログコンパスをはさんでマップケースと反対側に置くことにした。

当初，'86年型ではハンドルのまわりにこじんまりと配備されていたナビシステムだが，いまやスクリーンに迫る高さまで積みあげられて，ラリーマシンとしてのあるべき姿に近づいたかの趣きとなった。ライディング中にナビシステムを見る時の，視線の移

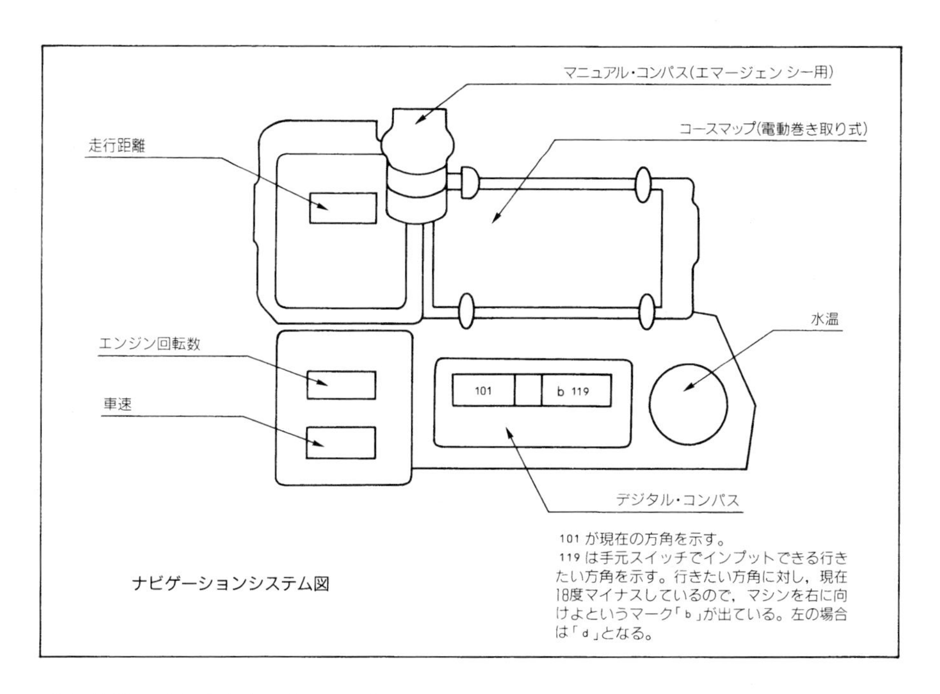

ナビゲーションシステム図

101が現在の方角を示す。
119は手元スイッチでインプットできる行きたい方角を示す。行きたい方角に対し，現在18度マイナスしているので，マシンを右に向けよというマーク「b」が出ている。左の場合は「d」となる。

動は格段に少なくなり，トリップメーターの加減算，ヘッディング値の設定，マップの巻き取りなどの操作は，すべて左手からの遠隔操作だ。

たとえば'86年型NXRや，プライベートなどのナビシステムの整っていないマシンでのライダーの作業は，こんなふうになる。

ハンドルを握って，走っている。前方には何があるかわからないから，一瞬でも目をそらしたくない。しかし，マップを見なければミスコースをしてしまう。マップは，マップケースの中に収められており(さらに以前は，マップをタンクに貼りつけて，見終わるそばから破り捨てていく方法もあった)，そのマップケースはハンドルにマウントされている。前方からマップへ，その視線の動きは90度に近い。マップの示す距離数とトリップメーターの示す距離数とは，少しずつ誤差が出る。これを頭の中で足し算引き算しながら，次の目標物までの距離数をまた計算して，頭の中に叩きこむ。方角を確認しなければならない時は，さらに面倒だ。プライベートではアナログコンパスさえバイクにはついていないことが多い。求める方角は，ポケットの中の携帯用コンパスか，太陽の位置から計算して割り出すことになる。もちろん，偏差角やオートバイが鉄であることの誤差などは考えない。つまり，精度は望むべくもない。

これに比べると，'88年型NXRのナビシステムは，蒸気機関車と新幹線ほどの差があるといっても過言ではない。

ナビシステムも完成，計測機械を背負ってテストライディングにでかける増田。

なおコンパスは，路面の上下左右の傾きによっても，最大１度ほどの誤差が出ることが理論上わかっていた。このため，設計段階では路面の上り下りやバンク角によって数値の補正を行おうとしたのだが，これはソフトのプログラムが時間的に無理と判明した。そこでこの誤差に関しては，現地で適応テストを行って，ライダーの評価に任せることになった。つまり，適応テストで修正が必要な条件を洗い出し，以後，その条件下での走行となる場合は，その修正値をコンパスの表示に加減しなさい，というわけである。

ただ，この前後左右の傾きによる誤差は最大１度であり，水平面下での表示精度は，'88年型になって飛躍的に向上したのは，紛れもない事実だった。

●イタリーホンダ

'88年の第10回パリダカに向けて，参戦形態の見直しが図られた。それまで，NXRを走らせるチームはフランスホンダ１本に絞っていたのだが，'88年にはイタリーホンダにもマシンを供給，チーム形態としては，フランスとイタリーの２本立て，ということになったのである。

イタリーホンダは，単気筒のXLをベースとしたマシンで参戦を続けてきた。マシン製作は本田技術研究所（朝霞），'86年にはアンドレア・バレストリエリがNXRに次ぐ３位入賞，'87年もエディ・オリオリがNXRに次ぐ２位入賞と，マシンと共にチーム，ライダーの戦闘力もなかなかである。しかしチームの体制そのものは，イタリーホンダが招集した販売店が主になっているのが現状で，フランスホンダと比べて，まとまりの面ではやはり歴然とした差を感じないわけにはいかなかった。

そこでイタリーホンダには，'87年型に問題点の対策を施した，実績のあるモデルを供給することになった。フランスにもイタリーにも'88年型に乗ってほしい気持ちはあるのだが，マシンを製作する側のキャパシティの問題もあって現実的ではなかった。また，こういうマシン配備をしておけば，どちらか一方に欠陥があった場合でも，滑り止めになるというものだ。

もちろん，当のイタリーホンダに，型遅れを回された意識を持たれるのは本意ではない。イタリーホンダにもいい成績を残してもらわなければいけないし，そのためには，HRC側のサポートは万全を期す必要がある。

その一環として，イタリーホンダのメカニックたちをHRCへ招待した。ライダーがマシンに慣れるのはあっという間だが，メカニックが整備手順を覚えるのは，一朝一夕にはいかない。特にパリダカでは，あれこれと考えながら作業している暇はない。グズグズしていると夜が明けてしまうから，締め付けトルクやパーツの交換基準など，覚えていてほしい項目は山とある。

チーフメカニックのマッシモ・オルメニ以下３人のイタリア人メカニックたちがHRCにやってきたのは，９月のある日だった。チームは'88年型NXRの現適のため，HRCを留守にしている。整備教室は，酒井を主任教授として行われた。生徒はイタリア人だから，彼らが得意なのはイタリア語のみである。先生の方も，日本語のみが得意だ。どちらも，相手の国語はまったく解さない。しかし不思議なもので，事がマシンの話だと，日本語対イタリア語で，充分会話になるのである。充分どころか，やるべき仕事の内容や目的がはっきりすれば，100％意思疎通ができるといっていい。これは世界的な，技術屋共通の特性である。

技術的なこと以外では，とんだところで意思の疎通が図れたりする。これは彼らが帰国する際に食事をしにいった，その先でのことだ。酒井が〝オレは釣りが好きである〟と趣味の話を切り出すと，むこうはすかさず〝サンペーか!?〟と聞き返してきた。びっくりしてサンペーとはなんだと問い返せば，まさに日本でお馴染みのマンガの主人公のことで，イタリアでは，子供向けのテレビ番組で『釣りキチ三平』を放送しているとのことだった。オルメニの息子も釣り好きだとかで，これまた日本語とイタリア語の会話が，成立してしまったのである。

彼らイタリア人の働きぶりは，ウワサに聞く怠け者ではなく，いたって勤勉だった。HRCでは８時15分から夕方５時15分までが定時となっている。酒井教授は，生徒たちには９時頃には来てちょうだい，と言っておいたのだが，彼らは毎朝，８時半にはHRCに顔を出し〝早く勉強しようよ〟という感じで酒井のことをせかすのだった。夕方も〝今日はこれまで〟という先生に〝サカイサンはまだ作業する，ならオレたちももうちょっとやっていく〟と，きわめて意欲的な態度で『HRC勤務』を勤めあげたのだった。

ひとつだけ，酒井が彼らの信用を勝ち取れなかったことがあった。ガソリンについてである。〝オレたちはプジョーのチームに知り合いがいる。もし，彼らが使っている航空ガソリンをわけてもらえることになったら，NXRに使ってもかまわないか〟という質問に，酒井が〝いいよ〟と即答した。ところが彼らは，ホントか，ホントか，となかなか信用しない。エンジンによっては，効率のいい燃料を使った場合，異常燃焼などを起こす場合もあり，彼らはそんな経験があるのだろう。航空ガソリンを使う場合の対策法を，なんとか聞き出したい様子である。酒井はとんと信用されない。あげくに〝じゃあ，使っても大丈夫だと，ここに念書を書け〟と，酒井は紙きれにその旨を英語で書いて，サインさせられた。

NXRでは，65オクタン程度の低品質ガソリンのテストも行ったが，高効率ガソリンでのテストももちろんちゃんと行っていた。しかし，念書まで書かせられた酒井は，さすがに不安になって，彼らが帰った後に，ガソリンについていろいろと調べ歩いたのだった。

もちろんラリーの現場では，念書をつきつけられて攻められる事態とはならなかったが，彼らが日本で見せた勤勉さの，その実の姿に，この時の酒井はまだ気がついてはいなかった。

●現適inモロッコ

7月末になって，毎年のことながら，ギュー監督以下フランスホンダの一行が，8時間耐久レースで来日した。現適テストに向けて発送準備中の段階の'88年型を見せると〝3年めで，やっと思った通りのものになった〟とのコメントが返ってきた。

モロッコでの現適で，地磁気を測定する魚住。ここではナビシステムのテストが重点的に行われた。

NXRは，1度の敗北もなくここまできた。にも関わらずフランスホンダの要望は遠慮のない厳しいもので，またHRCとしては，その要望に素直に応えてきた自負があった。NXRは生まれもよかったが，その後もいい育ち方をしているなと，松田は感じたものである。

9月に入った。恒例の現適テストである。3年めは，モロッコが舞台に選ばれた。テネレは遠いし，アルジェリアは前年痛い目にあった。フランスホンダの経験上の判断だ。

モロッコは，スペインの対岸で，一番近いところだと肉眼で岸壁が確認できる距離にある。それでも，深い砂の砂漠もきちんとあって，テストの場としては最適のロケーション，というわけだ。

日本からこの現適テストに参加したのは服部，増田の常連の他，魚住喜明が加わった。彼はメーター関係を担当する電気屋さんで，'88年型がナビシステムの充実をテーマに置いている関係で，ぜひ現場に飛んでもらう必要があったわけである。

テストの柱は，コンパスなどのナビゲーションシステムと，19インチフロントタイヤだった。19インチフロントタイヤは，'87年から設定仕様に入っていたのだが，'87年にはアルジェリアでの現適が国政レベルの問題のあおりをくって流れてしまい，テスト不充

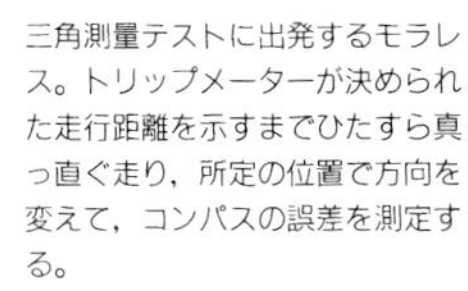
三角測量テストに出発するモラレス。トリップメーターが決められた走行距離を示すまでひたすら真っ直ぐ走り，所定の位置で方向を変えて，コンパスの誤差を測定する。

帰ってきたモラレスは，出発点から20mほどずれた地点に到着，テストはまずまずといったところ。

モロッコの海岸で最高速テストを行った。

分となり，実戦での使用は見合わせた。だから，本格的にテストをするのは，このモロッコ現適が初めてである。

通常，不整地を走るマシンでは，走破性向上のために大径のフロントホイールを使うことになっている。なのになぜ19インチか。これはミシュランに対してお願いしていたビムースに関する改善要項の答えとして，提示されてきたものだった。'87年にも問題となった，フロントビムースがボロボロになるトラブルの解消が，HRCがミシュランに望んだメインテーマである。19インチにする本当の狙いは，タイヤサイズを太くすることだ。タイヤの断面積を大きくしてビムースの容量を上げ，耐久性を向上させると同時に，以前からライダーに不評だったフロントのゴツゴツ感も吸収しようということである。

テストでは，ライダーの一致した意見で19インチがいいということになった。容量が増えてクッション性能が上がった分，乗り心地がよくなったのだろう。ライダーが19インチがいいというなら，もはや21インチに固執する必要はなにもない。ビムースの耐久性では19インチが勝っているのはミシュランが太鼓判を押している。ミシュランが19インチの開発を進めている以上，相対的に21インチの開発はとどこおり，いいものが手に入らなくなるという危惧もあった。

この時点で，'88年型NXRのフロントホイールは，19インチに決定した。21インチか19インチか，いずれにしても，実戦にはどちらかひとつを使いたかった。選択肢が多ければ，現場の作業はそれだけ煩雑となるし，運ぶべきパーツも増える。いいことはない。ライダーの評価も，迷っているような感じではなかったので，以後はスッパリと19インチ1本で作業が進められた。

1988年，イタリーホンダのチュニジアでのテスト。ライダーはオリオリ。フランスホンダと違ってテスト車を未塗装でテストに持ちこんだ。

●イタリーホンダinチュニジア

フランスホンダと'88年型NXRがモロッコで現適を行っている一方，イタリーホンダと'87年型改NXRは，チュニジアでセッティング作業を行っていた。チュニジアは，イタリアからほど近い。保養地として，イタリア人には親しみがある。テストに行ったのは，日本からは酒井と磯村の２人。ライダーはオリオリ，クラゥディオ・テルッツィ，バレストリエリのフルメンバーである。

日本からの２人は，ローマのイタリーホンダで監督のカルロと落ち合い，そこからチュニスへ入った。この飛行機にはテルッツィも一緒だったのだが，飛行機に乗る頃になって，なんとパスポートを忘れた，と言い出した。当の本人はケロッとして，別に慌てるわけでもなく〝オレは身分証明書を持ってるから大丈夫だ〟とか言っている。そしていざチュニスの空港に着いて入国審査の段になって，案の定もめ始めるのである。結局，テルッツィはそのままイタリアに逆戻りして，テスト部隊とは現場のホテルで合流することになった。日本人２人にしてみたら，狐につままれたようなひと幕だった。

テストは，チュニジアの首都チュニスから南南東に500㎞ほど行ったネフタという街を中心に行われた。ネフタには，プール付きのホテルがある。名をサハラパレスといい，街一番のホテルである。ここの駐車場を整備場に仕立て，ライダーはここを拠点とし，チュニジアラリーのコースを舞台に，セッティング走行に入った。

ライダーが走っている間の１時間ほど，メカニックはピンポンで暇をつぶし，メカニックが整備をしている間はライダーはプールにいるという，ぜいたくなテスト環境である。磯村は第9回大会に続いてのアフリカ出張で，その時に揃えたテントや食器などを持って，チュニジア入りをしたのであるが，今度はなにも使わないまま，ホテル暮らしのチュニジア出張を消化していった。

NXRに初めて乗るイタリア人ライダーは，NXRを絶賛した。彼らの知る単気筒マシンと比べて，エンジンパワーにしろ，操安にしろ，素晴らしいものだという。彼らイタリア人ライダーは，フランス人ライダーと違って，自分が速く走るためにはできるだけのことをする。3人とも，マシンの仕様に関してかなりのリクエストがあった。その内容はごく細かいものが多く，たとえばフロントカウルの下側に砂塵巻きこみ防止のカバーをつけたい，といったものや(この仕様は確かに名案だったので，'89年型には正式採用となった)スクリーンをもう少し高くしたいという類である。ライダーが帰ってくると，あれやこれやの注文に，酒井は大忙しとなるのだった。

●リークーパー

テストも無事終了し，実戦車の準備も整い，いよいよ本番に向けての準備に忙しくなる頃，またぞろスポンサー問題が勃発した。前年，すったもんだの末にスポンサーとなってくれたエルシャロが，今回はスポンサーを降りると言い出したのである。

またも直前になってリークーパーがメインスポンサーに決まった1988年型NXR。

エルシャロの社長は，タマンラセットまでの前半と，ダカールでラリーを観戦するという，熱心なところがあったが，時がたってこの社長が辞めてしまった。このあおりで，スポンサーの件が宙に浮いたというのがフランスホンダからの報告だった。本音の部分は，フランスホンダがもうちょっとスポンサーフィーを出しませんかと提案した際に，フランス語とイタリア語の間の言語の問題から，むこうが感情を害して，そんならやめる，となってしまったらしい。とにかくダメになったものはどうしようもないのだから，前年同様，またもレース間際でスポンサー捜しをする羽目となった。

イタリーホンダは，こちらも大口のスポンサーを予定していたが，やっぱり最終的にボツとなって，小さなスポンサーをやたらと集めまくって資金の調達を行ったが，その結果，マシンには小さなステッカーがペタペタと貼りまくられることになって，どうにも見栄えのしないものになってしまっていた。

パリダカのような，アフリカ大陸で行われるイベントの場合，スポンサーとなる企業にはふたつのパターンがある。ひとつは，アフリカマーケットに向けての，スポンサー効果を期待するもの。タバコや飲料水など，アフリカでの需要が見込まれるものがこれにあたる。もうひとつは，パリダカというイベントの知名度を認めたうえで，テレビ放映などの露出を期待して，スポンサードしてくるもの。パリダカのエントラントのスポンサーには，後者の方が圧倒的に多い。

そんな中にあって服飾業界は，広告予算が比較的多い業種だった。特にオートバイユーザーの年齢層を対象にした服飾メーカーでは，パリダカの存在は無視できないものがある。結局フランスホンダのスポンサーには，イタリアのジーンズメーカーであるエルシャロの代わりに，フランスのジーンズメーカー，リークーパーがつくことになった。またも，めでたく一件落着という次第である。

第11章　イタリアとフランス

●オリオリの勝利

'88年，第10回パリダカ。HRCが参加するのは，これで3回めになる。今回はフランスホンダとイタリーホンダの双方にマシンを供給したので，フランスホンダには堀井，イタリーホンダには酒井が派遣され，ラリー中の情報収集をすることになった。

イタリーホンダと行動を共にした酒井は，最初はずいぶん落ちこんだ。

〝イタリアのサポートトラックはスパゲッティをいっぱい積んでいるから，イタリアチームの手伝いは楽しいよ〃

イタリーホンダの3人のライダー。左からおとなしいオリオリ，陽気なテルッツィ，真面目なバレストリエリ。

スタート前のオリオリとイタリーホンダ監督のカルロ・フロレンツァーノ。

出発前に松田から言われて，おおいに期待をしていた酒井だったが，現実は厳しかった。イタリーホンダの用意したトラックは小さく，山ほどのスパゲッティは積んでいなかったばかりか，そのうちの1台は，最初のスペシャルステージで早々にリタイアしてしまった。積み荷のパーツの行方が知りたくて，酒井はこのトラックの消息を捜し回ったが，監督のカルロは〝わからない〟と言うばかりだ。

結局，消息がつかめた時には，彼らは山ほどの新品パーツと共に，イタリアに帰ってしまった後だった。もう1台のトラックも，走りっぷりがどうも変で，キャンプ地に着くのはいつも夜中近くになってからだった。イタリーホンダはこの2台のベンツ・ウニモグの他に，サポートカーを持っていない。

イタリーホンダのメカニックたちは，NXRの整備心得を習得するために，HRCに研修に来ていたが，その時には，イタリア人の意外な勤勉さに驚かされたものだった。しかし酒井は，スパゲッティだけではなく，イタリア人の勤勉さにも，見事に裏切られることになる。

酒井はHRCの人間だ。だから，仕事のやり方がどうしてもHRC仕込みとなる。HRC仕込みとは，ワークスのやり方ということだ。ところがイタリーホンダは，どちらかというとプライベート的なやり方である。酒井やメカニックたちは，飛行機でキャンプ地へ入る。それからバイクが到着するまでは，暇な時間だ。やがてバイクが帰ってくる。酒井がすぐに仕事にかかろうとする。ところがイタリーの連中はのんびりのままだ。〝パーツはトラックに積んである。トラックが来るまではマトモな整備はできない〟というわけだ。

酒井は，明るくて条件のいいうちに，車載工具を使ってチェックだけでも済ませておけば，その後の作業の進み具合がまるで違うと主張するが，意見はまとまりそうにない。

トラックが到着せずに暗いまま夜を迎えるイタリーホンダのキャンプ。サポートトラックがこないとワークスチームでも淋しい感じがするものだ。

とうとうトラックが来ないまま夜が明けた。ポツンととり残された感じのオリオリ。

チーム監督のカルロ・フロレンツァーノ(彼は，ロードの世界GPでも，同じく監督をやっている)やチーフメカのオルメニとは，毎日のようにケンカをした。それでも，らちがあかなかった。

酒井は，気持ちを切り替えた。みんなを引っ張ろうとするからイライラする。やれるところまで，自分ひとりでやっちゃえ。それから酒井は，バイクが帰ってくるなりひとりで作業リストを作り，それに準じて作業を進めた。酒井がひとりで作業をしていても，イタリア人のライフスライルには変化はなく，彼らの仕事が始まるのはトラックが到着する深夜になってからだった。

酒井とチームとの，こういう行き違いは，大きな決断を迫られる時になっても変わらなかった。オリオリがピコを抜いてトップに立った後のことだった。その日，オリオリは変なガソリンを入れられたとかで，オイルを吹きながらキャンプに帰ってきた。酒井はオリオリのエンジンを降ろして，内部のチェックを始めたが，一方その時，テルッツィのエンジンは絶好調といっていい状態だった。オリオリのエンジンがオイルを吹いた

イタリーホンダ(上)とフランスホンダ(下)の整備風景。フランスホンダの方が整然と，しかも能率的に作業しているような感じがある。

のは，これが初めてではない。酒井は，問題のないテルッツィのエンジンとオリオリのエンジンとを，交換する手段を考える。が，それを相談するべき監督が，どこかに遊びにいっていないのだ。しかたがない。酒井は，チーフメカのオルメニに了解を取りつけ，ほとんど独断でエンジンを交換してしまった。

結局，オリオリが大きなトラブルもなく優勝し，酒井の大活躍が効を奏した結果となった。イタリーホンダのプライベート的なやり方は，最後まで酒井を悩ませはしたものの，結果オーライというところだろうか。途中，アガデスの休日には，オリオリとトップを争っているイタリーヤマハ・ベルガルダチームと，仲良くスパゲッティを食べたあたりは，イタリア人のイタリア人たるところ。最初は，イアリア人の世話になるのが心配で，フランスホンダからインスタントのフランス料理などをわけてもらったりしていた酒井も，最後には首を傾けつつも，イタリーホンダの仲間入りを果たしてしまっていたのだった。

●'88年型

オリオリが初優勝して，史上４人めのパリダカ優勝者となり，２位はイタリーヤマハのピコが入った。２年連続優勝を果たしたフランスホンダは，ラレイが３位に入賞したものの，ヌブーはリタイアに終わり，'88年型の成績はあまり芳しいものとはいえなかっ

転倒をくり返したオリオリのマシンはこのように傷だらけでカイのキャンプに到着した。

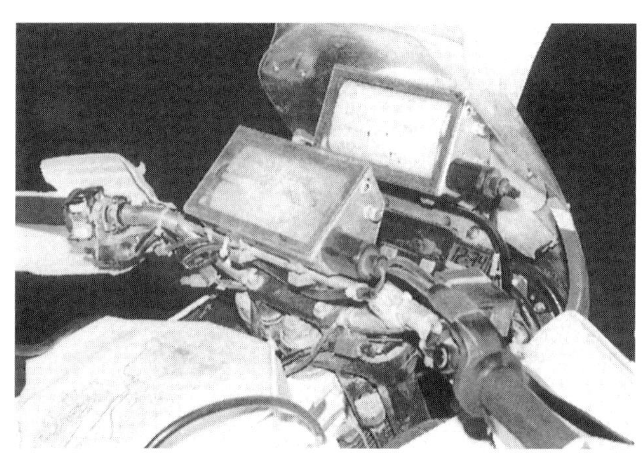

1987年型NXRのオリオリ車のインパネ。マップが入りきらないため，マップケースが２個つけられている。トリップメーターがちゃんと見えるかどうか心配……。

た。ヌブーは，第1回から連続して出場しているが，最も成績が悪かった第3回にも25位で完走している。リタイアは1度もなかった。そのヌブーが，この年初めてリタイアした。

3年めの正直で，HRCが精力を注いだナビゲーションシステムは，おおむね好評だった。ただし，この年はルートの一部がやたらと複雑で，そのため1日分のマップが従来の倍ほどにもなっていた。HRC製のマップケースは前年の実績から容量を決めているので，2回ほど，ケースに地図が入りきらなかった。

プライベートの連中は，スペシャルの途中で止むを得ずマップを交換していたが，これではロスタイムが大きい。最初は，マップを何度も何度も巻き直し，ギュウギュウに巻いた状態でケースの中に押しこんだ。それでも入りきらないものは，タンクの上に貼りつける策を採用したわけである。

再度こういう事態となった中盤戦のマリでは，この方法ではとても間に合わなかった。そこでマップケースをもうひとつ用意して，これを従来のハンドル上に取り付けた。これはフランスホンダだけの問題ではなく，主催者からマップを渡された時点で，どのチームもが一様に頭を抱えた問題ではあった。中にはイタリアからマップケースを届けるための使いが出たチームもあった。これは本来は違反行為だが，困った時はお互いさまというか，みんなで渡れば怖くないというか，この場合は，パリダカのオーガナイズのずさんさが，融通のきく方向に作用するようだった。

●トラブルそしてリタイア

フランスホンダの使った'88年型の仕上がり具合は，この3年間で最高である。3連勝にはかなりの自信を持って望んだのだが，トラブルは，ラリー序盤からNXRを襲った。

問題の箇所は，'88年型オリジナルの部分ではなく，充分実績を積んだはずのところで発生した。壊れないはずのものが，壊れたのである。それは，コンロッドだった。コンロッドボルトが折れ，クランクケースから飛び出してしまう，絵に描いたようなブローアップだ。パドックでは，ライバル，特にカジバの高出力化に対応して，エンジンの馬力アップを図った結果の耐久力低下，とささやかれていたが，これは正しくない。原因は，'86年'87年とまったく同じコンロッドの締め付けボルトが，'88年型の製作ロッドに限って，ほんの少々強度的に弱かったのである。製造ミスでもなく，製造時の強度のばらつき範囲が，低い方にふれていた。まずボルトが折れ，折れたボルトがコンロッドを折り，致命的エンジンブローに発展したのだった。コンロッドまわりは，すでに実績も充分だったから，耐久性には，ほぼ絶対の自信があった。その〝壊れないはずのクランク〟が壊れたのだから，現場を始めとして関係者のショックは大きかった。それにしてもそ

エルウッドのフランスホンダのキャンプ。この時点ではトラブルもなく，スタート前のひとときにも余裕が感じられたが……。

のばらつきたるや，ごく微小なものである。ほんの少しの狂いが，結果を大きく変えてしまうという，いまさらにして手痛い教訓ではある。

しかし，トラブルとは往々にしてこういうものだ。'86年型では，いろいろな部分の耐久性が心配で心配でたまらなかった。最後まで，これで大丈夫という確証がつかめず，ギリギリまでベンチでの耐久テストが続けられた。それでも不安は解消されず，クランクケースが重量増を覚悟でマグネシウムからアルミに，材質変更を受けた。実戦では，心配の種だったこういう部分は，まったくノートラブル。そして，大丈夫だろうとタカをくくっていた部分が，非情にも突然トラブルを起こす。運命の神様もずいぶんと裏をかくのがお好きらしい。'88年のクランクトラブルも，こういう類のものだった。

このトラブルは，まず１月５日にヌブーのマシンで発生したものの，その場所がリエゾン中だったために，ランドローバーのサポートを待ってエンジンを載せ替え，成績にはまったく響かなかったのが，不幸中の幸いだった。しかし，トラブルがボルト自体の問題では，現場ではなにも手を打ちようがない。ヌブーのトラブルが2500km走行時に発生していることから，この距離を使用限界と考えて，距離管理でトラブルを防いでいく以外に方法がないのである。

追い撃ちをかけるように，ラレイのエンジンにも同じトラブルが出た。１月９日，今度はスペシャルでのトラブルだったから，ラレイはこの遅れをもろに背負いこんで，今後のラリーを戦っていくことになった。さらにこの日，モラレスが転倒負傷，戦線を離脱した。翌10日には，シャリエもマシン火災を起こしてリタイアした。タンクにクラックが入るトラブルは，３年間に１度もなかったのだが，それでも完璧ではなかった。転倒して，タンクにわずかにクラックが入ったマシンのシャリエは，気持ちの焦りからか

イタリーヤマハのキャンプ。明るいライトの下で整備を行っているかたわらで，スパゲッティ作りに精を出している者もいる。

再度転倒してもれたガソリンに火花が引火，マシンが全焼してしまったのだ。ライダーとしての信頼性は抜群だったシャリエだが，その彼をしてこういうことがあるのだから，完走の難しさがあらためて思い知らされるというものだ。NXRが，砂漠に残骸を残してしまったのは，これが唯一の例である。

とどめを刺されるように，1月12日にヌブーが足を木にぶつけて骨折した。その日はなんとかゴールしてきたので，マシン整備はいつものように済ませた。そして本人のケガの具合を窺ったのだが，結局そのままリタイアとなった。本人も周囲も，ラリーを続けたいのは山々だったが，骨折とあってはいかんともしがたい。ここへきて，フランスホンダで残るは，ラレイただひとりとなった。そのラレイも，エンジントラブルが尾を引いて，優勝争いに復帰するのは絶望的な感があった。

服部はこの時のコンロッドを大事に机の中に忍ばせているという。予定通りに事が進み，チェックがおろそかになりがちな時，このコンロッドが今1度，服部に最後のチェックを命じてくれるのだ。

●共同戦線

さてイタリーホンダでは，バレストリエリが1月6日に手首を骨折してリタイアした。が，残るオリオリとテルッツィは元気である。しかも，トラブルで致命的な遅れをとり，トップに返り咲くのは絶望的なラレイに対して，オリオリはトップのピコを充分に射程距離に置いていた。トップを狙えるがサポート崩壊状態のイタリアチームと，サポートは元気だが選手が次々といなくなったフランスチーム。オールホンダとしてみれば，こ

ガオのキャンプ。フランスホンダのギュー監督とイタリーホンダのフロレンツァーノ監督が，ダカールのゴールまで共同戦線を張る相談中。マシンはオリオリ車で左のサポートカーはフランスホンダのランドローバーだ。

こはぜひとも協力体制をとって，オリオリを優勝に導きたいところである。

しかし，日本のホンダマンが考えるように，事はうまく運ばない。フランスホンダとイタリーホンダは，ホンダ仲間ではあるけれど，実はお互いにほとんど仲間意識を持っていない。パリダカではライバル同士だ。彼らの関係も納得せざるをえない。といっても，現場では一緒にやれたら楽なのになぁ，と愚痴を言いたくなる場面もある。根底には，フランス人対イタリア人の国民性もあるようだ。フランスホンダはイタリーホンダより，同国籍のソノート・ヤマハの方が人間関係としては仲がよく，イタリーホンダの方はイタリーヤマハ・ベルガルダと仲がいい，という図式である。

ところが，事態は意外な進展を見せた。フランスホンダが，イタリアチームに協力すると，自発的に申し出てきたのである。フランスホンダでは，ラリーのスタートに先がけて，チーム内のミーティングをやる（どのチームもやるのだろうが，イタリーホンダではついにミーティングをやらぬまま，スタートしてしまった）。この席で，イタリーホンダとの関係についての，申し合わせがなされていた。たとえば，シャリエもしくはランドローバーが，止まっているイタリーホンダのライダーを見つけたらどうするか，という架空の事態を想定しての取り決めだ。結論としては，ラリー序盤は，フランスとイタリアは別チームなのだから，お互いのペースを守ってラリーを進める。後半，成績が半ば固定化して，なおかつどちらかがもう一方のサポートを必要とする場合に，両チームが協力しあうことになった。問題は，どの時点で協力が必要と認めるかで，イタリーホンダはフランスホンダにおいそれと頭を下げに行かず，堀井や酒井もどうにかしなくてはと思いつつ，言いあぐねていた。フランスホンダからの共闘申し立ては，地獄に仏，闇に光明。イタリーホンダはパーツがなくてアップアップしているのだから，イタリア

4輪でトップを走るバタネンのプジョー盗難事件の後，3台のNXRはキャンプではサポートカーとテントで囲われることになった。

とフランスの協力体制が確立したのは幸いだった。

特に後半，4輪のトップを走っていたアリ・バタネンのプジョー車が盗まれる事件が起こってからは，半ば冗談で，盗難防止対策をとった。オリオリ，テルッツィ，ラレイの3台のNXRを，フランスホンダ2台，イタリーホンダ1台のウニモグとフランスホンダの2台のランドローバーで厳重に包囲して，盗人が持ち出せないようにして朝を迎えた。フランス，イタリア両国のホンダチームが，肩を寄せ合って夜を過ごす光景は，傍目にはいたって仲がいいように見えたものだった。

フランスホンダのイタリーホンダに対する協力は，ちょっと変わっていた。酒井がひとりでオリオリのマシンを整備していると，フランス人はせっせと手伝ってくれる。イタリアのメカニック連中は，そういう時には食事などしているのが常なのだが，食事が終わってイタリア人が帰ってくると，フランス人メカたちはプイといなくなってしまう。日本人のことは助けるが，イタリア人は助けたくない，フランス人の微妙な心理の表れだ。

しかしこの協力関係も，このままハッピーエンドには直行しなかった。某チームから，レギュレーションに抵触する旨のクレームを出されてしまったのだ。助け合うのは，なにも違反ではない。パーツの行き来で問題になるのは，マーキングされたフレームと，登録されたスペアを含むエンジン本体である。

それはトンボクトゥの夜だった。オリオリがオイルを吹いて帰ってきた。酒井がエンジンをチェックし，水か灯油の混ざったガソリンが原因で，ピストンリングがこう着しているのを発見した。フランスホンダのサポートトラックを待って部品を調達するや，酒井はこの修復整備を始めたのだが，さすがに砂ぼこりの舞う露天でエンジンをオーバーホールする気にはなれず，テントの中に潜りこんでの作業となった。これが，ライバル某チームには，いたく不審にうつった。おまけに，この某チームでは，'88年型NXRと'87年型NXRのエンジンが，排気量が違うと信じていた。

パーツをもらったりあげたりするのは問題ないが，車検時に申告した排気量と異なる排気量になったのでは，レギュレーション違反である。オリオリのエンジンは，フランスホンダからパーツをもらって整備を行ったから，排気量は'88年型NXRの，900ccになっているはずだ……。かくして，事はクレーム問題にまで発展したのだった。

翌日のスタートの際，オリオリはスタート係官になにか質問を受けている。そしてバマコでゴールした時，マシンを調べられ，車検時に記されたマーキングがないから，失格だと宣告されかけたりした。これで大騒ぎとなった。この時オリオリが使っていたエンジンはスペアエンジンで，マーキングがオフィシャルが思っていたのと違う場所にペイントされていたのが，失格宣告になったわけで，落ち着いて探したらマーキングは見つかって，ひとまずことなきを得た。この時，騒動の発端が某チームからのクレームによるものだと聞き出したのである。

'87年型NXRと'88年型NXRの排気量はまったく同一の779ccである。いったい，某チームはどんな勘ちがいから，'87と'88で排気量がちがうという確信を持ったのだろうと

終盤の荒地をイタリーホンダのオリオリとテルッツィがランデブー走行。このままダカールにゴールする。

いう疑問は，しばらくみんなの話題になった。ところが，真相は意外なかたちで発覚した。

ラリー中のある日，ソノート・ヤマハとフランスホンダが，隣合わせのバンガローに泊まった。この時，同国人同士の冗談で，ソノートのライダー兼重役，これまたパリダカ名物男のジャン・クロード・オリビエの部屋のドアに，HRCのステッカーを貼った男がいた。HRCのステッカーには，大きいものと小さいものがあるのだが，御丁寧にその男は2枚を並べて貼りつけた。

ここまでなら冗談で済むのにその男は——その男，実はフランスホンダのメカニックなのだが——，大きいステッカーに900cc，小さいステッカーに750ccと書きこみをしてきたのである。この年，フランスホンダのNXRには大きいHRCステッカーが，イタリーホンダには小さいHRCステッカーが貼られていたのだが，これはもちろん，こんな意味ではなく，小口スポンサーを集めまくったイタリーホンダには，大きいHRCステッカーを張る余地が残っていなかっただけの話なのだ。ほんの冗談が，数日後には，こんな大騒動になって舞い戻ってきたというわけだ。

このクレーム問題は，最終的にはゴール後の再車検で排気量をチェックし，当初の申告通りのものであることが判明してシロとなった。暗いキャンプで，ゴソゴソとテントの中で整備をしていれば，なにか怪しいと想う神経もわからないではないが，無実であれ，クレームがつけば慌ててしまうのが人情だ。ライダーのオリオリが，この件に関してとんと関心を示さず，集中力を乱さなかったのがせめてもの幸いだった。ちなみに，疑惑を生むきっかけとなったテント内での作業だが，砂ぼこりを嫌ってテントに逃げこ

ゴール後，NXRの排気量にクレームがつけられたため再車検が行われた。左がイタリーホンダのオリオリで，右がフランスホンダのラレイ車の作業。両者の排気量が同じかどうかのチェックだ。シリンダーヘッドを開ける作業はフランスホンダの方が早かったが，これは競技には関係ない。むろん，無実が証明された。

ダカールのゴールに到着したオリオリとテルッツィ。万歳して2人を迎えているのはイタリーホンダのチーフメカのオルメニ。

んだにも関わらず，懐中電灯で照らしたテント内には，もうもうと砂ぼこりが舞っていたという。

そんなわけで，イタリアとフランスの例外的な仲の良さに助けられ，トップへ出る前々日に転んで負った肩の脱臼にめげずにオリオリががんばって，NXRはパリダカ３連勝を飾ることができた。ダカールでの再車検で，オリオリのエンジンの中身に御執心の某チームの親分が，人垣の影から分解されたエンジンを盗み撮りし，フランスホンダのギュー監督に真剣に追いかけまわされるというハプニングのうちに，第10回パリダカは幕を閉じたのだった。

1988年パリダカ優勝のエディ・オリオリ（No.83）。5位のテルッツィとともにイタリーホンダから参戦した。

第12章　4年めの完成

●走りの変革

例年にならって，この年も優勝者を日本に呼ぼうということになり，オリオリはゴール間もなく，日本にやってきた。今回は，青山のホンダ本社でのフォーラムと，これも恒例の雑誌社向けNXR試乗会へ出席するのが彼の主な仕事だ。

試乗は，桶川市のセーフティーパーク埼玉で行われた。ここはHRCに近いモトクロスコースで，常識的には，750ccオーバーのパリダカマシンの試乗をすべきコースではない。しかし，パリダカマシンに納得ゆくまで乗れるコースは，日本にないのも事実である。とりあえずNXRに触れるだけでも触れてもらおうという趣旨である。

オリオリは，イタリア人には珍しい，物静かな青年である。静かな性格が，速さ以外に要求されることの多いパリダカで，優勝を勝ちとるための原動力となるのでは，と思わせる。ところが，NXRでデモンストレーションを始めたオリオリは，さすがに速さのイタリア人らしく，狭い桶川のコースを元気いっぱいに走り回った。大パワーにモノを言わせてのテールスライド，ジャンプ，そしてウィリー走行……。今まで，パリダカマシンを操る時には，タブーとされていたようなアクションの連発である。

取材をしているカメラマンたちは，オリオリのサービス旺盛な元気な走りに大満足だった。しかしHRCのスタッフたちは，当然な顔を繕いながらも，内心はけっこうショックだった。

〝パリダカライダーが，パリダカマシンをあんな風に操るなんて……〟。

HRCスタッフがパリダカを見守って4年になるが，それはほとんどキャンプの中での

1988年パリダカ優勝のオリオリ。ヌブー，オリオール，ライエに次ぐパリダカ４人めの勝者だ。

ことだった。キャンプへマシンが帰ってきて，タイヤのサイドが砂色をしていると，今日のコースは砂だったんだな，と納得する。岩や石のコースなら，タイヤのブロックが痛んでいるので，それとわかる。その日のコースは，こんなところから思い偲ぶしかない。ライダーとマシンが，本当の勝負を演じているであろうスペシャルステージの奥深くは，一部の特攻隊的カメラマンが撮影してきた写真か，あるいはヘリコプターから撮られたテレビ映像が，わずかに状況を伝えてくれるにすぎない。現適でも，テストに使うコースが100kmもあっては，走る姿を把握し続けることはできない。目の前を通過する一瞬が，HRCスタッフにとってパリダカのすべてだった。

オリオリの，こんな走りを見るのはこれが初めてだった。これはクルマの作り方を変えなきゃいけないかもしれないな，とみんなが思った。パリダカマシンは，ギャップや少々の障害物にはそのまま突っこんでいくので，それに見合う剛健な造りをしていなければならないが，反面，モトクロス的な運動性は，あまり考えにのぼっていなかった。しかし，オリオリが優勝して言うには，もっと運動性を上げたいとのことである。この日のオリオリの走りは，その証拠としてスタッフにつきつけられたようなものだった。

こんな走りをするのなら，フレーム剛性はもっと上げなければいけない。軽量化ももっと推し進めなければならない。'89年型は，今までのNXRとは，その設計方針を大きく変更する兆しが見え始めていた。

この頃になると，一般の人々の間でも，パリダカはけっこう頻繁に話題にのぼるようになっていた。試乗会でも，'86年型の時はおっかなびっくり乗っていたライダーたちが，この年はけっこうな勢いでNXRを走らせていたのが印象的だった。中でも，モトクロスの元全日本チャンピオンの鈴木忠男氏などは，オリオリに匹敵するほどにNXRを御していて，パリダカマシンの敷居も少しは低くなったのかと，松田以下に思わせるものがあったのだった。

●19インチ

ヌブー，モラレス，シャリエのリタイア，ラレイはエンジントラブルによる遅れで3位と，'88年のフランスホンダは満足すべき結果が得られなかった。

'88年型では，ミシュランの提案してきたビムース耐久性向上対策を受けて，モロッコでのテストの結果を見て，19インチフロントホイールを採用していた。この時のライダーの評価は，乗り心地が良く21インチよりも良い，とのことだったが，実際のラリーに入ってすぐ，ライダーはまったく違うことをいい始めたのだった。

いわく，怖くて乗っていられない，ワダチにはまると抜け出せない，ワダチ走行ではどこへ行くかわからない，ワダチから逃げる時にはワダチを直角に横切らないと危険……。すべて19インチホイール採用が発端となって現れてきた不具合だ。ライダーの打ち上げは一様にきつく，ヌブー，ラレイ，シャリエ共，口々に問題点を訴える。この件について意見がなかったのはモラレスだけだった。

モラレスは，この年が初めてのNXRでの参戦だ。前年に乗ったエキュリェールは，まるで船酔いするかのような操安性で，それに比べれば'88年型NXRの操安はまだマシであるということだ(ちなみに，'87年のモラレスは，ゴールまで50kmほどの最終スペシャルで，エンジントラブルを起こした。こんな時にはパリダカレギュレーションは非情に厳格で，自力でゴールできないモラレスは，ダカール目前にしてリタイアとなった)。

モロッコでの評価はよかったのだから，今頃になって問題を打ち上げてきてもしかたがないのだが，そうも言っていられない。ところが，フランスホンダでは19インチ1本でいくと決めてしまってきているから，21インチはホイールもタイヤも1本もない。

イタリーホンダは21インチの設定だから，これを借りる手段もあったが，序盤からイタリアチームに頭を下げるのもシャクというフランス人の思いもあり，第一，イタリーホンダのサポートトラックは，1台がすでにリタイアしている。よしんばホイールとタイヤを借りたところで，'88年型は19インチ仕様のアライメントになっているので，ステアリングまわりのパーツも，21インチ仕様に直さなければいけない。このパーツも，ないのだった。

モロッコ現適では，確かにソフトサンドが少なかった。モロッコラリーのコースでテストを予定し，ぐるぐる探し回ったあげくに，とうとうコースが見つからなかった不幸もあった。しかもテストの第一目的がナビゲーションシステムの完成にあり，そのテストに時間をさかれたのも，19インチ操安を煮詰められなかった原因となった。さらにライダーたちは，新しいものの良いところにだけ目がいって，その陰に隠れる欠点を見抜けなかった。HRC設計陣が頼りにしている増田が，評価ができるほどに走りこんでいなかったのも，'88年型の不幸だった。あらゆる事が，19インチ熟成を，少しずつスポイルする結果となったのである。かくして'88年型の操安評価は，過去最低のC評価となった。

この反省が，'89年型に注ぎこまれた。まず，19インチと21インチのセッティングの煮詰めが，徹底的に行われた。ライダーは増田，場所は静岡県天竜川の河口である。かつて全日本チャンピオンとなった頃，増田はスズキのライダーだった。その頃の記憶で，砂を走るのならあそこがいいだろう，となったのだ。

19インチと21インチを交換しながら，キャスター，フォークオフセット，フロントフォークの突き出し量を変化させる。全部をいっぺんにやったのでは変化がわからないから，1回にいじるのはどれかひとつだ。走ってはいじり，いじっては走る。それを，夏の天竜川で，延々と繰り返した。いじるのは酒井だ。このテストで，酒井は何度NXRのフロント部分を分解したか，数えきれない。

19インチの操安上のメリットが出るのは，山岳コースなどタイトコースとされていた。対して21インチは，やはり砂上で19インチに勝るものがあった。なかなかどちらか一方には，まとまらない。増田と酒井の努力の末に，19インチでも，キャスター，オフセットの設定の加減で，21インチを越える仕様が発見された。ところがこれも問題があった。その仕様では，山岳などのコースは走れないのだ。砂か山岳か，その日のコースに

1989年型NXRとラレイ。タンク形状が大きくなったのが外観上のいちばんの変化だ。

合わせて，フロントまわりを組みばらししなければならない。これは面倒だし，ミスの発生も怖い。

結局'89年型では，19インチと21インチを併用することが決定した。砂で21インチ，山岳で19インチを使うのである。フロントのアライメントは，ホイールを変えればそのまま走り出せるように，19インチと21インチの折衷案を追求した。砂だけを走るなら，もっと走りやすいアライメントがあるが，パリダカには砂もあれば岩もある。細かい調整をしないまま，すべてのコースを走れるのが理想である。

この時テストしたキャスター角は，標準を中心に３通り，フォークオフセットもやはり３通り。これに，細かくいじれば無限の変化があるフォークの突き出し量を加えた組み合わせ。現実的な範囲でも，その組み合わせは何十通りにもなる。その中からたったひとつ，フロントホイールが21インチでも19インチでも，操安を満足できるアライメントが選び出された。机の上の計算からは出てこない，実際に走ってのデータから生まれた，時間と汗の結晶のアライメントだった。

●アトラスラリー

'89年型開発に先立ち，NXRがモロッコで行われるアトラスラリーに参戦した。ただし，これはHRCとして参戦したものではなく，フランスホンダの独自の判断によるものだった。というよりフランスホンダに，どうしてもNXRでアトラスラリーに出場したいとおねだりをした，ジル・ラレイの熱意の賜物というべきかもしれない。

アトラス用マシンは，カルネの期限いっぱいの予定でフランスに残してきた'88年型残部品を活用し，不足分のパーツをHRCが提供して，組み上げたものだった。

アトラスラリーは，９日間3018kmの比較的スプリントラリーだ。無給油で300km走行が可能であればよく，NXR本来の大容量ガソリンタンクは不要である。そこでフランスホンダは，NXRの後部タンクを小さくしてシートの下におさまるだけとし(後部タンクによってリア荷重が増すのを嫌ったラレイには，好都合だ)，フロントのタンクも小さく作り直したNXR改，NXR-LIGHTとでもいうべきマシンを作り上げた。

NXR-LIGHTに乗るは，ラレイひとり。ヌブーとモラレスは，CR500改に乗った。他には，スズキのガストン・ライエ，スペインヤマハのカルロス・マス，その後NXRのライダーとなるテリー・マニアルディー，ジョエル・ドーレスらの参加もあった。マニアルディーはKTM，ドーレスはホンダに乗る。

ラレイ，モラレスは，最初から好調だった。初日の75kmこそ，モラレスが48秒遅れの２位，ラレイが４分遅れの10位だったが，２日め３日めと，ラレイ，モラレスのワンツー，３日めもラレイはトップでゴールに飛びこんだ。ところが，これがぬか喜びだっ

アトラスラリーに出場するために作られたNXR-LIGHT。前後のタンクを小さくするなど軽量化が図られている。

同じくNXR-LIGHTのリアビュー。サイドに張り出したリアタンクがなく，全体にスリムになっている。カウルやナビシステムもない。

た。ラレイはチェックポイントをひとつ見落として，３時間のペナルティを課せられたのである。この結果，ラレイは総合優勝のチームメイト，モラレスに遅れること２時間26分29秒でゴールした。つまり３時間のペナルティがなかったら，ラレイはモラレスに30分強の差をつけて優勝していたことになる。２回のスペシャルステージのトップを始め(ペナルティを喰った日を入れると３回)，トップからの日々の遅れは多くて７分，平均すると２分30秒でしかなく，優勝できなかったのが不思議なほどの結果である。

ラレイはこのNXR-LIGHTがひどくお気に入りだった。オイルと水を含んで174kgという軽量による取り回しの軽さもさることながら，エンジンも抜群に馬力が出ている，というのである。NXR-LIGHTがNXRと異なるのはフューエルタンク類他の装備品だけだから，そんなことはない，とラレイには伝えたのだが，納得しない。
〝NXRとはぜんぜん違う。とても同じ馬力だとは思えない。きっと知らない間に馬力がアップしたのだから，ぜひきちんと確認してくれ〞と御執心である。

しかたなく，アトラスで使用したエンジンはベンチにかけられ，馬力測定を行ったが，事実はやはり，馬力に差はなかった。エンジンのパワーも，車体の軽量化により実現した(？)のである。

ラレイは，アトラス以後もこのマシンであちこちのラリーやエンデューロに参戦すべく，あれに出たい，これに出たい，とひとりで計画を練っていたようだが，実現はせずに終わった。CR500改を用意する一方で，ラレイ用のNXR-LIGHTの準備をする，現実面での手間は大きいし，フランスホンダにあったNXRの部品も底をついて，いつまでもNXRを走らせ続けることができなくなったこともあって，NXR-LIGHTは２度と公式の場に姿を見せることはなかったのである。

ただし，アトラスラリーの際に，つまらないミスコースなどせずに優勝していれば，フランスホンダもNXRでのラリー出場に，より積極的になったであろうことは考えられる。そうなれば，フランスホンダからHRCにパーツの追加注文願いが出されるだろうし，それをHRCも簡単には断わらなかったはずである。いずれにしろ，ラレイ個人のことを考えても，アトラスの結果は実にもったいなかったことには変わりなく，なんの手も差しのべられないながら，松田も残念な思いを禁じえないのであった。

●あぁ，オリオリ

〝マツダサーン，マツダサーン〞

イタリーホンダチームの監督カルロが，松田の方へ駆けてきて叫んでいる。時に８月７日。この日の松田は，世界選手権のイギリスGPを観戦するため，ドニントンパークサーキットにいた。カルロはパリダカでも監督をやっていたが，ロードレースでは，125ccのE・ジャノーラ選手を率いて，やっぱり監督をしていたのである。松田の名を呼ぶカルロは，興奮している。
〝カジバチームが'89年のパリダカチームの体制を発表した！　カジバのナンバーワンは，エディ・オリオリだ！〞

それを聞いた瞬間，松田はグランプリどころではなくなった。

'89年，NXRのパリダカ参戦青写真は，'88年のものに少し修正が加えられていた。フランス，イタリアの２本立て体制は，後日松田が会計を締めてみたところ，その総費用の大きさに驚かされて，'89年はフランスホンダ１本での参戦に戻ることになった。イタリーホンダとしても，NXRでの参戦は費用がかさみ，'88年のようなスポンサーの取り方をしていたのでは，経済的に自信がなく，'89年の参戦に及び腰だったこともある。

とはいっても，'88年に優勝したオリオリを始め，イタリーホンダのライダーたちは，失いたくない人材である。そこでイタリーホンダとフランスホンダとが協議して，オリオリはフランスチームのエースとして迎えられることになった。長くフランスチームにいて，NXRで２度も優勝してもらったヌブーは，先方の要求する契約金が上昇の一途をたどっているのと，前年の成績その他から，そのファイティングスピリットが低下したのではないかとの声があって，'89年はメンバーから外すことが考えられていた。イタリーホンダのテルッツィは，イタリア国内では人気の高いライダーで，イタリーホンダとしてはNXRに乗せたい有力候補だったのだが，勝てるライダーとの評価はえられず，同じイタリア人同士ながらオリオリとは気が合わずに，オリオリのピンチを無視して先行した例があったりして，やはりメンバーには上がらなかった。

つまり，ナンバーワンがオリオリ，以下ラレイ，マニアルディーという体制である。この体制は，オリオリとも口頭で合意がとれていたはずだった。オリオリからは〝自分はフランス語が不得意だから，メカニックはぜひともイタリア人に願いたい〟との要望が出されたが，メンバーの国籍が異なるチーム体制がたいへんなのは，ロードやモトクロスの経験で充分承知済み。オリオリの要望ももっともだが，なんとかやってくれるのではないかというのが，やや楽観的な観測だった。

そんな，楽観的気分を，一気にぶちのめしてくれたのが，オリオリのカジバ移籍ニュースだった。松田は，すぐに日本に電話を入れた。ヨーロッパが日曜日の昼だから，日本は日曜の夜である。まともにやっては，連絡がとれない。しかしこんな時のため，松田は緊急連絡経路を持っていた。自宅で床につきかけていた設計マネージャーの小森正道がかり出され，事態の真相をすぐさま調査することになった。

すぐにわかったのは，HRCの松田宛てに，ファクシミリが届いているということだった。発信元は，オリオリだ。ただし文面はイタリア語で書かれており，その場での解読は不可能だった。そこで，イタリアから日本へ届けられたファックスは，さらにイギリスへ送られた。ドニントンパークで受け取ったイタリア語の手紙は，カルロによって英語に訳され，ようやくオリオリからのメッセージが松田にもわかるかたちになった。

〝本契約前とはいえ，口頭ではホンダに乗るものと決まっていた話を白紙に戻すのは申し訳ない。自分としては，今度のホンダチームに，チームとしての不満はもとよりぜんぜんないけれど，自分はイタリア人である。フランスのチームよりも，やはりイタリアのチームから出場したい。だから純血のイタリア人チームであるカジバと契約することになったが，どうか許してほしい″。

オリオリの手紙には，こんなことが書かれていた。そして手紙は，事後報告にならないように，カジバの発表の前日に日本に届けられていた。しかし，土曜日曜にかけて発表されたのでは，休みをはさんで対処のしようがない。結局おおいに慌てさせられたあげくイギリスでの松田は悔しい思いをかみしめたまま，オリオリがカジバに移っていくのを，黙って認めるしかなかったのである。

松田は意気消沈して，ドニントンパークからフランスホンダのギュー監督に，この一件を報告した。ところがギュー監督の反応は，松田の想像に反し，いかにも落ち着いていた。イタリア人のオリオリがナンバーワンの座につくのは，フランス人として内心やはりおもしろくなかったのかもしれないが，それにしてもナショナリティの問題は難しいものがあるのだった。

結局ライダーの布陣は，オリオリが抜けて，ラレイをナンバーワンにモラレス，マニアルディー，ドーレスの4人体制となった。ドーレスは，新プロジェクトの担当となってNXRに乗れなくなったシャリエの，後釜的存在のサポートライダーである。全員がフランス人ということで，フランスホンダのチーム体制としては，あるべき姿におさまったともいえた。

●オブジェ・ダカール

NXRのライダーのポストを振って，シャリエが熱心に進めていたプロジェクトは『オブジェ・ダカール』といった。NXRによる総合優勝を目指してのレース参戦活動とは別に，プライベートに門戸を開こうというのである。

このプロジェクトは，過去に例がないほどの大規模なものだった。マシンは，’89年9月に発表となったアフリカツインを使う。その数，なんと50台。プライベートライダー50人による，巨大なチームを結成するわけである。ラリー用のビッグタンクや諸々の装備は，朝霞研究所で製作を受け持つことになった。参加クラスは，すべて市販車無改造で争われるマラソンクラスだ。

50人のライダーは，フランスホンダがフランスの各ディーラーに募集して，最終的には選考会によって決定した。パリダカにエントリーする2輪ライダーの総数が150人弱だから，⅓がプロジェクトのメンバーで占められることになる。募集に応じてきたライダーは，定員をはるかに越え，500名にも及んだ。

もちろん，フランスホンダとしてはあくまでプライベートのお手伝いをするのが目的だから，怪我とマシン代は自分持ち。チームは，パーツのサポートと，プロジェクトのプロモーションの面で，参戦計画を手伝うということである。この大計画の総責任者に，

1989年パリダカに大挙出場したホンダのアフリカツイン。車検場にて。

フランソワ・シャリエがなった。NXRを優勝させる側からすれば，彼がサポートライダーを外れるのは，大きな痛手だ。しかしシャリエは，このプロジェクトに自分の情熱を傾けているので，NXRのサポートには，ドーレスが任命されたのだった。

50人のライダーは（実際には，そのうちの１台はイタリーホンダから推薦のライダーにわたり，フランスホンダ49台，イタリーホンダ１台の布陣となった），パリダカ参戦に先がけて，マシンとパーツをわたされて，整備やライディングの実習を行い，そのうえでいざ実戦に参加した。

結果をいえば，マラソンクラスで１，２位を独占し，完走18台，プロジェクトは大成功といってよかった。しかし，50人ものライダーを，しかもパリダカで面倒をみるというのは，最初から覚悟はしていたものの，やはりたいへんなことだったようだ。チェコスロバキアのトラックメーカー，リアズの協力を得て，ワークス並の大きなトラックがサポートにつき，メカニックは飛行機で移動する体制は素晴らしかった。しかし，ライダーたちはキャンプ地に着けば疲れきっていて，結局かなりの部分をフランスホンダのメカニックたちが面倒をみることになったようだった。このメカニックたちは，NXRのチームのようにレースが本業のメカニックではなく，普段は市販車の整備を行っている連中で，彼らとしてもパリダカでメカニックをすることのギャップは，小さくなかったはずである。

スタート直後は，オブジェ・ダカールのキャンプは，毎晩徹夜の整備が続いていて，NXRチームに同行した酒井も，様子を窺いにいったりしていた。しかし，酒井が顔を出した瞬間に，ライダーやメカニックからは矢のように質問が飛んでくる。アフリカツインに関しては，HRCはデータの提供や助言こそしたが，実際の作業にはタッチしていない。だから酒井としても，知っていることなら教えられるが，知らないことの方が多い。

シャリエがオーガナイズした「オブジェ・ダカール」のキャンプ風景。ラリー中盤をすぎて，50台出場したアフリカツインの数も減っている。

いいかげんなことを教えるわけにもいかず，なにも教えてあげられないのが辛くて，酒井の足は，自然とオブジェ・ダカールのキャンプを避けて通るようになってしまっていた。

それでも後半に入って，リタイアした者が出た分，生き残ったライダーの面倒を重点的にみられるようになると，チームの雰囲気は大分落ち着いてきたようだった。10台も着けば上等なんじゃないかと考えていた酒井以下にしてみれば，プロジェクトの成績の優秀さには〝恐れ入りました〟という心境だった。

フランスホンダでは，このシステムに大きな手応えを感じたようだった。巷の噂では，ソノート・ヤマハあたりでも，並列２気筒の〝スーパーテネレ〟を使って同じような体制を考えているようだし，スズキでも市販のDRZを使って，同様のプロジェクトを始めているようで，今後のパリダカでは，プライベートへのサポートが，メーカーのパリダカ参加の，ひとつの主流となるかもしれないと，松田は密かに考えていた。ここ数年，完走率ゼロの日本人参加者も，こういうシステムでの参戦を行えば，あるいは完走の望みがあるかもしれない。しかしそれでも，砂漠慣れの問題や言葉の問題，あるいは国民性のギャップなど，克服しなければいけない諸問題は，結局自分たちで処理しなければならず，日本人のパリダカ挑戦はやはり難しいものだという結論に達するのだった。

●'89年型

'89年型は，基本的には完成の域に達した'88年型を，そのまま熟成させる方向で準備に入った。とにかく作ってみました，の１年め，きちんと作り直した２年め，ナビゲーションシステムその他，パリダカ独特の装備もHRC製となって完成した３年め，そして熟

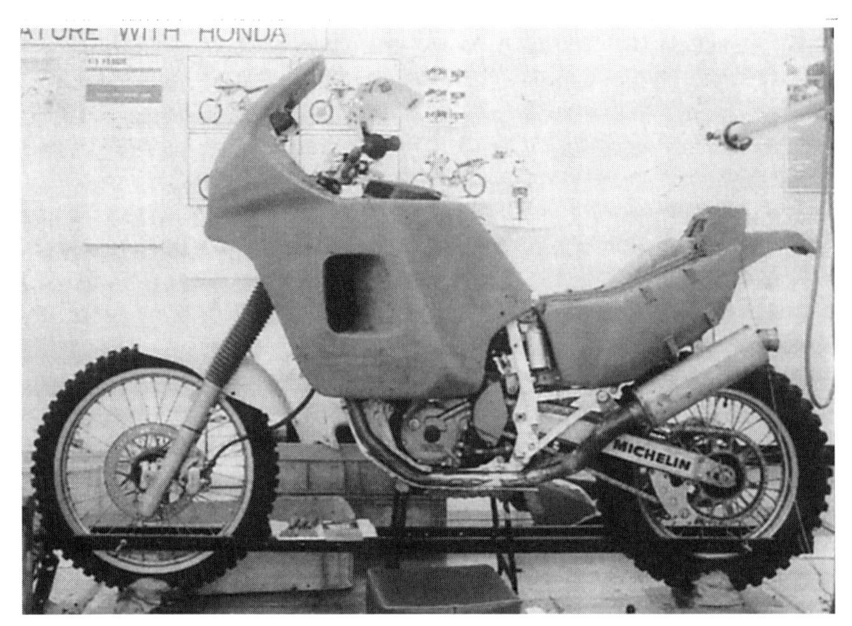

製作中の1989年型NXR。タンクの形状を決めるためのクレーモデル。

成の4年めと，順序立てて並べると，こういうことになる。

もっとも一時は，大幅な重量軽減を目標に，全面設計変更を考えたりもした。オリオリの要望による，モトクロス的運動性の向上が，その目的である。だがすでに3連勝して，今度のレースに4連勝めがかかっていると思うと，大幅変更をして勝てなかった時の具合の悪さを考えると肩の荷が重く，実績のある'88年型の熟成モデルとして，開発が始められたのだった。

具体的には，'88年型で不評だった19インチホイールの操安改良，フレーム各部の剛性アップ，ライディングポジションの改良，ナビゲーションシステムの使い勝手の向上などが，'89年型開発のテーマである。

ナビシステムは，'88年型の時にいろいろな研究をして，HRCとしても一応の納得ができるものが仕上がってはいた。ところが，これをまたライダーの評価に照らし合わせると，製作側と使う側とでは，いくつかの解釈の違いが浮かび上がってきた。

'88年型ナビシステムを作った時には〝とにかくコンパスは正確でなければ困る，正確で，見やすいコンパスが欲しい〟との要望があった。そこで，地球の偏磁気や取り付け方法の検討，デジタルコンパスの開発など，できることは最大限にやって，理想のナビシステムを作り上げたという自負があった。

1989年型NXR。19インチホイールの操安性の向上，フレームの剛性アップ，ライディングポジションの向上などが1989年型開発のテーマであった。

ところがライダーの評価はこれでもまだ不満だった。もちろん，'88年型以前のものに比べれば，見やすさ，正確さ，使いやすさ，すべてにわたってすぐれている。しかしまだ足りないというのだ。そこでナビシステムの実際についてライダーと話をしたところが，いろいろと細かい誤解があったことが判明してきた。

まず，あれほど正確で見やすいものをと要求するコンパスを，ライダーたちは四六時中見ているわけではないということだ。当初の要求から，HRCではコンパスこそ針路決定の要と解釈していたのだが，通常は遠くの山や地形，クルマの走ったわだちなどを追って走ることが多いという。コンパスはその際の補佐役で，どちらか迷った時に見る程度とのことなのだ。本当にコンパスで針路を決定するのは，テネレ砂漠のなにもないところと，ブッシュの中を縦横無尽にわだちがある，ギニアの奥地くらいのものだそうだ。初めてのパリダカ視察の時，ラレイとバクーが行方不明になった。その原因が，コンパスを5度か10度見誤ったということだったので，コンパスとルート決定の関係を重く見すぎたきらいもあった。とどのつまり，新開発のデジタルコンパスは，現状のままの精度で充分，マシンのバンク角や路面の上り下りによる誤差は，ほとんど問題にならないということになった。コンパスをよく見るテネレは平坦なので，マシンの傾きを気にする必要はほとんどないし，テネレでなくても，1度単位で方角を定めなければいけない状況に直面した時はマシンから降りて，携行している別のコンパスで，じっくり方角を確かめればよく，また実際にそうしているという。

方角の決め方の実際を，ライダーたちにじっくりと聞いたところ，次の4項目が浮かび上がった。

1)道があればコンパスは見ない。

2)コーナリング中など，バンク中はコンパスは見ない。

3)道がなくても，木や山があれば，それを目標としてコンパスは見ない。

4)Y字などでは，いったん止まってどちらに行くか考える。

結局，ライダーたちが求めていたのは，コンパスそのものの精度ではなく，トータルでの使いやすさだった。ラリー中にもっとも確認しなければいけないのは，マップケースに収められたルートマップが示す距離と，マシンのトリップメーターが示す距離である。双方が，ピタリと同じ数値を示していればいいが，違う場合には，誤差を修正しなければならない。だから，マップとトリップメーターは常に見比べる必要がある。そのため，マップとトリップメーターをすぐ横に並べ，双方の距離の比較をしやすいような配慮をした。これは'88年型から採用していることだが，さらに'89年型では，トリップメーターのすぐ下にコンパスを設け，針路の確認もなるべく視線が動かないようにした。コンパスの移動に伴い，ヘッディング機構もマップの横に移動した。ヘッディング数値入力を左手元で行うのは'88年型と同様だが，'89年型では進むべき針路は三角(◁▷)で表示されるので，人間の感覚により自然なものとなっている。考えるべきポイントを減らしていけば，ミスをする確率も減っていくのである。

操安性の懸案となった19インチフロントホイールは，天竜川で煮詰めたセッティングが，乾いた砂漠の砂の上でも有効かどうかが，焦点となる。日本の砂浜は，たっぷり水気を含んでいるから，砂質は重たい。サラサラに乾いて，しかもひと粒がキナコのように細かい砂漠の砂とでは，操安性に若干の違いが出ることも考えられたのである。

増田の感触では，日本の重たい砂の方が，ねっとりこびりつく感じで，最高速も出ないし操安も重たく感じることが多い。スネーキングの発生も，日本の砂の方が大きく出

ラリーのナビゲーションに最も必要なのは，トリップメーターだ。'89年型では、トリップメーターはマップケースの左側に配された。マップの左端には，ライダーが最も必要とする情報である，目標物までの距離が記されている。マップとトリップメーターとを見比べる時，視線の移動は最小限で済むわけだ。トリップメーターの下にはデジタルコンパス。ヘッディング機構は'88年型よりさらに洗練されて，左右の指示が三角矢印表示となった。スピードメーターやタコメーターなど，常時見る必要のないものが，マップケース下のメーターボディに収められている。

る。しかし，だからといって，重たい砂でマシンを完成させれば乾いた砂ではすべてOKかというと，そんなことはない。その現場その現場で，理想のマシンは少しずつ違う。だからマシン作りは難しい。設計室にどんなにデータが集まっていても，現場で走らせないマシンは，完成には至らないのだ。

オリオリの要望に端を発した，運動性向上で，各部の耐久性もより高める必要が出てきた。スイングアームピボット部のベアリングはサイズが上げられた。フレームも，骨格形状は変わらないものの，肉厚が一部厚くなり，補強パイプも増やされた。'88年型以前のマシンに比べて，少々手荒なライディングをしても大丈夫，という方向だ。

こういう対策は，当然重量増にもつながる。そこで軽量化も，再々度見つめなおした。ふつう4年めのマシンの軽量化は，部品1個1個のコンマ何g単位で重量切り詰めや，小さなボルトの1本までチタンを使うなどの，細かい作業が中心となる。しかしNXRには，もう少し大きな単位での軽量化の余地が残されていた。まず，リアフェンダーに乗っていた革の工具箱を外した。工具箱は，スキッドプレートに設けられたものだけで事実上充分で，箱があればあるだけ持っていってしまう心理から，重量増は箱ひとつ分にとどまらない。箱そのものもkg単位の代物だし，箱を固定するため，裏側にはアルミの板を渡してある。こういうものを全部とれば，5kg近い軽量化は，すぐに可能だ。

しかしNXRには，4年間の車両重量を比較できるデータがない。HRCの資料になるのは，フランスホンダに発送する時の乾燥重量だが，'86年型では工具箱もマップケースもついていない，いわば一番軽い仕様である。これが'89年型になると，工具箱も非常発信機ケースも，水タンクもナビゲーションシステムも装備している。条件は同じではない。

たとえば'86年型の乾燥重量は180kgほどだった。が，この重さのままでは走れない。工具箱，水タンクを追加，マップケースやコンパスで，合わせて3～5kgほどの追加になる。そしてまず60ℓ近いガソリンを入れる。これが50kg弱。水は3～5ℓで3～5kgだ。工具類はやはり5kgほどになるだろうか。全部で250kgを超える重量級となる。4年間，軽量化に努力し続けてはいたが，実走段階で200kgを割ったことだけは，少なくともなかったはずである。

●チュニジア現適

すでに4年めともなると，開発手順も大分こなれてきており，やるべきことをテキパキとこなして，アルジェリアの現適テストは予定通り，9月15日から23日にわたって行われた。ところが，これがそのまま予定通りに進まないのがアフリカのすごいところで，これぱかりは4年めといえどもちっとも慣れることがない。アフリカのベテランとなりつつあるHRCスタッフたちも，その度に新たなスリルを味わっているのであった。

チュニジアに向かう。いかにもこれから砂漠へ行ってきますという外観の飛行機だ……。

今回の〝アフリカ〟は，飛行機に端を発した。フランスホンダが，チャーター料金が安いと，大喜びで借りてきた飛行機が，まったくとんでもない代物だった。なんでも，ヌブーとの大接戦の末に両足を骨折したオリオールが，ケガの回復後，世界1周飛行にでかけた，その飛行機だとかで，エルフ(elf)カラーに塗られて一見は華やかだ。それでも広い飛行場に置かれると，1機だけ時代を誤ったような印象を受けてしまうのだった。

素晴らしいのは，内装の内貼りがないことだった。軽量化のためだろうが，内装がないから，空の冷気をダイレクトに室内に伝えてくれる。この機に，マシンやパーツやタイヤやムースをつめこんだところ，ヒーターが荷物に埋まって，なんの暖房設備もない，最悪の事態になってしまった。9月だから，フランスもアフリカも寒くはないが，問題は空の上である。飛び立てば，とにかく寒くてどうしようもない。

そんな飛行機でも，目的地まで無事に着ければまだ問題がない。しかし再度，アルジェリアの着陸許可がなかなかおりなかった。飛行機そのもののせいではなく，アルジェリアの政情の問題である。この頃，アルジェリアの政情は，徐々に混乱をきわめつつあった。アルジェリアのサハラ砂漠通過が恒例のパリダカも，ルートの変更が検討されていた。

この頃伝えられていたのは，アルジェリア問題をなんとかして，いつもの通りにアルジェリアを通過する説，アルジェリアを東に避けて，モロッコからモーリタニア，マリ方面に新たなルートをとる説，そして3つめは，アルジェリアの西，チュニジアからアフリカ大陸に上陸して，リビアを経由してニジェールのテネレ砂漠へ抜けるルートである。チュニジアとモロッコはともかく，リビアを通るのは，いかにも危険な感じがするし，そのルートの実現はないだろう，とすればモロッコルートが現実性が高い。と当時はささやかれていたのである。

チュニジアの現適風景。アルジェリアの国境近くでコース状況もバラエティに富み，テストコースとして適している。

着陸許可がおりないまま，出発の日が来てしまった。'87年には，アルジェリアの動向を見守るうち，砂漠のテストがボツになった苦い経験がある。何度も待ちぼうけを喰うわけにはいかない。そこで現適は，急遽チュニジアに舞台を移して行われることになった。

チュニジアは，イタリーホンダのセッティングでも訪れているし，入国その他はかなり簡単だ。現場に選ばれたのは，前年のイタリーホンダと同じく，やはりネフタだった。チュニスの南南西500km，アルジェリアとの国境にごく近いここは，コース状況も比較的バラエティに富み，テスト現場としては都合がいいのだった。

後に，パリダカのコース自体も，まさかと思われていたチュニジアーリビアルートを選んだから，チュニジアの現適は，結果オーライなのかもしれなかった。もちろん，震えながら年代物飛行機でチュニジアに向かう現適チーム一行は，チュニジアーリビアを'89年に走ることになろうとは，露ほども知らなかった。

テストには，すでにパリダカのベテランとなった酒井と堀井に，河合範明が加わった。河合は，いつもテストに参加している増田の交代要員である。増田が，モトクロスの開発で忙しくなったため，初の砂漠行きが決定したのだった。河合は，これが初めての海外出張だった。初めての海外旅行が砂漠とあって，現場に立った河合は相当のショックを受けたようだったが，HRCには悪い先輩がたくさんいて，アフリカは怖いぞ，砂漠で迷子になったら死ぬぞ，病気を持って帰るなよ，とさんざん忠告を受けていたので，どちらかというと出発前の方がより緊張したようだ。

ライダーは4名。'89年の実戦に参戦する，ラレイ，モラレス，マニアルディー，ドーレスである。彼らの'89年型に対する評価は，一様に高かった。あいにくと，ネフタ周辺

現適での楽しい食事風景。メニューはパン2個，ゆで卵1個，小さなトマト1個，生ハム1枚，鳥肉1切れ，チーズ。ときにはフルーツがつくが，メニューが毎日同じなのがタマにキズ。

にはテネレのような深いソフトサンドはなかったのだが，砂漠と悪路を計3000kmほど走行した結果の評価である。19インチと21インチを併用するアライメントも，天竜川での苦労がむくわれ，その仕様でOKとなった。

本来，オリオリの要望に基づいて進められた運動性の向上は，当の本人がいなくなってしまったが，他のライダーたちにも印象はよかったようだ。毎年必ず改善を続けてきたライディングポジションは，'89年型で初めてタンクデザインを大幅変更することによって，かなり楽になった。タンクは，あらゆる隙間を見つけて内側に容量を増やし，ライダーに干渉する外側は，可能な限り平滑にした。

今までは，重心を低くするため，ガソリンは低いところに積む方針だったが，'89年型ではその方針を多少犠牲にして，上側にも容量を確保した。がんばりすぎて，ライディングポジションに自由度を増したうえに，現適仕様のタンク容量は63ℓにもなっていた。さすがにこんな大容量はいらないと言われて，実戦車では容量的にはもとの59ℓに戻された。

初めてNXRに乗るマニアルディーとドーレスは，比較に持っていった'88年型よりも'89年型の方が明らかに乗りやすいと報告してきた。慣れていないライダーが乗りやすければ，本当に乗りやすくていいマシンだといえる。もちろん，熟成の進んだナビシステムの評価も高かった。'89年型は，ようやくあらゆる点で満足のいく完成度といっていい状態に仕上がっていた。

●ファラオラリー

ラレイがアトラスラリーに出場した'88年は，NXRがパリダカ以外のラリーに出場した，唯一の年となった。マニアルディーによる，ファラオラリー参戦がそれだ。

ファラオラリーは，エジプト国内を１周する砂漠のラリーで，パリダカよりも規模はやや小さめ，フランスやイタリアでの知名度はそこそこ，というラリーである。プライベートに人気が高いと同時に，ワークスチームがパリダカ参戦の事前テストを兼ねて出場することも多かった。主催者のフヌィユは，第１回パリダカの頃からティエリー・サビーヌのサポートをし，'85年まではBMWでパリダカに参加し，'87年には篠塚建次郎のナビゲーターを務めた，砂漠のラリーの大ベテランである。

'86年型を開発していた当時には，早めに現適テストを終えて，ファラオラリーに参戦する予定があった。できたてのマシンをいきなり本番のパリダカに投入するより，ファラオで様子を窺っておくのは，ワークスチームの参戦計画として，ごく自然の成り行きだったかもしれない。

しかしファラオ参戦は，１度も実現していない。'85年のファラオラリーの時期には，マシンが完成していなかったのだから，いたしかたない。'86年以降は，参戦のチャンスはあったように思われるが，これも'88年まで実現には至っていない。

フランスホンダとしては，プロモーション効果もあって，ファラオラリー参戦には積極的だった。加えて'87年には，主催者のフヌィユが直々にHRCにやって来て，出場要請をしていったこともあって，松田の心もおおいに動かされたものだった。

これを阻んでいたのは，実は台所事情である。ソロバンをはじいてみたところによると，ファラオラリーに１回出るのには，パリダカに出る半分ほどの費用がかかることが判明した。テスト価値もわかるし，プロモーション効果も理解できるのだが，背に腹は変えられない，というわけである。

ところが，'88年は事情が違った。ヌブーもオリオリもいなくなって，エース格はラレイひとり。いつも抜群のサポート役を発揮するシャリエも，今回はアフリカツインのプライベート集団『オブジェ・ダカール』を率いていて，NXRには関与できない。選ばれたライダーは，フランス国内のエンデューロレースなどでは好成績を収めているものの，NXRとの相性は未知数である。そこで，ライダーの適性検査を兼ねて，さらには『オブジェ・ダカール』に使うアフリカツインの性能確認の先行テストをも兼ねて，ファラオに出場することになったのだった。

マシンは，アトラスで使った'88年型NXR-LIGHTを，再度ノーマルのNXRに戻し，これにマニアルディーが乗った。アフリカツインには，サポート候補生のドーレスが乗る。ドーレスにNXRが回らないのは，アフリカツインの先行テストの意味と，すでに'88年型のパーツが底をついて，マシンを１台しか調達できなかったからである。日本からの手伝い部隊はなし，フランスホンダとしても，サポート隊の派遣はせず，２人はライダー兼メカニックの，ほとんどプライベート体制での参加だった。

結果，マニアルディーは初日６位，３日め２位と，徐々に成績を上げてきた４日め，転倒で背中を強打してしまいリタイアした。走りっぷりは優勝も期待できるものだっただけに，惜しまれるリタイアではある。ドーレスは，ノーマルのエンジンで淡々とラリーを消化し，総合13位で完走。マラソンクラスのクラス優勝を果たす堂々の結果だった。

この結果から，両ライダーにはパリダカを戦う戦闘力はあると判断，本番に向けてより一層のトレーニングに励んでもらうよう伝えて，適性検査としてのファラオラリーは幕を閉じたのだった。

●ロスマンズ再び

4年めのパリダカ参戦にあたって，またまたスポンサーが変わった。前年フランスホンダをスポンサードしたリークーパーが，スポンサーをおりたい，と言ってきたのである。リークーパーは，フランスのアパレル関係のメーカーだが，この頃ヨーロッパでは，アパレル業界は景気が悪化してきており，その余波をくってのスポンサー辞退だったようである。

例年は，ここでまたひと悶着があるのだが，今度ばかりは比較的スムーズだった。フランスホンダではロードレースグランプリの250ccに，ドミニク・サロンをライダーに参戦を続けていた。この活動はロスマンズのスポンサードのもとに行っていたが，'89年は，ドミニクが500ccにステップアップすると共にチームを移り，フランスホンダとしてはロードレースの活動を一時中断するかっこうになった。そこでロスマンズの，この分の予算が浮いて，パリダカのスポンサーとして復帰することが可能になったのである。

カラーリングは'86年の時とはやや異なるが，これも足かけ4年の歳月の表れといったところなのだろう。

●第11回パリーチュニスーダカール

11回の歴史中，'89年のパリダカは，アルジェリアを通らない初めてのパリダカとなった。ルートの差はあれ，アルジェからサハラ砂漠を南下してニジェールに入るパターンに，初めて変化が生じたのだ。

新たなルートは，チュニジアからリビアに入って，リビアからテネレ砂漠経由でニジェール入りする，現実性が薄いと思われていた線で決定した。チュニジアはテストで来たことはあるが，リビアはNXRにとって初めての土地だ。いや，パリダカ参加者のほとんどが，リビアを訪れるのは初めてのはずだった。

恒例となった日本からの派遣は，これがパリダカ3回めの酒井が行くことになった。

最初のテネレでの現適から数えると，酒井がアフリカ大陸に渡るのはこれが6回め，もうすっかりアフリカのベテランだ。

しかしその酒井とて，初めてのリビアはおおいに不安だった。日本でのリビアのうわさは良くないもので，〝カダフィー大佐は，問答無用で武力行使をするわからずや的印象があるし，リビアに入れば，無事に帰ってこられないのではないか〞。ふつうの人がふつうにする心配を，やはり酒井もしていたのだ。いつも，パリダカ出張は例年は2人だが，今回に限ってはひとりである。リビア入国の不安と闘うのも，たったひとりだ。出張を前にした酒井は，けっこう神経質になっていた。

ここに，救世主が現れた。リビアの日本大使館に，田中大使という方がいて，その田

1989年はサポートトラックがひと回り大きくなった。たくさんのパーツが積めるが，それだけにきちんと積まなくては効率の良いサービスができない。

実戦を前にして用意されたビムースの山。荷物の仕分けでラリー前の準備も大変だ。

中大使の甥にあたる男が，なんとHRCに勤務していたのである。彼を通じ，早速リビアの政情や治安など，酒井の不安材料を田中大使に教えてもらうことになった。その結果，リビアは内部的にはきわめて治安がよく，正規に入国した時にはまったく安心して大丈夫である，との返答をいただき，これで酒井も安心して出張にでかけられることになったのである。

それまで，リビアの話はチュニジアやエジプトの隣国を通して聞くことが多く，実際以上に危険な意識を持ってしまっていたのだが，こういう誤解を解くには，関係の近い人間から太鼓判を押してもらうのが，やはり一番のようである。

実際に，酒井の出発前の不安は，完全に杞憂だった。パリダカで通過したリビアは，カダフィ大佐の写真があちらこちらに飾られていて，その点では独特の雰囲気を感じたものの，パリダカエントラントにはカダフィからの贈呈としてガソリンがタダで支給される，驚くべきサービスがあった。その他諸々，カダフィのプロモーションに染められたパリダカ一行のリビア通過は，なかなか御機嫌なものだったようだ。

'89年パリダカは，正確には'88年12月26日にスタートした。いつもはスタート前に行うプロローグを，この年はスタート後のバルセロナ（スペイン）で行い，ここから船でチュニジアに向かった。プロローグは，いつもはグショグショのマディコースだが，スペインとあってドライのラフコース。ラレイはトップに遅れること1分21秒で，順位こそ31位と低迷しているが，例によってこの程度の差は大勢に影響がない。

アフリカ大陸に入ってからの戦略も，例年通り。チュニジアでの最初のSS（これまでスペシャルと呼んでいた競技区間は，FIAの通達によって，セレクティブ・セクターと呼ばれることになった）は5分遅れの4位，翌30日のリビアのSSでは24分遅れの6位，さらに大晦日のリビアのSSで7分遅れの2位となったラレイは，この時点で総合2位の座を確

パリを出発し，バルセロナに到着したフランスホンダのラレイ（右）とマニアルディー。

ラリーの序盤，ガダメスのキャンプを出発するNXR勢。北アフリカのこのあたりは気温も低く，樹脂パーツの折損が多かった。

保していたのだった。

燃料補給の手違いからキャンセルになった元旦のSSをはさんで(もしキャンセルになっていなければ，ヤマハに移籍したヌブーがこの大会唯一回のトップをとっていたはずだった)，1月2日には，イタリーヤマハ・ベルガルダのピコがトップに躍り出た。ラレイは転倒して，約1時間の遅れとなったが，総合ではピコとの差53分の2位をキープしている。翌日，今度はピコが転倒し，ラレイがSSでトップになった。ピコとの差を43分49秒縮めて，総合成績ではトップのピコにわずか9分差。'87年のヌブーvs.オリオールの再現のようなバトルが始まったのだった。

ラレイがトップに出たのは，アガデスの休日を過ぎた，トンボクトゥーバマコだった。ピコは，それでもラレイに遅れること8分で総合2位につけ，まだまだ結果は見えない。モラレスが3位にいてピコを追うが，勝負は2人だけの間で繰り広げられていた。

ラレイに最大の危機が訪れたのは1月11日。ラベータンバクンダのタイトなブッシュ地帯のＳＳだった。なにもないテネレ砂漠では，方角間違いからコースをミスするが，ブッシュ地帯では1本の木を，右から避けるか左から避けるかの差で，その後のルートを変えてしまう恐ろしさをもっている。この罠に，ラレイもはまった。しかも，発見に手間取った。ラレイがミスコースに気がついたのは，ギニアと隣接するビソとの国境にまで来てからだった。往復120kmの回り道となった。

これでラレイは焦った。遅れを取り戻そうと，必死で走った結果が，転倒だった。ブッシュ地帯では，雨期にできた川の名残りが，大きなクレバスとなっている(フランス語でワディ。ワジという発音は，日本語にも聞こえる)。ラレイはこのクレバスに，思いきり突っこんだ。幸いラレイの身体は無事だった。しかし，トップの座をピコに奪われ，

ラレイ最大のピンチ。120kmにわたるミスコースとクレバスに落ちる大転倒で大きなタイムロス。ラジエターキャップは吹き飛び，水は半分ほどに減っていた。リアタンクにもクラックが入っていた。フロントタンクも傷ついたがクラックはなかった。

さらに決定的な差をつけられた，とラレイは確信した。ラレイは自らの不運と犯した失敗の大きさを嘆きながら，ボロボロになったマシンをキャンプに運んだ。転倒のショックでラジエターキャップを飛ばしてしまったのは，どうやら気がつかないままだったようだ。

ラジエターキャップから，水はどんどん蒸発して逃げていく。しかし不幸中の幸いで，水がなくなって，エンジントラブルを併発することは避けられた。キャンプに帰りついたラライ車は，ラジエター全容量の半分にあたる１ℓの水を失っていたが，それでもエンジンには，変調はなかった。

それにもまして，ラレイは幸運だった。ラレイはこの日，トップのテルッツィ（この年はカジバでの参戦だった）に遅れること１時間４分だった。しかも，トップを争うピコは，ラレイと同じくミスコースでタイムを大幅にロスしていた。ルートブックそのものに，決定的な間違いがあったのだ。1日が終わってみれば，その差40分で，あいかわらずラレイがトップだったのだ。

すでに残すところたったの2日。2日で40分差は充分な安全圏内だ。さらにピコの背後には，モラレスが3分差に迫っている。ラレイの優勝どころか，モラレスとのワンツーさえ可能な勢いだ。翌12日，モラレスはSS4位と健闘したが，ピコも6位と踏ん張る。その差は1分半。最終日にわずかな期待がかけられたが，あと少し届かず。1分12秒差で，モラレスは3位に甘んじることになった。しかし，ラレイとピコとは35分差。ラレイの優勝が決まった。これまでパリダカ最多優勝記録の保持者ヌブーの影に隠れ，またヌブーがリタイアした'88年にはオリオリに優勝をさらわれるという，比較的不運につきまとわれていたラレイは，パリダカ5度めの挑戦にしての初優勝だった。そしてこの勝利は同時に，NXRの4連勝となるのだった。

'88年のオリオリと'89年のラレイに対して，2年続けてホンダ勢の直接のライバルとなったのは，ピコだった。ピコは，彼もまた運に見放されたようなライダーだ。オリオリとの勝負では，オリオリが転倒して負傷した翌日にはスペシャルステージがキャンセルとなり，オリオリにはつかのまの回復の時間が与えられた。その後首位が逆転して，ピコが再度逆転を狙った日には，スペシャルステージはキャンセルとなった。

'89年も，ピコの不運は続いているようだった。ラレイが転倒すると，なぜかピコも転倒した。ラレイがミスコースして遅れをとれば，やはりピコもミスコースした。1度できた両者の差は，ラレイの幾度かのロスタイムにも関わらず，そのままダカールまで持ちこまれたのである。

4年めにして，松田はパリダカについてこう考えている。パリダカに勝つために必要

タゥアのキャンプにて。ラリーの後半のここまでフランスホンダの全車が揃って来たのは4年間のNXR出場で初めてのことだった。

タウアのキャンプでの作業。メカニックは泥にまみれて仕事をしなくてはならない。ただ今，溶接作業中。

ミスコースや転倒でタイムロスがあったが，幸運にも助けられてパリダカ初優勝を飾ったラレイ。NXR はこれで 4 連勝。

な要素は 4 つある。マシン，ライダー，運，そしてサポート。合わせて100%。ひとつの要素は，それぞれ均等に25%ずつの重要性を持っている――。

HRCが関与したのは，マシン面である。これは客観的に，他社マシンよりもわずかにリードしていたと判断できる。少なくとも，ヤマハ，スズキが，単気筒のワークスマシンを投入する以前は，NXRに勝るポテンシャルを持ったマシンは存在しなかった。'87年には，ユベール・オリオールのカジバが，ヌブーの 2 連勝をもう一歩で阻むところだった。しかしあの時のカジバは，マシンの高性能ゆえにヌブーに肉薄したのではなく，オリオール自身の気迫と集中力に支えられていたのではなかったか，と松田は回想する。

ライダーは，ほとんどどこのチームもとんとん，といっていいだろう。個々のライダーを詳しく分析すれば，スピードや落ち着き，メカの知識や体力，判断力などで，それぞれ評価点をつけることもできる。しかしトータルで見れば，どのライダーも一様に優秀な人材だ。

運。これは，NXRにおおいに味方した。'86年こそ，ジャン・ミッシェル・バロンの不幸な事故もあったが，'87年にオリオールがトップを走りながら転倒負傷したこと，'88年にはフランスホンダとイタリーホンダの協力体制の下，ほとんど全員が迷いに迷ったチェックポイントを，オリオリだけが通過して逆転に成功した。'89年にもまた，ピコの追い上げがどたんばで届かず，ラレイの何度かのミスが帳消しになっていた。'88年，'89年の2年間は，NXRがピコのヤマハYZEに比べて圧倒的に勝っている部分はなく，この勝負は運の強い者の勝ち，というところだったのである。

最後はサポートだ。フランスホンダのサポート体制は，けっして悪くはなかったが，

1988年から出場のヤマハYZE。NXRの最大のライバルとなった水冷単気筒750cc。これは1988年型ツインプラグ仕様。

ポテンシャルをあげてきた1989年型スズキDRZ。ライダー間でけっこう乗りくらべをしているらしく，それによると操縦性の評価が高いマシンのようだった。

とはいえ最高のものではなかった。'89年には，ベンツの6輪のトラックを走らせたが，それ以前は比較的小型の4輪のウニモグがすべてのパーツを運んでいた。松田が見る限り，パリダカではソノート・ヤマハのサポートが，最も優れているようだった。ただし，チームワークや個々のメカニックの働きはともかく，大きなトラックやプロトタイプのやけに速いクイックアシスタンスを用意するなど，同じサポート体制を敷くだけの，その費用の大きさを考えると，松田は思わず震えてしまうのだった。

ともあれ，NXRは開発当時の優勝マシンBMWを直接の目標に作り上げられた。その後，パリダカに出場するマシンの傾向は徐々に変化を遂げて，BMWが上位に来ることはなくなった。変わって，ヤマハYZE，スズキDRZが，NXRの牙城を崩すべく，ぐんぐんとポテンシャルを上げてきた。この2車は，NXRがデビューした後に登場してきたマシンであり，性能目標にはNXRが念頭に置かれたはずだ。かつて，NXRの開発でBMWをじっと観察してきたように，ヤマハ，スズキの開発スタッフは，NXRの長所短所を，じっくり吟味しているはずだ。NXRの4連勝はそうした背景の中で砂漠に打ち立てた，偉大な金字塔といっていいだろう。

●夢のような

第11回パリダカが終わった。例年ならばごほうびに勝者を日本を招くところだが，この年はそれはしなかった。だから，ラレイは4年間のパリダカ参戦を通じて，日本に来たことは1回もない。

恒例の，雑誌社向け試乗会はこの年も行ったが，オリオリが来た'88年の時に比べ，皆

タマンラセット東部の山岳地帯。
3000m級の険しい山々が続く。

上空から見るサハラ砂漠。前方に黒く見える場所はオアシスのようだ。

一様に淡々と乗っている様子が，松田の印象に残っている。'86年や'87年の試乗では，ワークスのパリダカマシンがどんなものか，皆が皆，興味津々だった。オフロードバイクという概念からすれば，パリダカマシンと接したのはある種のカルチャーショックかもしれなかった。それが数年たって，パリダカが大きなショックではなくなった。その変化が，淡々と試乗をこなすライディングに表れたのではないかと，松田は思う。いわば，醒めた乗り方である。

NXRの参戦したパリダカは，日本の２輪界からすれば，いわば第１世代のパリダカといえる。これからは，アフリカツインの『オブジェ・ダカール』や，メーカーや現地ディーラーなどが援助してのプライベート参加が増えてくるのではないだろうか。それが，パリダカの第２世代となるはずだ，と松田は思った。

松田は，夢のようなことを考えることがあった。もしも，お金がたくさんあったら，トラックのハンドルを握ってパリダカに行きたい。どうせなら，日本人ライダーのためのパーツを荷台に満載して，『オブジェ・ダカール』の日本チームを率いていくのも悪くない。その時は，ライダーには増田を筆頭に選ばなければならない。そうすれば，日本人でも完走者が出るだろう。そうそう，トラックの荷台には，忘れずに積んでいかなければならないものがある。ミソ汁にお米。パリダカはお正月に行われるから，お餅にお屠蘇も忘れてはいけない。

そんな夢物語を考えた晩，松田は満天の空の下，砂漠で寝袋を広げて寝ている夢を見るのである。

資料編　整備記録

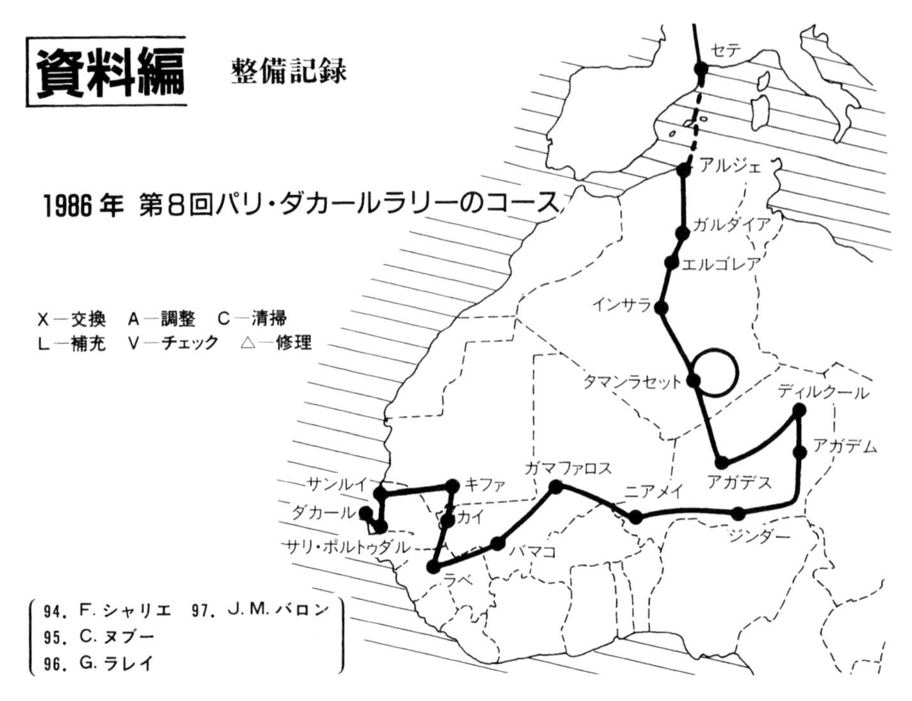

	月　日	12/30				1/1				1/3				1/4				1/5				1/6				1/7			
	区　間	プロローグ				パリ→セテ				アルジェ→ガルダイア				ガルダイア→エルゴレア				エルゴレア→インサラ				インサラ→タマンラセット				タマンラセット→タマンラセット			
	区間距離／積算距離					1000／1000				660／1660				580／2240				550／2790				640／3430				370／3800			
	車　番	94	95	96	97	94	95	96	97	94	95	96	97	94	95	96	97	94	95	96	97	94	95	96	97	94	95	96	97
1	エンジンオイル									X	X	X	X													X	X	X	X
2	オイルフィルター																												
3	ラジエター水																												
4	プラグ									X	X	X	X																
5	ドライブスプロケット																									X		X	X
6	カムチェーン																												
7	タペット																						A						
8	チェーンガイドボルト																												
9	ドライブチェーン														X	X	X									X		X	X
10	チェーンテンショナー上																												
11	〃　下																												
12	チェーンテンションローラー																									X		X	X
13	チェーンスライダー															X				X		X	X		X			X	
14	チェーンガイド																												
15	チェーンガイドスライダー																									X		X	X
16	エアクリーナーエレメント																												
17	フューエルフィルター																												
18	フューエルストレナー																												
19	フロントブレーキパッド														X											X		X	X
20	リアブレーキシュー															X					X					X		X	X

	1／8				1／9				1／10				1／11				1／12				1／13				1／14				1／15			
	タマンラセット→アガデス				アガデス→ディルクール				ディルクール→アガデム				アガデム→ジンダー				ジンダー→ニアメイ				休　日				ニアメイ→ガマファロス				ガマファロス→バマコ			
	950／4750				645／5395				285／5680				860／6540				860／7400								814／8214				1139／9353			
	94	95	96	97	94	95	96	97	94	95	96	97	94	95	96	97	94	95	96	97	94	95	96	97	94	95	96	97	94	95	96	97
1									X		X	X					X												X	X		
2																																
3																				リ				リ				リ				リ
4								X	X		X			X																		
5		X											X						X	タ				タ				タ				タ
6																																
7																				イ				イ				イ				イ
8																																
9		X												X					X	ア				ア				ア				ア
10																																
11																																
12		X												X	X		X															
13														X					X										X	X	X	
14																																
15		X												X			X		X													
16																																
17																																
18																																
19																	X	X	X													
20																	X	X	X													

	1／16				1／17				1／18				1／19				1／20				1／21				1／22			
	バマコ→ラベ				キャンセル(休み)				ラベ→カイ				カイ→キファ				キファ→サンルイ				サンルイ→サリ・ポルトゥダル				サリ・ポルトゥダル→ダカール			
	986／10339								553／10892				281／11173				560／11733				620／12353				280／12633			
	94	95	96	97	94	95	96	97	94	95	96	97	94	95	96	97	94	95	96	97	94	95	96	97	94	95	96	97
1													X	X														
2																												
3				リ				リ				リ				リ				リ				リ				リ
4											X																	
5				タ				タ				タ	X	X	X	タ				タ				タ				タ
6																												
7				イ				イ				イ				イ				イ				イ				イ
8																												
9				ア				ア				ア		X		ア				ア				ア				ア
10																												
11																												
12			X																									
13			X										X	X														
14																												
15																												
16																												
17																												
18																												
19											X		X	X														
20													X		X													

1987年 第9回パリ・ダカールラリーのコース

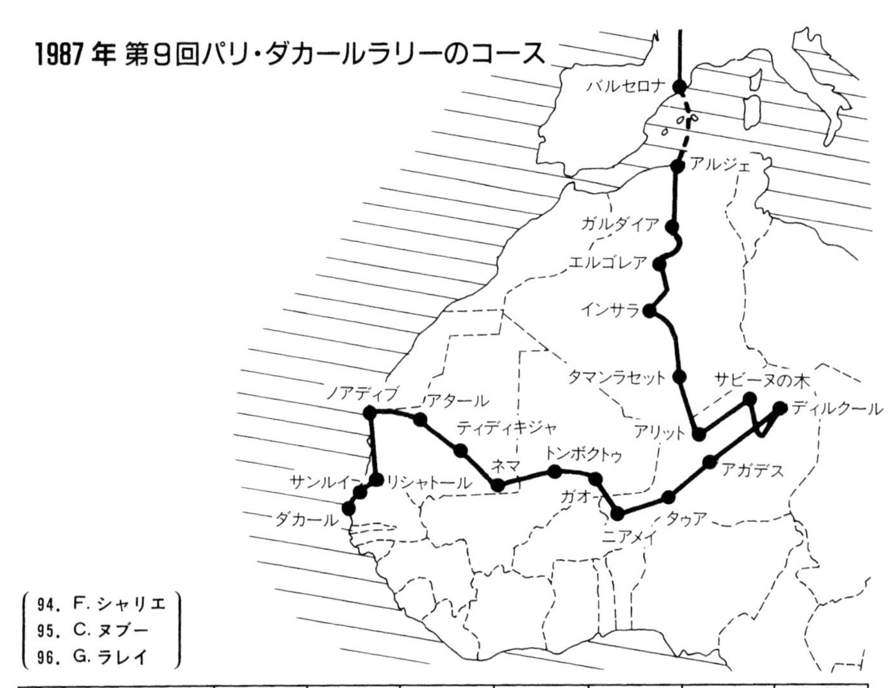

	月　日	12/31			1/1			1/3			1/4			1/5			1/6			1/7		
	区　間	プロローグ			パリ→バルセロナ			アルジェ→ガルダイア			ガルダイア→エルゴレア			エルゴレア→インサラ			インサラ→タマンラセット			タマンラセット→アリット		
	区間距離／積算距離	70／70			1200／1270			623／1893			455／2348			679／3027			819／3846			705／4551		
	車　番	94	95	96	94	95	96	94	95	96	94	95	96	94	95	96	94	95	96	94	95	96
1	エンジンオイル							X	X	X							X	X	X			
2	オイルフィルター																X	X	X			
3	ラジエター水																					
4	プラグ							X	X	X												
5	ドライブスプロケット													X	X	X						
6	カムチェーン							A	A	A							A	A	A	A		
7	タペット																A	A	A	A		
8	チェーンガイドボルト																					
9	ドライブチェーン													X	X	X						
10	チェーンテンショナー上																					
11	〃　下													X	X	X						
12	チェーンテンションローラー																					
13	チェーンスライダー																					
14	チェーンガイド																					
15	チェーンガイドスライダー													X	X	X						
16	エアクリーナーエレメント													X	X	X				X	X	X
17	フューエルフィルター																					
18	フューエルストレナー																					
19	フロントブレーキパッド							X	X	X												
20	リアブレーキパッド							X	X	X						X						X
21	メーターバッテリー				X	X	X				X	X	X				X	X	X			
22	フロントホイール																					
23	リアホイール																					
					(96)テールライトバルブX，サイレンサー変更			スプロケット#9にチェンジ			(94)マップケーススイッチX									(94)水温計X		

	1/8			1/9			1/10			1/11			1/12			1/13			1/14			1/15		
	アリット→サビーヌの木			サビーヌの木→ディルクール			ディルクール→アガデス			休日			アガデス→タウア			タウア→ニアメイ			ニアメイ→ガオ			ガオ→トンボクトゥ		
	692／5243			526／5769			755／6524						518／7042			600／7642			645／8287			418／8705		
	94	95	96	94	95	96	94	95	96	94	95	96	94	95	96	94	95	96	94	95	96	94	95	96
1	X	X	X																			X	X	
2																								
3															リ			リ			リ			リ
4																								
5							X	X	X						タ			タ	X	X	タ			タ
6																A	A							
7															イ	A	A	イ			イ			イ
8																								
9							X	X	X						ア			ア			ア			ア
10							X	X	X															
11							X	X	X															
12																								
13							X	X	X															
14							X	X	X															
15							X	X	X															
16	X	X	X				X	X	X							X	X					X	X	
17		X	X				X	X	X							X	X							
18																								
19							X	X	X															
20							X	X	X															
21	X	X	X	X	X	X	X	X	X							X	X					X	X	
22																								
23																								
24																								

その他の整備
1/10
(95)エンジン,トリップメーター,ブレーキキャリパー assyX
1/12
(94)水温計X
1/15
スピードメーターケーブルX

	1/16			1/17			1/18			1/19			1/20			1/21			1/22		
	トンボクトゥ→ネマ			ネマ→ティディキジャ			ティディキジャ→アタール			アタール→ノアディブ			ノアディブ→リシャトール			リシャトール→サンルイ			サンルイ→ダカール		
	590／9295			735／10030			458／10488			571／11059			716／11775			353／12128			250／12378		
	94	95	96	94	95	96	94	95	96	94	95	96	94	95	96	94	95	96	94	95	96
1							X	X													
2							X	X													
3			リ			リ			リ			リ			リ			リ			リ
4																					
5			タ	X	X	タ			タ			タ			タ			タ			タ
6				A	A																
7			イ	A	A	イ			イ			イ			イ			イ			イ
8																					
9			ア			ア	X	X	ア			ア			ア			ア			ア
10																					
11										X	X					X					
12																					
13										X	X										
14										X	X										
15																					
16	X	X					X	X					X	X		X	X				
17							X	X													
18																					
19				X	X																
20				X	X						X										
21	X	X					X	X		X	X										
22																					
23																					
24																					

その他の整備
1/16
(95)ヘッドライトステイassy, Fカウル, スクリーンX
1/17
(95)スクリーン,マップケーススイッチ,Fフォーク,ヘッドライト,FフェンダーX
1/18
(95)ブレーキレバー,ハンドルバー,マップケースモーターX
1/19
(95)シート,タンク,ヘッドパイプブリッジX(94)Rフレーム, RフェンダーX
1/20
(95)エンジンX
1/21
(95)ヘッドライトX
洗車

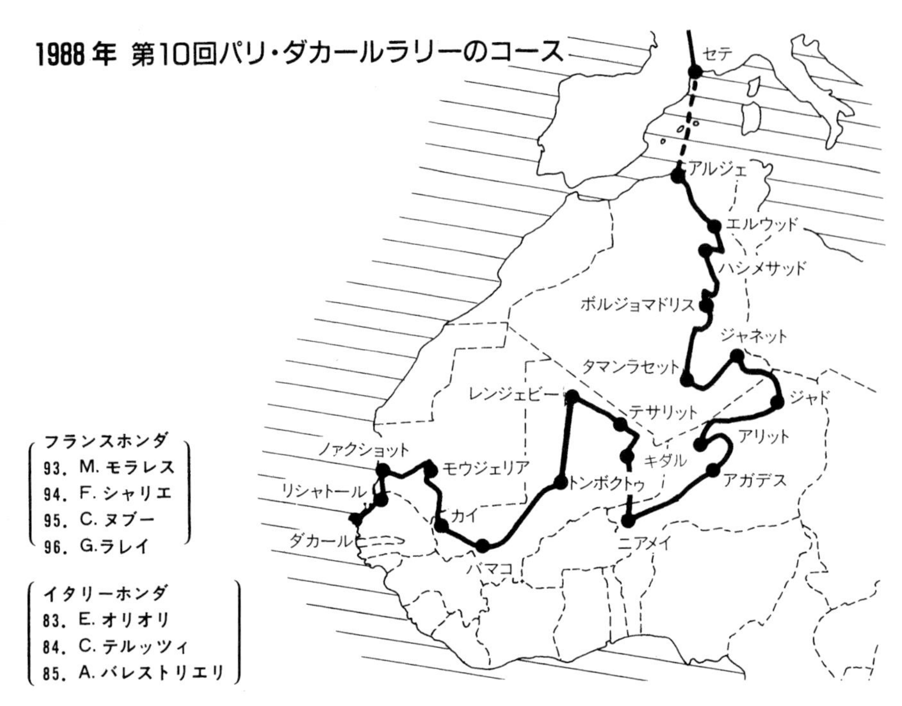

	月　日	12／30							1／1							1／3						
	区　間	プロローグ							パリ→セテ							アルジェ→エルウッド						
	区間距離／積算距離	275／275							780／1055							600／1655						
	車　番	83	84	85	93	94	95	96	83	84	85	93	94	95	96	83	84	85	93	94	95	96
1	エンジンオイル								L	L	L	L	L	L	L	X	X	X	X	X	X	X
2	オイルフィルター															X	X	X	X	X	X	X
3	ラジエター水																					
4	プラグ																					
5	ドライブスプロケット																					
6	カムチェーン																		A	A	A	A
7	タペット																		A	A	A	A
8	チェーンガイドボルト																					
9	ドライブチェーン	X	X													X	X					
10	チェーンテンショナー上																					
11	〃　　下																		V	V	V	V
12	チェーンテンションローラー																					
13	チェーンスライダー																					
14	チェーンガイド																					
15	チェーンガイドスライダー																					
16	エアクリーナーエレメント															C	C	C		X		
17	フューエルフィルター																		X	X	X	X
18	フューエルストレナー																					
19	フロントブレーキパッド																					
20	リアブレーキパッド																					
21	メーターバッテリー											X	X								X	X
22	フロントホイール																					
23	リアホイール																					
24	メインバッテリー																					

その他の整備
1/1
㊸㊹スピードメーターセンサーX
1/3
㊸スピードセンサーX㊺クラッチ板X

	1／4							1／5							1／6							1／7						
	エルウッド→ハシメサッド							ハシメサッド→ボルジョマドリス							ボルジョマドリス→タマンラセット							タマンラセット→ジャネット						
	594／2249							608／2857							987／3844							637／4481						
	83	84	85	93	94	95	96	83	84	85	93	94	95	96	83	84	85	93	94	95	96	83	84	85	93	94	95	96
1	V	V						L	L		L	L		L				X	X	X	X	X	X		X	X	X	X
2																		X	X	X	X							
3			リ							リ							リ							リ				
4																		X	X		X	X	X					
5	X		タ							タ							タ					X	X	タ	X	X		X
6	A	A																A	A	A	A	A	A					
7			イ							イ							イ						V	イ				
8																												
9			ア							ア							ア					X	X	ア	X	X	X	X
10																												
11								X	X													X						
12																												
13																												
14																									X	△	△	△
15																									X	△	△	△
16	X	X		X		X	X	X	X		X	X	X	X	C	C		V	V	V	V	X	X		X	X	X	X
17								X	X		X	X	X	X											X	X	X	X
18																												
19																				X								
20														X				X	V	X		X	X					
21	X	X						X							X													
22																												
23																												
24																												

その他の整備
1/4
⑭フェンダー, タンクX⑮Fカウル, ヘッドライトブラケット, ヘッドライト, Lラジエター, Fフェンダー, タンクマウントカラーX
1/5
⑭Fフェンダー X⑮エンジンX, マップケース取付
1/6
⑮Fフェンダー, Fエキゾーストパイプ X
1/7
⑭Fフェンダー, 水温計, ショートサイレンサーX, マップケース追加

	1／8							1／9							1／10					1／11				1／12				1／13			
	ジャネット→ジャド							ジャド→アリット							アリット→アガデス					休　日				アガデス→ニアメイ				ニアメイ→キダル			
	742／5223							668／5891							746／6637									819／7456				646／8102			
	83	84	85	93	94	95	96	83	84	85	93	94	95	96	83	84	94	95	96	83	84	95	96	83	84	95	96	83	84		96
1				L	L	L	L	L	L							X		X	X					L			X				L
2																X															
3			リ							リ	リ						リ									リ					
4															X	X											X				
5			タ							タ	タ				X		タ									タ					
6																															
7			イ							イ	イ	V	V	V			イ									イ					
8																															
9			ア							ア	ア						ア	X	X							ア					
10																															
11																		X	X												
12																															
13															X	X		X	X												
14															X	X		X	X												
15															X	X		X	X												
16				V	V	V	V	X	X			X	X	X	C	C		X	X					X	X		V				V
17								X	X			X	X	X	X	X		X	X												
18																															
19															X			X	X												
20															X			X	X												
21									X						X			X	X												
22																															
23																															
24																															

その他の整備
1/9
⑮サイドスタンドX⑮⑯エンジンX
1/10
⑬フレーム溶接, キャブOH, F・Rブレーキassy, Rフォークassy, Rフォークリンク, F・Rアクスル, エンジン, フューエルポンプ, ステム, フューエルフィルターX
1/12
⑯クランクシャフト組替

	1／14				1／15				1／16				1／17				1／18			
	キダル→テサリット				テサリット→レンジェビー				レンジェビー→トンボクトゥ				トンボクトゥ→バマコ				バマコ→カイ			
	450／8552				698／9250				630／9880				876／10756				531／11287			
	83	84		96	83	84		96	83	84		96	83	84		96	83	84		96
1				L	L	L		L	X			X		X		L				L
2									X											
3																				
4									X									X		
5				X					X	X						X				
6				A					A					A		A	A			
7									A								A			
8																				
9				X					X	X						X				
10																				
11																				
12																				
13																				
14																				
15																				
16	C	C		X	X			V	X	C		X	X	X		X	X	C		X
17				X					X	X						X	X			
18																				
19																				
20												X	X							
21									X											
22																				
23																				
24																				

その他の整備
1/14
⑯キャブレターコネクティングチューブX
1/15
⑯スピードメーターギアX
1/16
⑧Fシリンダー，ピストン，リングピン，クリップ，シリンダーパッキン，ヘッドガスケットX
⑭水温計，ステムブラケット，メーターギアボックスX⑯マップケースX
1/17
⑭エンジンX
1/18
⑧ステップ，ハンドル，サイレンサー，タンク，水タンク，エンジンX⑭エンジンX

	1／19				1／20				1／21				1／22			
	カイ→モウジェリア				モウジェリア→ノァクショット				ノァクショット→リシャトール				リシャトール→ダカール			
	530／11817				674／12491				360／12851				300／13151			
	83	84		96	83	84		96	83	84		96	83	84		96
1	L	X		X					X	X						
2				X						X						
3																
4	C			X												
5									X							
6									A							
7																
8																
9																
10																
11	X	X														
12																
13																
14																
15																
16	C	C		V					X	X		X				
17		X		X					X	X						
18																
19																
20																
21		X							X							
22																
23																
24																

その他の整備
1/21
⑭エンジンX

1989年 第11回パリ・ダカールラリーのコース

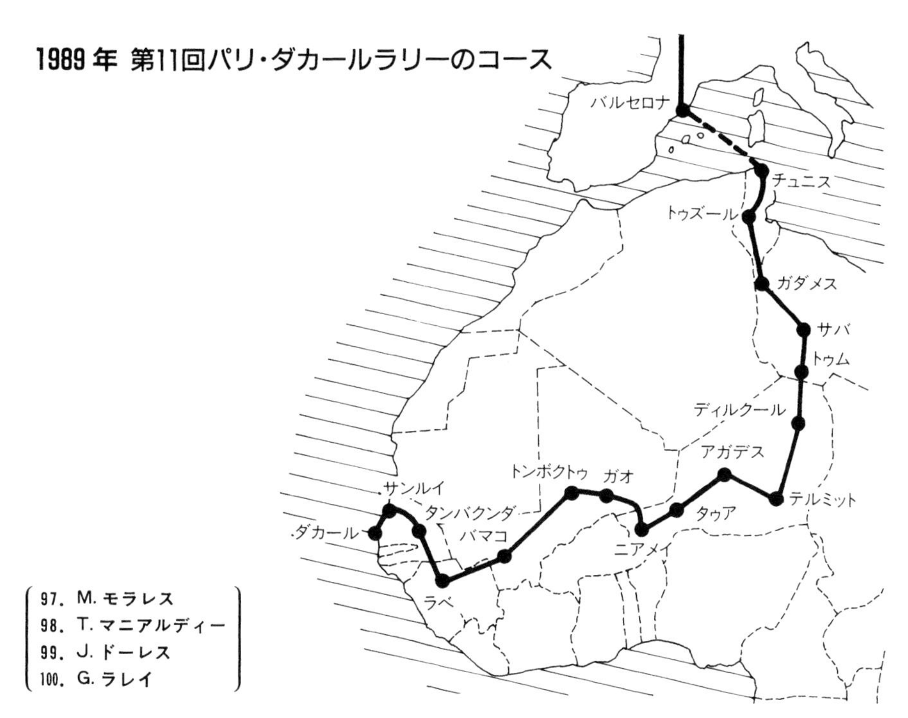

	月日	12/25				12/26				12/28				12/29				12/30				12/31			
	区間	パリ→バルセロナ				プロローグ				チュニス→トゥズール				トゥズール→ガダメス				ガダメス→サバ				サバ→トゥム			
	区間距離／積算距離	1120／1120				6／1126				467／1593				724／2317				819／3136				620／3756			
	車番	97	98	99	100	97	98	99	100	97	98	99	100	97	98	99	100	97	98	99	100	97	98	99	100
1	エンジンオイル									X	X	X		L	L	L	V	V	V	V	V				
2	オイルフィルター									X	X	X													
3	ラジエター水													V	V	V	V	V	V	L	L				
4	プラグ																								
5	ドライブスプロケット																								
6	カムチェーン									A	A	A						A	A	A	A				
7	タペット									V	V	V													
8	チェーンガイドボルト									V	V	V		V	V	V	V	V	V	V	V				
9	ドライブチェーン									X	X	X													
10	チェーンテンショナー上																								
11	〃 下																		X	X					
12	チェーンテンションローラー																								
13	チェーンスライダー																								
14	チェーンガイド																								
15	チェーンガイドスライダー																								
16	エアクリーナーエレメント													C	C	C	C	X	X	X	X				
17	フューエルフィルター									X	X	X	X					X	X	X	X				
18	フューエルストレナー																								
19	フロントブレーキパッド																								
20	リアブレーキパッド																								
21	メーターバッテリー																								
22	フロントホイール									X	X	X	X	X	X	X	X	X	X	X	X	X	X	X	X
23	リアホイール									X	X	X	X	X	X	X	X	X	X	X	X	X	X	X	X
24	メインバッテリー																								

その他の整備
12/28
⑲タンクX⑩エンジンX
12/29
⑱⑩センサーガードX⑲⑩Fフェンダー X⑱水タンク△
12/30
⑨⑩Fフェンダー X⑱⑲センサーガードX

	1／1				1／2				1／3				1／4			
	トゥム→ディルクール				ディルクール→テルミット				テルミット→アガデス				休　日			
	732／4488				582／5070				535／5605							
	97	98	99	100	97	98	99	100	97	98	99	100	97	98	99	100
1	X	X	X						X	X	X	X				
2	X	X	X						X	X	X	X				
3	V	V	V						X	X	X	V				
4				X					X	X	X	X				
5	X	X	X	X					X	X	X	X				
6												A				
7												V				
8	V	V	V	V								V				
9									X	X	X	X				
10									X	X	X	X				
11									X	X	X	X				
12																
13									X	X	X	X				
14									X	X	X	X				
15									X	X	X	X				
16	X	X	X	X					X	X	X	X				
17	X	X	X	X					X	X	X	X				
18	C	C	C	C					C	C	C	C				
19									X	X	X	X				
20				X					X	X	X	X				
21									X			X				
22	X	X	X	X					X	X	X	X				
23	X	X	X	X	X	X	X	X	X	X	X	X				
24																

	1／5				1／6				1／7			
	アガデス→タウア				タウア→ニアメイ				ニアメイ→ガオ			
	541／6146				427／6573				641／7214			
	97	98	99	100	97	98	99	100	97	98	99	100
1	L	L	V	L	V	V	V	V	V	V	L	V
2												
3	V	V	V	V	V	V	V	V	V	V	V	V
4												
5												
6												
7												
8	V	V	V	V	V	V	V	V				
9												
10												
11												
12												
13												
14												
15												
16	V	V	V	V	X	X	X	X	X	X	X	X
17									X	X	X	X
18												
19									X	X	X	X
20												
21		X	X									
22					X	X	X	X	X	X	X	X
23	X	X	X	X	X	X	X	X	X	X	X	X
24												

その他の整備
1/1
(98)Fフェンダー X(99)チェーンガイドボルトX(100)エンジンX
1/2
(99)マップケース，テールライトX(100)キックアームX
1/3
(97)(98)(100)FフォークX(97)(100)ブレーキX(98)センサーガードX(97)(98)(99)エンジンX(99)水タンクX，全車キャブレターC，Rサス，フューエルポンプX
1/5
(97)チェーンテンショナー溶接(99)RブレーキガイドX
1/7
(97)ハンドルバー，RタンクX(100)Fタンク，ブレーキガイドX
Fブレーキエア抜き

	1／8				1／9				1／10			
	ガオ→トンボクトゥ				トンボクトゥ→バマコ				バマコ→ラベ			
	611／7825				881／8706				852／9558			
	97	98	99	100	97	98	99	100	97	98	99	100
1	X	X	X		L	L	L	L	L		L	L
2	X	X	X									
3	V	V	V	X	V	V	V	V	V	リ	V	V
4				X					X		X	
5	X	X	X	X						タ		
6	A	A	A	X					A		A	A
7										イ		
8	V	V	V		V	V	V	V	V		V	V
9										ア		
10												
11	X			X								
12												
13												
14												
15												
16	V	V	V	V	X	X	X	X				
17					X	X	X	X				
18												
19												X
20									X		X	X
21												
22		X			X	X	X	X	X		X	X
23	X	X	X	X	X	X	X	X	X		X	X
24												

	1／11				1／12				1／13			
	ラベ→タンバクンダ				タンバクンダ→サンルイ				サンルイ→ダカール			
	484／10042				512／10554				257／10811			
	97	98	99	100	97	98	99	100	97	98	99	100
1	X		X	X	L		L					
2	X		X	X								
3	V	リ	V	V	V	リ	V	V		リ		
4												
5		タ				タ				タ		
6												
7		イ				イ				イ		
8	V		V	V	V		V	V				
9		ア				ア				ア		
10												
11												
12												
13												
14												
15												
16	X		C	X	X		X	X	V		V	V
17	X		X	X								
18												
19			X									
20												
21												
22	X		X	X								
23	X		X	X	X		X	X				
24												

その他の整備
1/8
(99)スピードメーターセンサーX(100)エンジンX
1/9
(97)(100)スピードメーターセンサーX(99)水ホースX(100)ステムガタA
1/10
(99)ドライブスプロケットボルトX(100)Fブレーキ，Rブレーキオイル，FエキゾーストパイプX
1/11
(97)(100)テールライトX(97)(99)(100)FカウルX(99)Fタンク，ラジエターガード，サイレンサー，ステップ，ハンドルX(100)ラジエターガード，ラジエターキャップ，ナックルガード，Rタンク，タンクカバー，RフェンダーX
1/12
(98)FフェンダーX(99)チェーンガイドボルトX(100)エンジンX

■1986年 HONDA NXR750

この第8回大会からホンダのワークスマシン、NXRがパリダカに出場した。搭載する水冷45°Vツインエンジンは新設計、さらに、通常オフロードマシンでは装着されないカウリングによって空力特性に配慮した。

1986年パリダカの優勝者、No.95シリル・ヌブー

1986年パリダカ第2位、No.96ジル・ラレイ

■1987年 HONDA NXR750

NXRによる参戦2年目となり、前年の参戦で浮かび上がった課題について、徹底的に見直しが行なわれた。集合マフラー採用などによる出力向上やホイールの強度アップ、サスペンション設定の見直しなどの改善を実施した。

1987年パリダカの勝利で2年連続優勝となった、No.95シリル・ヌブー

XL600で参戦し第2位、No.93エディ・オリオリ

■1988年 HONDA NXR750

参戦3年目のNXRは、ハンドリング向上の目的でフロントに19インチホイールを採用。また、デジタル式ナビゲーションを新開発して搭載した。エンジンや足回りなどをはじめ、各部の熟成をすすめ、3連覇を達成。

1988年パリダカ第3位、No.96ジル・ラレイ

1988年パリダカではリタイアとなった、No.95シリル・ヌブー

イタリーホンダから参戦、1988年パリダカ優勝のNo.83エディ・オリオリ

1988年パリダカ第5位、No.84クラウディオ・テルッツィ

■1989年 HONDA NXR750

車体全体の大幅な剛性向上により、軽快な運動性の確保を重視した見直しがなされた。フレームのパイプサイズを拡大するなどの改良が施された。熟成を重ねて4連覇を達成し、ワークス活動を終了した。

1989年パリダカで優勝し、NXRで初勝利を挙げた、No.100ジル・ラレイ

写真中央がNo.100ジル・ラレイ。右は第3位のNo.97マルク・モラレス

第7回〜第11回　諸元の変遷

FH＝フランスホンダ
IH＝イタリーホンダ

	1985 第7回	1986 第8回	1987 第9回	1988 第10回	1989 第11回
	XL 600改	NXR	NXR	NXR　(FH)	NXR
エンジン形式	空冷単気筒	水冷Vツイン	水冷Vツイン	水冷Vツイン	水冷Vツイン
車重	154	186	189	195	196
ホイールベース	1535	1577	1590	1613	1605
タイヤ	21/18	21/18	21/18	19/18	21, 19/18
タンク容量	43	55	57	59	59
排気量	627	779	779	779	779
ボア×ストローク	103×75	83×72	83×72	83×72	83×72
出力	50/7000	69/7000	72/7000	73/7000	74/7000
トルク	6.1/4500	7.75/4500	8.14/5500	8.25/5500	8.25/5500
最高速	———	———	169 km/h	175 km/h	177 km/h
燃費	———	———	10.5 km/ℓ	9.2 km/ℓ	9.5 km/ℓ
		XL 600改	XL 600改	NXR　(IH)	AFRICATWIN
エンジン形式		空冷単気筒	空冷単気筒	水冷Vツイン	水冷Vツイン
車重		161	161	189	185
ホイールベース		1535	1535	1590	1540
タイヤ		21/18	21/18	21/18	21/17
タンク容量		54	54	57	59
排気量		628	628	779	647
ボア×ストローク		100×80	100×80	83×72	79×66
出力		51.5/7000	51.5/7000	72/7000	57/8000
トルク		6.25/4500	6.25/4500	8.14/5500	5.8/6000
最高速		125 km/h	125 km/h	169 km/h	———
燃費		9 km/ℓ	9 km/ℓ	10.5 km/ℓ	———

第8回〜第11回　チーム構成

年	1986	1987	1988	1988	1989
チーム名	ロスマンズ・ホンダ	ホンダ・エルシャロ	リークーパー・ホンダ・エルフ	ホンダ・イタリー	ロスマンズ・ホンダ・モチュール
ライダー	(95)C. ヌブー(1位) (96)G. ラレイ(2位) (97)J.M.バロン(リタイア) (94)F. シャリエ(15位)	(95)C. ヌブー(1位) (96)G. ラレイ(リタイア) (94)F. シャリエ(6位)	(95)C. ヌブー(リタイア) (96)G. ラレイ(3位) (93)M. モラレス(リタイア) (94)F. シャリエ(リタイア)	(83)E. オリオリ(1位) (84)C. テルッツィ(4位) (85)A. バレストリエリ(リタイア)	(100)G. ラレイ(1位) (97)M. モラレス(3位) (98)T. マニアルディー(リタイア) (99)J. ドーレス(8位)
サポートカー	(458)トヨタ・ランドクルーザー 乗員2名(62位) ・トヨタ・ランドクルーザー 乗員2名(リタイア) ・ベンツ・ウニモグ 乗員2名(リタイア) ・ベンツ・ウニモグ 乗員2名(リタイア)	(380)ランドローバー110 乗員2名(リタイア) (388)ランドローバー110 乗員2名(49位) (667)ベンツ・ウニモグ 乗員2名(リタイア) (668)ベンツ・ウニモグ 乗員2名(79位)	(427)ランドローバー110 乗員2名(リタイア) (426)ランドローバー110 乗員2名(64位) (647)ベンツ・ウニモグ 乗員2名(85位) (648)ベンツ・ウニモグ 乗員2名(リタイア)	(641)ベンツ・ウニモグ 乗員2名(リタイア) (642)ベンツ・ウニモグ 乗員2名(リタイア)	(333)ランドローバー110 乗員2名(78位) (332)ランドローバー110 乗員2名(80位) (612)メルセデス・ベンツ26×36 乗員3名
監督	J. L. ギュー	J. L. ギュー	J. L. ギュー	C. フロレンツァーノ	J. L. ギュー
メカニック	3人	3人	4人	4人	4人
ドクター	1人	1人	1人	1人	1人
コーディネーター	ナシ	1人	1人	ナシ	1人
HRC派遣	ナシ	服部茂・磯村守	堀井義之	酒井保太郎	酒井保太郎

レース結果

VSD・NAΣA第8回パリ-アルジェ-ダカール・ラリー

12月30日　セルジュ・ポントワーズ　プロローグ

1.	ポリ(ヤマハ・プライベート)	11′09″
2.	セーラー(ホンダ・ATC)	11′11″
3.	ラレイ(ホンダ・NXR)	11′24″
4.	バロン(ホンダ・NXR)	11′32″
5.	ハイネン(ヤマハ)	13′09″
6.	ヌブー(ホンダ・NXR)	13′09″
7.	バクー(ソノート・ヤマハ)	13′13″
8.	マリノニ(イタリーヤマハ)	13′37″
9.	シャリエ(ホンダ・NXR)	13′50″
10.	デ・ジャング(スズキ・サイドカー)	13′56″
20.	デ・ペトリ(イタリーホンダ)	15′41″
21.	オリオリ(イタリーホンダ)	15′53″
37.	バレストリエリ(イタリーホンダ)	17′46″

1月1日　スタート　パリ-セテ　L1000km

1月2日　船中

1月3日　アルジェ-ガルダイア　L660km

1月4日　ガルダイア-エルゴレア　L230km+SS350km　計580km

総合(2位以下はトップとの差)

順位	選手	タイム	総合	選手	タイム
1.	ハイネン	2h36′58″	1.	ハイネン	2h50′07″
2.	バレストリエリ	2h37′29″	2.	バレストリエリ	05′08″
3.	ハウ(BMW)	2h46′50″	3.	ハウ	10′54″
4.	バサー(ヤマハ)	2h49′54″	4.	マリノニ	16′20″
5.	ジョアノー(スズキ)	2h52′41″	5.	ジョアノー	17′42″
6.	マリノニ	2h52′50″	6.	バサー	19′49″
7.	ラレイ	3h01′34″	7.	ラレイ	23′50″
8.	ヌブー	3h03′29″	8.	ヌブー	26′31″
9.	バクー	3h03′48″	9.	バクー	26′54″
10.	デ・ペトリ	3h05′16″	10.	デ・ペトリ	30′50″
12.	オリオリ	3h06′52″	12.	オリオリ	32′37″
53.	バロン	4h16′27″	46.	バロン	1h38′52″
109.	シャリエ	6h00′00″	97.	シャリエ	13h23′42″

1月5日　エルゴレア-インサラ　L200km+SS350km　計550km

総合(2位以下はトップとの差)

順位	選手	タイム	総合	選手	タイム
1.	デ・ペトリ	3h04′50″	1.	ハイネン	5h57′05″
2.	バクー	3h06′23″	2.	バレストリエリ	05′39″
3.	フィンダノ(イタリーヤマハ)	3h06′25″	3.	ハウ	20′06″
4.	バロン	3h06′30″	4.	バクー	26′19″
5.	ハイネン	3h06′58″	5.	デ・ペトリ	28′42″
6.	バレストリエリ	3h07′29″	6.	バサー	29′17″
7.	オリオール(カジバ)	3h09′46″	7.	ラレイ	31′46″
8.	シャルボニエ(ヤマハ)	3h12′59″	8.	ヌブー	35′51″
9.	ポリ	3h13′53″	9.	ジョアノー	37′22″
10.	ラレイ	3h14′54″	10.	ライエ	45′26″
13.	ヌブー	3h16′18″	19.	バロン	1h38′24″
46.	シャリエ	4h12′20″	30.	オリオリ	2h09′41″
60.	オリオリ	4h44′02″	86.	シャリエ	14h29′04″

1月6日　インサラ-タマンラセット　L270km+SS370km　計640km

総合(2位以下はトップとの差)

順位	選手	タイム	総合	選手	タイム
1.	ピコ(ヤマハ)	2h56′50″	1.	ハイネン	9h09′31″
2.	オリオール	3h00′50″	2.	バレストリエリ	02′05″
3.	ヌブー	3h02′05″	3.	バクー	17′51″
4.	ライエ	3h02′06″	4.	ラレイ	23′20″
5.	シャルボニエ	3h02′34″	5.	ヌブー	25′30″
6.	バクー	3h03′58″	6.	ハウ	25′42″
7.	ラレイ	3h04′00″	7.	デ・ペトリ	26′02″
8.	マリノニ	3h08′19″	8.	ライエ	35′06″
9.	バレストリエリ	3h08′52″	9.	オリオール	49′00″
10.	デ・ペトリ	3h09′46″	10.	ジョアノー	1h03′07″
	バロン	3h15′39″	16.	バロン	1h41′37″
	オリオリ	3h23′27″	22.	オリオリ	2h20′42″
	シャリエ	3h55′45″	81.	シャリエ	15h12′23″

1月7日　タマンラセット-タマンラセット　L140km+SS230km　計370km

総合(2位以下はトップとの差)

順位	選手	タイム	総合	選手	タイム
1.	オリオリ	4h36′28″	1.	バレストリエリ	13h58′25″
2.	ヌブー	4h39′24″	2.	バクー	13′43″
3.	デ・ペトリ	4h40′08″	3.	ヌブー	16′00″
4.	G.マリノニ(カジバ)	4h40′29″	4.	デ・ペトリ	17′16″
5.	マリノニ	4h41′23″	5.	ラレイ	33′22″
6.	オリオール	4h41′43″	6.	オリオール	41′48″
7.	シャルボニエ	4h42′37″	7.	マリノニ	56′51″
8.	バクー	4h45′47″	8.	シャルボニエ	1h01′14″
9.	バレストリエリ	4h46′49	9.	ジョアノー	1 09 04
10.	ジョアノー	4 54 51″	10.	ハウ	1h10′50″
12.	ラレイ	4h58′56″	12.	オリオリ	2h08′16″
15.	バロン	5h18′20″	13.	バロン	2h11′02″
41.	シャリエ	6h17′45″	75.	シャリエ	16h41′14″

1月8日　タマンラセット-アガデス　L230km+SS720km　計950km

総合(2位以下はトップとの差)

順位	選手	タイム	総合	選手	タイム
1.	ヌブー	4h32′02″	1.	ヌブー	18h46′27″
2.	オリオール	4h48′03″	2.	バレストリエリ	09′19″
3.	ラレイ	4h48′40″	3.	ラレイ	34′00″
4.	G.マリノニ	4h54′15″	4.	オリオール	41′49″
5.	バレストリエリ	4h57′21″	5.	デ・ペトリ	58′39″
6.	バロン	4h58′27″	6.	マリノニ	1h13′49″
7.	マリノニ	5h05′00″	7.	シャルボニエ	1h27′20″
8.	フィンダノ	5h05′38″	8.	ハウ	1h43′26″
9.	シャリエ	5h10′21″	9.	ジョアノー	2h03′33″
10.	オリオリ	5h11′38″	10.	ライエ	2h16′43″

			総合		
			11.	バロン	2h21′27″
			12.	オリオリ	2h31′52″
			58.	シャリエ	17h03′33″

1月9日 アガデス-ディルクール L35km+SS610km 計645km

総合（2位以下はトップとの差）

1.	シャリエ	6h06′45″	1.	ヌブー	25h12′28″
2.	オリオール	6h12′22″	2.	オリオール	28′10″
3.	ヌブー	6h26′01″	3.	ラレイ	39′41″
4.	ラレイ	6h31′42″	4.	バレストリエリ	1h27′32″
5.	G.マリノニ	6h38′53″	5.	ハウ	2h00′21″
6.	オリビエ(ヤマハFZT)	6h40′56″	6.	シャルボニエ	2h10′54″
7.	ハウ	6h42′56″	7.	ライエ	2h44′50″
8.	ライエ	6h54′08″	8.	オリオリ	3h09′49″
9.	オリオリ	7h03′58″	9.	デ・ペトリ	3h22′57′
10.	シャルボニエ	7h09′35″	10.	マリノニ	3h36′10″
14.	バレストリエリ	7h44′14″	14.	バロン	4h48′11″
24.	バロン	8h52′45″	38.	シャリエ	16h44′17″

1月10日 ディルクール-アガデム SS285km

総合（2位以下はトップとの差）

1.	G.マリノニ	2h58′50″	1.	ヌブー	28h16′03″
2.	マリノニ	3h01′28″	2.	オリオール	27′41″
3.	デ・ペトリ	3h01′52″	3.	ラレイ	40′56″
4.	オリオリ	3h02′19″	4.	バレストリエリ	1h28′18″
5.	オリオール	3h03′06″	5.	シャルボニエ	2h10′37″
6.	シャルボニエ	3h03′18″	6.	ハウ	2h33′10″
7.	ヌブー	3h03′35″	7.	オリオリ	3h08′33″
8.	バレストリエリ	3h04′21″	8.	デ・ペトリ	3h21′14″
9.	ラレイ	3h04′50″	9.	マリノニ	3h34′03″
10.	シャリエ	3h21′16″	10.	ライエ	4h05′08″
12.	バロン	3h32′28″	12.	バロン	5h17′04″
			32.	シャリエ	17h01′58″

1月11日 アガデム-ジンダー L550km+SS310km 計860km

総合（2位以下はトップとの差）

1.	デ・ペトリ	3h11′04″	1.	ヌブー	31h33′05″
2.	オリオリ	3h12′00″	2.	ラレイ	38′03″
3.	ラレイ	3h14′09″	3.	バレストリエリ	1h36′10″
4.	ヌブー	3h17′02″	4.	シャルボニエ	2h19′56″
5.	ライエ	3h18′29″	5.	ハウ	2h36′11″
6.	ハウ	3h20′03″	6.	オリオリ	3h03′31″
7.	バレストリエリ	3h24′54″	7.	デ・ペトリ	3h15′16″
8.	シャリエ	3h26′17″	8.	オリオール	3h18′07″
9.	シャルボニエ	3h26′21″	9.	ライエ	4h06′35″
10.	フィンダノ	3h41′06″	10.	マリノニ	4h48′15″
			29.	シャリエ	17h11′13″

1月12日 ジンダー-ニアメイ L550km+SS310km 計860km

総合（2位以下はトップとの差）

1.	デ・ペトリ	2h16′15″	1.	ヌブー	33h56′30″
2.	オリオリ	2h18′00″	2.	ラレイ	38′03″
3.	バレストリエリ	2h20′06″	3.	バレストリエリ	1h32′51″
4.	シャルボニエ	2h20′22″	4.	シャルボニエ	2h16′53″
5.	マリノニ	2h20′55″	5.	ハウ	2h42′03″
6.	ライエ	2h21′11″	6.	オリオリ	2h58′06″
7.	G.マリノニ	2h22′09″	7.	デ・ペトリ	3h08′06″
8.	ヌブー	2h23′25″	8.	ライエ	4h04′21″
9.	ラレイ	2h23′25″	9.	マリノニ	4h45′45″
10.	ハウ	2h29′17″	10.	フィンダノ	6h31′43″
13.	シャリエ	2h33′17″	25.	シャリエ	17h21′05″

1月13日 ニアメイ 休日

1月14日 ニアメイ-ガマファロス L324km+SS490km 計814km

総合（2位以下はトップとの差）

1.	フィンダノ	7h25′29″	1.	ヌブー	41h36′09″
2.	デ・ペトリ	7h30′12″	2.	ラレイ	36′31″
3.	シャルボニエ	7h31′34″	3.	バレストリエリ	1h29′20″
4.	ピコ	7h35′04″	4.	シャルボニエ	2h08′48″
5.	マリノニ	7h35′56″	5.	ハウ	2h50′27″
6.	バレストリエリ	7h36′08″	6.	デ・ペトリ	2h58′39″
7.	ラレイ	7h38′07″	7.	オリオリ	3h41′13″
8.	オリビエ	7h38′47″	8.	ライエ	4h40′46″
9.	ハウ	7h39′03″	9.	マリノニ	4h42′02″
10.	ヌブー	7h39′39″	10.	フィンダノ	6h17′33″
	シャリエ	8h05′50″	18.	シャリエ	17h47′16″

1月15日 ガマファロス-バマコ L699km+SS440km(キャンセル)計1139km

1月16日 バマコ-ラベ L152km+SS834km 計986km

総合（2位以下はトップとの差）

1.	マリノニ	9h18′41″	1.	ヌブー	51h18′48″
2.	ラレイ	9h24′08″	2.	ラレイ	18′00″
3.	オリオリ	9h25′52″	3.	バレストリエリ	1h15′17″
4.	バレストリエリ	9h28′36″	4.	シャルボニエ	2h02′08″
5.	シャルボニエ	9h35′59″	5.	ハウ	3h09′27″
6.	マス(ヤマハ・スペイン)	9h38′45″	6.	オリオリ	3h24′26″
7.	ヌブー	9h42′39″	7.	デ・ペトリ	3h59′40″
8.	ピコ	9h54′08″	8.	マリノニ	4h18′04″
9.	ライエ	9h55′46″	9.	ライエ	4h53′53″
10.	ハウ	10h01′39″	10.	フィンダノ	7h11′43″
25.	シャリエ	13h11′07″	15.	シャリエ	21h33′44″

1月17日 ラベ-カイ キャンセル

1月18日 ラベ-カイ SS553km

総合（2位以下はトップとの差）

1.	デ・ペトリ	7h26′17″	1.	ヌブー	59h19′56″
2.	オリオリ	7h46′05″	2.	ラレイ	15′38″
3.	マリノニ	7h47′43″	3.	バレストリエリ	1h14′01″
4.	フィンダノ	7h53′55″	4.	シャルボニエ	2h10′44″
5.	ラレイ	7h58′46″	5.	オリオリ	3h09′23″
6.	ヌブー	8h01′08″	6.	デ・ペトリ	3h24′49″
7.	ピコ	8h02′01″	7.	ハウ	3h31′38″
8.	シャルボニエ	8h09′44″	8.	マリノニ	4h04′39″

9. バレストリエリ	8h09'52"	9. フィンダノ	7h04'30"
10. マス	8h18'19"	10. オリビエ	8h49'00"
シャリエ	8h54'39"	15. シャリエ	22h26'05"

1月19日　カイ-キファ　SS281km

総合(2位以下はトップとの差)

1. ピコ	3h34'12"	1. ヌブー	63h03'23"
2. マリノニ	3h38'48"	2. ラレイ	14'38"
3. ハウ	3h39'49"	3. バレストリエリ	1h38'23"
4. ラレイ	3h42'27"	4. シャルボニエ	2h38'45"
5. ヌブー	3h43'27"	5. ハウ	3h28'00"
6. ライエ	3h45'13"	6. オリオリ	3h31'45"
7. フィンダノ	3h50'27"	7. デ・ペトリ	3h45'18"
8. シャリエ	4h00'20"	8. マリノニ	4h00'00"
9. G.マリノニ	4h01'28"	9. フィンダノ	7h11'30"
10. デ・ペトリ	4h03'56"	10. ピコ	8h50'23"
12. オリオリ	4h05'49"	15. シャリエ	22h42'58"
13. バレストリエリ	4h07'49"		

1月20日　キファ-サンルイ　L360km+SS200km　計560km

総合(2位以下はトップとの差)

1. デ・ペトリ	4h12'34"	1. ヌブー	67h34'24"
2. ラレイ	4h29'50"	2. ラレイ	13'27"
3. ライエ	4h30'13"	3. バレストリエリ	2h03'49"
4. ヌブー	4h31'01"	4. シャルボニエ	3h10'21"
5. マス	4h31'39"	5. デ・ペトリ	3h26'51"
6. ピコ	4h31'50"	6. オリオリ	4h00'17"
7. バレストリエリ	4h56'27"	7. ハウ	4h27'54"
8. オリオリ	4h59'33"	8. マリノニ	4h30'27"
9. シャルボニエ	5h02'37"	9. フィンダノ	7h59'24"
10. マリノニ	5h01'28"	10. ピコ	8h41'12"
シャリエ	5h02'53"	15. シャリエ	23h14'30"

1月21日　サンルイ-サリ・ポルトゥダル　L340km+SS280km　計620km

総合(2位以下はトップとの差)

1. P.ジョアノー(スズキ)	4h05'10"	1. ヌブー	71h57'14"
2. ピコ	4h09'09"	2. ラレイ	12'00"
3. マス	4h09'36"	3. バレストリエリ	2h08'24"
4. G.マリノニ	4h10'37"	4. シャルボニエ	3h04'40"
5. デ・ペトリ	4h15'06"	5. デ・ペトリ	3h20'07"
6. オリビエ	4h17'34"	6. オリオリ	3h56'00"
7. ライエ	4h17'37"	7. マリノニ	4h28'06"
8. オリオリ	4h18'33"	8. ハウ	4h42'04"
9. マリノニ	4h20'19"	9. フィンダノ	8h13'33"
10. ラレイ	4h21'23"	10. ピコ	8h28'31"
11. ヌブー	4h21'50"	15. シャリエ	23h20'32"
13. シャリエ	4h27'52"		

1月22日　サリ・ポルトゥダル-ダカール　L200km+SS80km　計280km

総合(2位以下はトップとの差)

1. ライエ	45'02"	1. ヌブー	72h49'08"
2. ピコ	46'26"	2. ラレイ	11'11"
3. オリビエ	46'28"	3. バレストリエリ	2h15'00"
4. ハウ	46'54"	4. シャルボニエ	3h02'44"
5. フィンダノ	48'09"	5. デ・ペトリ	3h23'21"
6. マリノニ	48'49"	6. オリオリ	3h55'52"
7. シャルボニエ	49'58"	7. マリノニ	4h25'01"
8. ラレイ	51'05"	8. ハウ	4h37'04"
9. オリオリ	51'46"	9. フィンダノ	8h09'48"
10. ヌブー	51'54"	10. ピコ	8h23'03"
シャリエ	52'53"	15. シャリエ	23h21'31"

最終結果表　(2位以下はトップとの差)

1. -95-シリル・ヌブー	フランス	ホンダ・NXR	72h49'08"
2. -96-ジル・ラレイ	フランス	ホンダ・NXR	11'11"
3. -93-アンドレア・バレストリエリ	イタリア	ホンダ・XR600改	2h15'00"
4. -79-ティエリー・シャルボニエ	フランス	ヤマハ・テネレ改	3h02'44"
5. -92-アレッサンドロ・デ・ペトリ	イタリア	ホンダ・XR600改	3h23'21"
6. -91-エディ・オリオリ	イタリア	ホンダ・XR600改	3h55'52"
7. -82-アンドレア・マリノニ	イタリア	ヤマハ・テネレ改	4h25'01"
8. -102-エディ・ハウ	ドイツ	BMW・GS	4h37'04"
9. -84-ジャンピエロ・フィンダノ	イタリア	ヤマハ・テネレ改	8h09'48"
10. -83-フランコ・ピコ	イタリア	ヤマハ・テネレ改	8h23'03"
12. -80-ジャン・クロード・オリビエ	フランス	ヤマハ・FZT	10h16'32"
14. -101-ガストン・ライエ	ベルギー	BMW・GS	18h57'14"
15. -94-フランソワ・シャリエ	フランス	ホンダ・NXR	23h21'31"
29. -14-中村洋(時間外完走)	日本	ホンダ・XR600	80h44'41"

TELEFUNKEN第9回パリ-アルジェ-ダカール・ラリー

12月31日　セルジュ・ポントワーズ　プロローグ

1. ラレイ(ホンダ・NXR)	09'32"
2. リナルディ(スズキ)	09'53"
3. シャルボニエ(ソノートヤマハ)	10'15"
4. ボローワー(KTM)	10'33"
5. テルッツィ(イタリーホンダ・XR)	10'35"
5. モラレス(エキュリエール/BMW)	10'35"
5. ヌブー(ホンダ・NXR)	10'35"
8. マス(ヤマハスペイン)	10'43"
9. サルバドール(スズキ)	10'48"
10. グラッソ(イタリーヤマハ)	10'57"
12. オリオリ(イタリーホンダ)	11'10"
14. シャリエ(ホンダ・NXR)	11'13"
21. ピコ(イタリーヤマハ)	11'34"
22. ライエ(BMW)	11'36"
23. バクー(ソノートヤマハ・FZT)	11'38"
26. オリオール(カジバ)	11'40"

1月1日　スタート　パリ-バルセロナ　L1200km

1月2日　船中

1月3日　アルジェ-ガルダイア　L623km

1月4日　ガルダイア-エルゴレア　L169km+SS256km+L30km　計455km

		総合(2位以下はトップとの差)	
1. バレストリエリ	2h27'21"	1. バレストリエリ	2h39'34"
2. ピコ	2h29'36"	2. ピコ	01'36"
3. マス	2h31'04"	3. マス	02'13"
3. バクー	2h31'04"	4. バクー	03'08"
5. ライエ	2h32'07"	5. テルッツィ	03'18"
6. グラッソ	2h32'11"	6. グラッソ	03'34"
7. テルッツィ	2h32'17"	7. ライエ	04'09"
8. オリオール	2h32'36"	8. ヌブー	04'12"
9. ヌブー	2h33'11"	9. オリオール	04'42"
10. カールスマーカー(ホンダ)	2h33'47"	10. メダルド(イタリーヤマハ)	05'50"
15. ラレイ	2h40'49"	15. ラレイ	10'47"
16. オリオリ	2h42'04"	16. オリオリ	13'40"
19. シャリエ	2h49'22"	19. シャリエ	21'01"

1月5日　エルゴレア-インサラ　L146km+SS492km+L41km　計679km

		総合(2位以下はトップとの差)	
1. デ・ペトリ(カジバ)	4h20'10"	1. ヌブー	7h21'54"
2. リナルディ	4h31'39"	2. ピコ	33"
3. ラレイ	4h35'54"	3. バレストリエリ	47"
4. ヌブー	4h38'08"	4. メダルド	02'49"
5. メダルド	4h39'19"	5. ラレイ	04'21"
6. ピコ	4h41'17"	6. ライエ	11'39"
7. バレストリエリ	4h43'07"	7. テルッツィ	12'38"
8. ライエ	4h49'50"	8. リナルディ	16'29"
9. テルッツィ	4h51'40"	9. カールスマーカー	23'26"
10. オリオリ	4h54'31"	10. ボアノー(イタリーホンダ)	23'50"
15. オリオール	5h05'00"	11. オリオリ	23'51"
19. シャリエ	5h13'18"	13. オリオール	27'22"
		15. バクー	40'01"
		19. シャリエ	51'59"

1月6日　インサラ-タマンラセット　L83km+SS560km+L176km　計819km

		総合(2位以下はトップとの差)	
1. デ・ペトリ	5h05'12"	1. ヌブー	12h38'54"
2. ヌブー	5h17'00"	2. ラレイ	10'13"
3. フィンダノ(BMW)	5h17'39"	3. バレストリエリ	16'11"
4. ラレイ	5h22'52"	4. ライエ	21'50"
5. リナルディ	5h24'34"	5. リナルディ	24'03"
6. バクー	5h24'48"	6. デ・ペトリ	24'06"
7. ライエ	5h27'11"	7. テルッツィ	24'28"
8. テルッツィ	5h28'50"	8. ピコ	40'06"
9. バレストリエリ	5h32'24"	9. バクー	47'49"
10. オリオリ	5h45'23"	10. オリオリ	54'14"
14. オリオール	5h52'17"	14. オリオール	1h02'39"
16. ピコ	5h56'33"	25. シャリエ	3h51'53"
53. シャリエ	8h13'54"		

1月7日　タマンラセット-アリット　L57km+SS648km　計705km

		総合(2位以下はトップとの差)	
1. オリオール	5h44'32"	1. ヌブー	19h00'43"
2. フィンダノ	6h00'42"	2. デ・ペトリ	06'15"
3. デ・ペトリ	6h03'50"	3. オリオール	25'22"
4. ガルディ(カジバ)	6h13'39"	4. ライエ	27'14"
5. バクー	6h14'52"	5. バクー	40'52"
6. ポリ(エキュリエール)	6h20'56"	6. バレストリエリ	41'55"
7. ヌブー	6h21'49"	7. ラレイ	56'40"
8. ライエ	6h27'13"	8. テルッツィ	1h01'21"
9. マス	6h28'02"	9. リナルディ	1h03'32"
10. ボアノー	6h32'47"	10. マス	1h03'59"
13. シャリエ	6h56'48"	14. オリオリ	1h31'31"
16. オリオリ	6h59'06"	18. ピコ	3h05'07"
18. ラレイ	7h08'16"	21. シャリエ	4h26'52"
28. ピコ	8h46'50"		

1月8日　アリット-サビーヌの木　SS692km

		総合(2位以下はトップとの差)	
1. オリオール	6h09'00"	1. ヌブー	25h10'43"
2. ヌブー	6h10'00"	2. オリオール	24'22"
3. シャリエ	6h13'00"	3. デ・ペトリ	26'46"
4. ラレイ	6h18'00"	4. ライエ	50'43"
5. オリオリ	6h28'29"	5. ラレイ	1h04'40"
6. フィンダノ	6h29'15"	6. バレストリエリ	1h19'42"
7. デ・ペトリ	6h30'31"	7. テルッツィ	1h22'26"
8. テルッツィ	6h31'05"	8. フィンダノ	1h26'02"
9. ライエ	6h33'29"	9. バクー	1h40'31"
10. ピコ	6h40'35"	10. オリオリ	1h50'00"
		16. ピコ	3h35'42"
		19. シャリエ	4h29'52"

1月9日　サビーヌの木-ディルクール　L20km+SS506km　計526km

		総合(2位以下はトップとの差)	
1. ラレイ	4h15'30"	1. ヌブー	29h26'38"
2. オリオール	4h15'36"	2. オリオール	24'03"
3. ヌブー	4h15'55"	3. デ・ペトリ	56'18"
4. ライエ	4h22'09"	4. ライエ	56'57"
5. シャリエ	4h23'46"	5. ラレイ	1h04'15"
6. シャルボニエ	4h33'12"	6. フィンダノ	1h49'48"
7. ピコ	4h38'24"	7. バレストリエリ	2h14'30"
8. フィンダノ	4h39'41"	8. オリオリ	2h22'22"
9. デ・ペトリ	4h45'27"	9. テルッツィ	2h28'43"
10. オリオリ	4h48'17"	10. マス	2h35'05"
18. バクー	5h18'56"	11. バクー	2h43'32"
		14. ピコ	3h58'11"
		15. シャリエ	4h37'43"

1月10日　ディルクール-アガデス　SS702km+L153km　計755km

		総合(2位以下はトップとの差)	
1. ライエ	7h01'39"	1. ヌブー	36h38'17"
2. ヌブー	7h11'39"	2. オリオール	31'21"
3. ピコ	7h16'11"	3. ライエ	46'57"
4. シャルボニエ	7h16'32"	4. ラレイ	1h37'34"
5. オリオール	7h18'57"	5. デ・ペトリ	2h01'57"
6. バクー	7h18'59"	6. オリオリ	2h32'43"
7. テルッツィ	7h21'13"	7. テルッツィ	2h38'17"
8. オリビエ	7h22'00"	8. バクー	2h50'52"
9. メダルド	7h33'10"	9. シャルボニエ	3h40'44"

10. モラレス	7h35′03″	10. ピコ	4h02′43″
11. ラレイ	7h44′50″	11. シャリエ	5h35′11″
14. シャリエ	8h09′07″		

1月11日　アガデス　休日

1月12日　アガデス-タウア　SS358km＋L160km　計518km

		総合（2位以下はトップとの差）	
1. ライエ	2h49′52″	1. ヌブー	39h29′15″
2. オリオール	2h50′21″	2. オリオール	30′44″
3. ヌブー	2h50′58″	3. ライエ	45′51″
4. ピコー	2h58′20″	4. オリビエ	2h40′12″
5. オリオリ	2h58′27″	5. テルッツィ	2h48′09″
6. テルッツィ	3h00′50″	6. バクー	3h21′47″
7. マス	3h02′55″	7. シャルボニエ	4h04′54″
8. グラッソ	3h09′23″	8. ピコ	4h10′05″
9. モラレス	3h11′35″	9. シャリエ	5h57′33″
10. シャリエ	3h13′20″	10. メダルド	6h10′29″
16. バクー	3h21′53″		

1月13日　タウア-ニアメイSS350km＋L250km　計600km

		総合（2位以下はトップとの差）	
1. ピコ	4h08′57″	1. ヌブー	39h29′15″
2. バクー	4h09′34″	2. オリオール	30′44″
3. オリオリ	4h09′45″	3. ライエ	45′51″
4. オリオール	4h11′34″	4. オリオリ	2h40′12″
5. ヌブー	4h12′05″	5. テルッツィ	2h48′09″
6. マス	4h12′08″	6. バクー	3h21′47″
7. モラレス	4h13′11″	7. シャルボニエ	4h04′54″
8. メダルド	4h13′39″	8. ピコ	4h10′05″
9. シャルボニエ	4h14′25″	9. シャリエ	5h57′33″
10. ライエ	4h16′59″	10. メダルド	6h10′29″
12. シャリエ	4h22′19″		

1月14日　ニアメイ-ガオ　L145km＋SS500km　計645km

		総合（2位以下はトップとの差）	
1. テルッツィ	5h44′39″	1. ヌブー	49h28′13″
2. オリオール	5h45′18″	2. オリオール	28′38″
3. オリオリ	5h45′46″	3. ライエ	51′49″
4. ピコ	5h46′19″	4. オリオリ	2h36′45″
5. ヌブー	5h46′53″	5. テルッツィ	2h59′20″
6. ライエ	5h47′57″	6. バクー	3h36′04″
7. マス	6h00′52″	7. ピコ	4h06′23″
8. メダルド	6h02′07″	8. メダルド	6h27′17″
9. バクー	6h03′41″	9. シャリエ	6h50′20″
10. シャリエ	6h29′26″	10. マス	7h13′45″

1月15日　ガオ-トンボクトゥ　SS418km

		総合（2位以下はトップとの差）	
1. ライエ	3h56′54″	1. ヌブー	53h26′49″
2. オリオール	3h58′02″	2. オリオール	28′04″
3. ヌブー	3h58′36″	3. ライエ	50′07″
4. オリオリ	4h02′33″	4. オリオリ	2h40′42″
5. テルッツィ	4h05′21″	5. テルッツィ	3h06′05″
6. ピコ	4h19′25″	6. バクー	4h03′52″
7. シャルボニエ	4h19′29″	7. ピコ	4h27′12″
8. メダルド	4h22′51″	8. メダルド	6h51′32″
9. マス	4h24′34″	9. シャリエ	7h17′12″
10. シャリエ	4h25′28″	10. マス	7h39′43″
11. バクー	4h26′24″		

1月16日　トンボクトゥ-ネマ　SS590km

		総合（2位以下はトップとの差）	
1. オリオール	7h04′05″	1. オリオール	60h58′58″
2. オリオリ	7h11′26″	2. ヌブー	35′05″
3. モラレス	7h14′23″	3. ライエ	1h24′11″
4. ジョアノー(スズキ)	7h16′44″	4. オリオリ	2h19′59″
5. バクー	7h49′06″	5. テルッツィ	3h38′50″
6. ピコ	7h52′04″	6. バクー	4h20′49″
7. マス	7h53′22″	7. ピコ	4h47′07″
8. ギァッティ(パノマ)	7h54′00″	8. モラレス	7h55′58″
9. バサー	7h54′55″	9. マス	8h00′56″
10. カールスマーカー	7h58′11″	10. シャリエ	8h23′53″
14. ライエ	8h06′13″		
15. ヌブー	8h07′14″		
20. シャリエ	8h38′50″		

1月17日　ネマ-ティディキジャ　L277km＋SS458km　計735km

		総合（2位以下はトップとの差）	
1. オリオール	7h39′39″	1. オリオール	68h38′37″
2. オリオリ	7h49′52″	2. ヌブー	1h16′06″
3. マス	7h54′45″	3. オリオリ	2h30′12″
4. ピコ	7h55′38″	4. ライエ	4h05′25″
5. ヌブー	8h20′40″	5. ピコ	5h03′06″
6. シャリエ	8h21′21″	6. バクー	7h52′25″
7. シャルボニエ	8h30′59″	7. マス	8h16′02″
8. モラレス	8h33′03″	8. モラレス	8h49′22″
9. バサー	9h16′26″	9. シャリエ	9h05′35″
10. カールスマーカー	9h29′32″	10. シャルボニエ	11h04′01″
15. ライエ	10h20′53″		
20. バクー	11h11′15″		

1月18日　ティディキジャ-アタール　SS343km＋L115km　計458km

		総合（2位以下はトップとの差）	
1. シャルボニエ	7h05′27″	1. オリオール	76h52′40″
2. シャリエ	7h36′24″	2. ヌブー	1h17′36″
3. モラレス	7h36′54″	3. オリオリ	2h32′23″
4. マス	7h39′39″	4. ライエ	4h15′46″
5. バクー	7h53′23″	5. ピコ	4h47′03″
6. オリビエ	7h54′41″	6. バクー	7h31′45″
7. ピコ	7h58′00″	7. マス	7h41′38″
8. フェルナンデス(スズキ)	8h06′02″	8. モラレス	8h12′13″
9. ジョアノー	8h06′05″	9. シャリエ	8h27′56″
10. バサー	8h08′41″	10. シャルボニエ	9h55′25″
13. オリオール	8h14′03″		
14. ヌブー	8h15′33″		
15. オリオリ	8h16′14″		

20. ライエ　8 h24′24″

1月19日　アタールーノアディブ　L46km＋SS525km　計571km

総合（2位以下はトップとの差）

1. ピコ　4 h30′27″　1. オリオール　82h32′38″
2. ヌブー　4 h31′54″　2. ヌブー　09′32″
3. オリオリ　4 h40′32″　3. オリオリ　1 h32′57″
4. モラレス　4 h44′08″　4. ピコ　3 h37′32″
5. シャルボニエ　4 h49′50″　5. ライエ　3 h39′16″
6. シャリエ　4 h54′16″　6. マス　6 h56′40″
7. マス　4 h55′00″　7. モラレス　7 h16′23″
8. ライエ　5 h03′28″　8. バクー　7 h20′43″
9. ブゥードゥー(BMW)　5 h21′27″　9. シャリエ　7 h42′14″
10. ロアゾゥー(BMW)　5 h22′39″　10. シャルボニエ　9 h05′17″

12. バクー　5 h28′56″
15. オリオール　5 h39′58″

1月20日　ノアディブーリシャトール　SS486km＋L230km　計716km

総合（2位以下はトップとの差）

1. ヌブー　4h48′11″　1. オリオール　87h21′22″
2. オリオール　4 h48′44″　2. ヌブー　08′59″
3. ライエ　4 h50′37″　3. オリオリ　1 h48′26″
4. ピコ　4 h51′09″　4. ピコ　3 h39′57″
5. シャリエ　4 h58′00″　5. ライエ　3 h41′09″
6. オリオリ　5 h04′13″　6. マス　7 h37′17″
7. マス　5 h29′21″　7. シャリエ　7 h51′30″
8. バクー　5 h36′00″　8. モラレス　8 h07′21″
9. ブゥードゥー　5 h38′00″　9. バクー　8 h07′59″
10. ジョアノー　5 h38′06″　10. シャルボニエ　10h15′23″

1月21日　リシャトールーサンルイ　SS25km＋SS165km＋L163km　計353km

総合（2位以下はトップとの差）

1. ブゥードゥー　2 h04′05″　1. ヌブー　89h51′07″
2. シャルボニエ　2 h09′10″　2. オリオリ　1 h39′53″
3. モラレス　2 h12′39″　3. ピコ　3 h29′30″
4. シャリエ　2 h14′44″　4. ライエ　3 h29′31″
5. バクー　2 h15′22″　5. マス　7 h23′00″
6. マス　2 h15′28″　6. シャリエ　7 h36′29″
7. ライエ　2 h18′07″　7. モラレス　7 h50′15″
8. ピコ　2 h19′18″　8. バクー　7 h53′36″
9. ジョアノー　2 h20′19″　9. シャルボニエ　9 h54′48″
10. ヌブー　2 h20′46″　10. ジョアノー　15h01′37″
11. オリオリ　2 h21′12″
※　オリオール　2 h27′21″

1月22日　サンルイーダカール　SS250km

総合（2位以下はトップとの差）

1. ライエ　49′18″　1. ヌブー　90h47′23″
2. ピコ　51′18″　2. オリオリ　1 h43′58″
3. バクー　51′36″　3. ライエ　3 h22′33″
4. オリビエ　52′10″　4. ピコ　3 h24′32″
5. マス　54′34″　5. マス　7 h21′18″
6. シャルボニエ　54′55″　6. シャリエ　7 h35′11″
7. シャリエ　54′58″　7. バクー　7 h48′56″
8. ロアゾー　55′45″　8. シャルボニエ　9 h53′27″
9. ヌブー　56′16″　9. ジョアノー　15h03′12″
10. ブゥードゥー　57′19″　10. カールスマーカー　15h26′55″
12. オリオリ　1 h00′21″

最終結果表　（2位以下はトップとの差）

1. -95-シリル・ヌブー　フランス　ホンダ・NXR　90h47′23″
2. -93-エディ・オリオリ　イタリア　ホンダ・XR改　1 h43′58″
3. -101-ガストン・ライエ　ベルギー　BMW・GS　3 h22′33″
4. -83-フランコ・ピコ　イタリア　ヤマハ・テネレ改　3 h24′32″
5. -86-カルロス・マス　スペイン　ヤマハ・テネレ改　7 h21′18″
6. -94-フランソワ・シャリエ　フランス　ホンダ・NXR　7 h35′11″
7. -81-セルジュ・バクー　フランス　ヤマハ・FZT　7 h48′56″
8. -79-ティエリー・シャルボニエ　フランス　ヤマハ・テネレ改　9 h53′27″
9. -125-マーク・ジョアノー　フランス　スズキ・DR改　15h03′12″
10. -110-カールスマーカー　オランダ　ホンダ・XR改　15h26′55″

パイオニア第10回パリ-アルジェ-ダカール・ラリー

12月31日　セルジュ・ポントワーズ　プロローグ

1. ハイネン(スズキ・DRZ)　04′25″
2. グラッソ(ヤマハ・YZE)　04′42″
3. テルッツィ(ホンダ・NXR)　04′52″
4. ボントゥー(ヤマハ)　04′52″
5. ライエ(スズキ・DRZ)　04′56″
6. フィンダノ(スズキ・DRZ)　05′05″
7. ラレイ(ホンダ・NXR)　05′09″
8. メダルド(ヤマハ・YZE)　05′12″
9. ピコ(ヤマハ・YZE)　05′21″
10. ピーターハンセル(ヤマハ・YZE)　05′26″
10. バレストリエリ(ホンダ・NXR)　05′26″

15. オリオリ(ホンダ・NXR)　05′36″
22. モラレス(ホンダ・NXR)　05′50″
30. シャリエ(ホンダ・NXR)　06′15″
53. ヌブー(ホンダ・NXR)　07′36″

1月1日　スタート　パリ-セテ　L780km

1月2日　船中

1月3日　アルジェ-エルウッド　L600km

1月4日　エルウッド-ハシメサッド　L52km＋SS250km＋L292km　計594km

総合（2位以下はトップとの差）

1. ライエ　3 h35′46″　1. ライエ　3 h40′42″
2. ハイネン　3 h36′43″　2. ハイネン　26″
3. モラレス　3 h40′48″　3. モラレス　05′56″
4. テルッツィ　3 h42′38″　4. テルッツィ　06′48″
5. オリオリ　3 h42′42″　5. オリオリ　07′36″
6. バレストリエリ　3 h44′58″　6. バレストリエリ　09′42″
7. ピコ　3 h45′12″　7. ピコ　09′51″
8. カールスマーカー(ホンダ)　3 h46′00″　8. ピーターハンセル　11′01″
9. ピーターハンセル　3 h46′17″　9. メダルド　11′05″
10. メダルド　3 h46′35″　10. カールスマーカー　11′07″

14.	ラレイ	3 h54′12″	14.	ラレイ	18′39″
22.	ヌブー	4 h37′51″	22.	シャリエ	44′44″
23.	シャリエ	4 h39′11″	23.	ヌブー	44′45″

1月5日　ハシメサッド-ボルジョマドリス　L113km+SS287km+L208km　計608km

総合(2位以下はトップとの差)

1.	ピコ	3 h00′00″	1.	ライエ	6 h40′42″
1.	モラレス	3 h00′00″	2.	モラレス	5′56″
1.	テルッツィ	3 h00′00″	3.	テルッツィ	6′48″
1.	オリオリ	3 h00′00″	4.	オリオリ	7′36″
1.	ピコ	3 h00′00″	5.	ピコ	9′51″
1.	ピーターハンセル	3 h00′00″	6.	ピーターハンセル	11′01″
1.	メダルド	3 h00′00″	7.	メダルド	11′05″
1.	カールスマーカー	3 h00′00″	8.	カールスマーカー	11′07″
1.	マラーベ(ヤマハ・YZE)	3 h00′00″	9.	マラーベ	16′31″
1.	デ・ペトリ(カジバ)	3 h00′00″	10.	デ・ペトリ	18′27″
1.	ラレイ	3 h00′00″	11.	ラレイ	18′39″
1.	ヌブー	3 h00′00″	13.	ヌブー	44′45″
31.	シャリエ	3 h01′06″	15.	シャリエ	45′50″

1月6日　ボルジョマドリス-タマンラセット　SS800km+L187km　計987km

総合(2位以下はトップとの差)

1.	ピコ	8 h13′24″	1.	ピコ	15h03′57″
2.	ヌブー	8 h18′06″	2.	ラレイ	16′51″
3.	ラレイ	8 h21′27″	3.	モラレス	27′29″
4.	フィンダノ	8 h38′21″	4.	ヌブー	39′36″
5.	モラレス	8 h44′48″	5.	テルッツィ	42′26″
6.	テルッツィ	8 h56′53″	6.	オリオリ	43′42″
7.	オリオリ	8 h59′21″	7.	ピーターハンセル	1 h31′49″
8.	ピーターハンセル	9 h44′03″	8.	シャルボニエ	1 h49′56″
9.	シャルボニエ(ヤマハ・YZE)	9 h51′08″	9.	デ・ペトリ	2 h16′14″
10.	バクー(カジバ)	10h00′02″			
18.	シャリエ	11h02′56″	17.	シャリエ	3 h25′31″

1月7日　タマンラセット-ジャネット　L72km+SS530km+L35km　計637km

総合(2位以下はトップとの差)

1.	ピコ	5 h31′35″	1.	ピコ	20h35′32″
2.	ラレイ	5 h32′05″	2.	ラレイ	17′21″
3.	モラレス	5 h32′35″	3.	モラレス	28′29″
4.	ヌブー	5 h33′05″	4.	ヌブー	41′06″
5.	オリオリ	5 h34′05″	5.	オリオリ	46′12″
6.	ライエ	5 h34′25″	6.	テルッツィ	1 h51′04″
7.	フィンダノ	5 h37′05″	7.	ピーターハンセル	1 h57′44″
8.	デ・ペトリ	5 h56′55″	8.	デ・ペトリ	2 h41′34″
9.	ピーターハンセル	5 h57′30″	9.	シャルボニエ	2 h48′14″
10.	バクー	5 h58′40″	10.	バクー	2 h50′04″
11.	シャリエ	6 h02′40″	14.	シャリエ	3 h56′36″
22.	テルッツィ	6 h40′13″			

1月8日　ジャネット-ジャド　SS742km(キャンセル)

1月9日　ジャド-アリット　SS668km

総合(2位以下はトップとの差)

1.	マス	6 h07′39″	1.	ピコ	27h13′52″
2.	ピーターハンセル	6 h08′01″	2.	ヌブー	49′58″
3.	シャルボニエ	6 h10′46″	3.	オリオリ	55′49″
4.	オリビエ	6 h17′32″	4.	ピーターハンセル	1 h27′25″
5.	ガルディ(カジバ)	6 h24′23″	5.	シャルボニエ	2 h20′40″
6.	ピコ	6 h38′20″	6.	ラレイ	2 h41′14″
7.	シャルバー(BMW)	6 h40′42″	7.	バクー	3 h04′15″
7.	ハウ(BMW)	6 h40′42″	8.	マス(ヤマハ・YZE)	3 h17′52″
9.	カールスマーカー	6 h43′29″	9.	フィンダノ	3 h20′56″
10.	ヌブー	6 h47′12″	10.	カールスマーカー	3 h24′57″
11.	オリオリ	6 h47′57″	13.	テルッツィ	4 h25′56″
42.	ラレイ	9 h02′13″	25.	シャリエ	9 h46′15″
43.	テルッツィ	9 h13′12″			
50.	シャリエ	12h27′59″			

1月10日　アリット-アガデス　SS746km

総合(2位以下はトップとの差)

1.	オリオリ	9 h19′31″	1.	ピコ	36h34′39″
2.	ピコ	9 h20′47″	2.	オリオリ	54′53″
3.	オリビエ	10h12′25″	3.	ヌブー	1 h48′24″
4.	マス	10h14′58″	4.	ラレイ	3 h36′14″
5.	テルッツィ	10h15′43″	5.	マス	4 h12′03″
6.	ラレイ	10h15′47″	6.	カールスマーカー	4 h26′32″
7.	ヌブー	10h19′13″	7.	ガルディ	5 h10′33″
8.	カールスマーカー	10h22′40″	8.	テルッツィ	5 h20′52″
9.	ジョアノー(エキュリエール)	10h23′54″	9.	オリビエ	5 h38′10″
10.	ガルディ	10h23′55″	10.	デ・モントレミー	8 h09′14″

1月11日　アガデス　休日

1月12日　アガデス-ニアメイ　L400km+SS252km+L167km　計819km

総合(2位以下はトップとの差)

1.	テルッツィ	3 h07′31″	1.	ピコ	39h54′33″
2.	シャルボニエ	3 h09′48″	2.	オリオリ	59′47″
3.	ライエ	3 h19′46″	3.	ラレイ	4 h35′05″
4.	ピコ	3 h19′54″	4.	マス	5 h04′14″
5.	フィンダノ	3 h20′16″	5.	テルッツィ	5 h08′29″
6.	オリオリ	3 h24′48″	6.	ガルディ	6 h00′58″
7.	アルカロン(メルリン)	3 h51′50″	7.	オリビエ	6 h34′31″
8.	ボルダ(スズキ)	3 h59′51″	8.	フィンダノ	8 h58′54″
9.	バーバス(BMW)	4 h00′28″	9.	デ・モントレイ	9 h05′42″
10.	フェルナンデス	4 h00′45″	10.	バクー	9 h49′42″
33.	ラレイ	4 h18′45″			
35.	ヌブー	4 h18′56″			

1月13日　ニアメイ-キダル　L146km+SS500km　計646km(キャンセル)

1月14日　キダル-テサリット　SS450km

総合(2位以下はトップとの差)

1.	オリオリ	4 h42′42″	1.	オリオリ	45h37′02″
2.	シャルボニエ	5 h43′14″	2.	ピコ	09′46″
3.	オリビエ	5 h50′45″	3.	ラレイ	4 h51′27″
4.	ピコ	5 h52′15″	4.	マス	5 h23′23″
5.	ライエ	5 h52′21″	5.	テルッツィ	5 h30′27″
6.	ピカール	5 h56′36″	6.	ガルディ	6 h20′59″
7.	ラレイ	5 h58′51″	7.	オリビエ	6 h42′47″

8.	ジル(ヤマハ)	6h00'19"	8.	フィンダノ	9h24'49"
9.	マス	6h01'38"	9.	デ・モントレイ	9h40'08"
10.	ミューナー(スズキ)	6h02'22"	10.	ライエ	10h12'32"
12.	テルッツィ	6h04'27"			

1月15日　テサリット-レンジェビー　SS698km

	ステージ			総合(2位以下はトップとの差)	
1.	ライエ	8h13'50"	1.	オリオリ	53h53'02"
2.	オリオリ	8h16'00"	2.	ピコ	1h52'46"
3.	ジョアノー	8h18'00"	3.	ラレイ	5h02'17"
4.	テルッツィ	8h25'50"	4.	テルッツィ	5h40'17"
5.	フィンダノ	8h26'42"	5.	マス	5h46'50"
6.	ラレイ	8h26'50"	6.	ガルディ	6h35'59"
7.	バクー	8h27'05"	7.	オリビエ	8h09'33"
8.	ガルディ	8h31'00"	8.	フィンダノ	9h35'31"
9.	マス	8h39'27"	9.	ライエ	10h10'22"
10.	ピカール	8h56'02"	10.	バクー	10h28'09"
20.	ピコ	9h59'00"			

1月16日　レンジェビー-トンボクトゥ　SS630km

	ステージ			総合(2位以下はトップとの差)	
1.	シャルボニエ	6h05'10"	1.	オリオリ	60h30'58"
2.	ラレイ	6h08'08"	2.	ピコ	1h28'22"
3.	ライエ	6h10'37"	3.	ラレイ	4h32'29"
4.	ピコ	6h13'32"	4.	テルッツィ	5h19'41"
5.	オリビエ	6h14'05"	5.	マス	5h26'44"
6.	フィンダノ	6h15'14"	6.	ガルディ	6h21'29"
7.	テルッツィ	6h17'20"	7.	オリビエ	7h45'42"
8.	マス	6h17'50"	8.	フィンダノ	9h12'49"
9.	ガルディ	6h23'26"	9.	ライエ	9h43'03"
10.	ピカール	6h27'03"	10.	バクー	12h07'05"
11.	オリオリ	6h37'56"			

1月17日　トンボクトゥ-バマコ　SS378km＋L498km　計876km

	ステージ			総合(2位以下はトップとの差)	
1.	ピーターハンセル	3h37'42"	1.	オリオリ	64h13'20"
2.	ピコ	3h41'45"	2.	ピコ	1h27'45"
3.	オリオリ	3h42'22"	3.	ラレイ	4h38'46"
4.	ライエ	3h46'05"	4.	テルッツィ	5h33'37"
5.	ラレイ	3h48'39"	5.	マス	5h44'42"
6.	バクー	3h53'24"	6.	ガルディ	6h50'29"
7.	フィンダノ	3h55'41"	7.	オリビエ	8h19'46"
8.	テルッツィ	3h56'18"	8.	フィンダノ	9h26'08"
9.	マス	4h00'20"	9.	ライエ	9h46'46"
10.	ピカール	4h03'36"	10.	バクー	12h18'07"

1月18日　バマコ-カイ　L21km＋SS510km　計531km

	ステージ			総合(2位以下はトップとの差)	
1.	テルッツィ	6h06'07"	1.	オリオリ	70h24'30"
2.	ラレイ	6h08'00"	2.	ピコ	1h24'55"
3.	ピコ	6h08'20"	3.	ラレイ	4h35'36"
4.	オリオリ	6h11'10"	4.	テルッツィ	5h28'34"
5.	マス	6h12'10"	5.	マス	5h45'42"
6.	ライエ	6h18'45"	6.	ガルディ	7h01'13"
7.	フィンダノ	6h20'15"	7.	オリビエ	8h40'07"
8.	シャルボニエ	6h21'06"	8.	フィンダノ	9h35'13"
9.	ガルディ	6h21'54"	9.	ライエ	9h54'21"
10.	ピーターハンセル	6h24'01"	10.	バクー	13h01'54"

1月19日　カイ-モウジェリア　SS282km＋L248km　計530km

	ステージ			総合(2位以下はトップとの差)	
1.	マス	3h57'20"	1.	オリオリ	74h37'29"
2.	ピコ	3h58'49"	2.	ピコ	1h10'45"
3.	ラレイ	4h02'49"	3.	ラレイ	4h25'26"
4.	オリビエ	4h03'29"	4.	マス	5h30'03"
5.	オリオリ	4h12'59"	5.	テルッツィ	5h31'13"
6.	フィンダノ	4h13'26"	6.	ガルディ	7h18'48"
7.	テルッツィ	4h15'38"	7.	オリビエ	8h30'37"
8.	ボリ	4h19'18"	8.	フィンダノ	9h35'40"
9.	ピーターハンセル	4h23'58"	9.	ライエ	10h28'54"
10.	シャルボニエ	4h25'07"	10.	バクー	13h19'55"

1月20日　モウジェリア-ノアクショット　L368km+SS306km　計674km(キャンセル)

1月21日　ノアクショット-リシャトール　L210km+SS150km　計360km(キャンセル)

1月22日　リシャトール-ダカール　L220km+SS45km+SS35km　計300km

	ステージ			総合(2位以下はトップとの差)	
1.	バクー	38'57"	1.	オリオリ	75h24'40"
2.	ピーターハンセル	41'32"	2.	ピコ	1h05'24"
3.	シャルボニエ	42'02"	3.	ラレイ	4h21'44"
4.	オリビエ	42'30"	4.	マス	5h27'22"
5.	ガルディ	42'46"	5.	テルッツィ	5h35'36"
6.	ピコ	42'50"	6.	ガルディ	7h14'23"
7.	ライエ	43'03"	7.	オリビエ	8h25'56"
8.	ラレイ	43'29"	8.	フィンダノ	9h32'14"
9.	フィンダノ	43'45"	9.	ライエ	10h24'46"
10.	マス	44'30"	10.	バクー	13h11'41"
	オリオリ	47'11"			
	テルッツィ	51'34"			

最終結果表　(2位以下はトップとの差)

1.	-83-エディ・オリオリ	イタリア	ホンダ・NXR	75h24'40"
2.	-114-フランコ・ピコ	イタリア	ヤマハ・YZE	1h05'24"
3.	-96-ジル・ラレイ	フランス	ホンダ・NXR	4h21'44"
4.	-107-カルロス・マス	スペイン	ヤマハ・YZE	5h27'22"
5.	-84-クラウディオ・テルッツィ	イタリア	ホンダ・NXR	5h35'36"
6.	-97-フランコ・ガルディ	イタリア	カジバ・エレファント	7h14'23"
7.	-80-ジャン・クロード・オリビエ	フランス	ヤマハ・YZE	8h25'56"
8.	-102-ジャンピエロ・フィンダノ	イタリア	スズキ・DZR	9h32'14"
9.	-101-ガストン・ライエ	ベルギー	スズキ・DZR	10h24'46"
10.	-100-セルジュ・バクー	フランス	カジバ・エレファント	13h11'41"

パイオニア第11回　パリ-チュニス-ダカール

12月25日　スタート　パリ-バルセロナ　L1120km

12月26日　プロローグ　バルセロナ　6.3km

1. ピーターハンセル(ヤマハ・YZE)	06′46″
2. バレストリエリ(アプリリア)	06′57″
3. アルカロン(スズキ)	07′01″
4. テルッツィ(カジバ)	07′04″
5. ハイネン(スズキ・DRZ)	07′06″
6. マス(ヤマハ・YZE)	07′10″
7. バル(スズキ)	07′11″
8. モラレス(ホンダ・NXR)	07′12″
8. シャルボニエ(スズキ・DRZ)	07′12″
10. ライエ(スズキ・DRZ)	07′17″
14. ラレイ(ホンダ・NXR)	07′23″
17. マニアルディー(ホンダ・NXR)	07′26″
23. ドーレス(ホンダ・NXR)	07′30″
39. シレイジョル(ホンダ・アフリカツイン)	07′56″
65. ピコ(ヤマハ・YZE)	08′19″
73. タスサイント(ホンダ・アフリカツイン)	08′35″

12月27日　船中

12月28日　チュニス-トゥズール　L467km

12月29日　トゥズール-ガダメス　L114mkm+SS308km+L302km　計724km

総合(2位以下はトップとの差)

1. テルッツィ	3h14′25″	1. テルッツィ	3h14′25″
2. ヌブー(ヤマハ・YZE)	3h15′34″	2. ヌブー	01′09″
3. ラレイ	3h19′06″	3. ラレイ	04′41″
4. ピーターハンセル	3h17′38″	4. ピーターハンセル	05′13″
5. ライエ	3h22′13″	5. ライエ	07′48″
6. オリオリ(カジバ)	3h22′30″	6. オリオリ	08′08″
7. バクー(エキュリェール)	3h24′44″	7. バクー	10′19″
8. マリノニ(ヤマハ・YZE)	3h25′16″	8. マリノニ	10′51″
9. フィンダノ(ヤマハ・YZE)	3h25′33″	9. フィンダノ	11′08″
10. バル	3h26′32″	10. バル	12′07″
12. ピコ	3h27′00″	12. ピコ	12′35″
14. モラレス	3h28′56″	14. モラレス	14′31″
15. マニアルディー	3h29′50″	15. マニアルディー	15′25″
19. ドーレス	3h37′58″	19. ドーレス	23′33″
61. タスサイント	4h31′37″	58. タスサイント	1h17′12″
66. シレイジョル	4h37′49″	65. シレイジョル	1h23′24″

12月30日　ガダメス-サバ　L110km+SS469km+L240km　計819km

総合(2位以下はトップとの差)

1. マス	4h36′19″	1. マス	8h03′10″
2. ピコ	4h36′34″	2. ピコ	24″
3. バル	4h51′49″	3. ピーターハンセル	13′18″
4. ジル(ヤマハ)	4h56′44″	4. バル	15′11″
5. ピーターハンセル	4h56′50″	5. ラレイ	17′00″
6. ラレイ	5h01′04″	6. ヌブー	19′25″
7. ヌブー	5h07′01″	7. オリオリ	39′41″
8. マニアルディー	5h14′15″	8. モラレス	40′16″
9. モラレス	5h14′30″	9. ジル	40′51″
10. オリオリ	5h21′21″	10. マニアルディー	40′55″
11. ドーレス	5h26′22″	14. ドーレス	1h01′10″
23. シレイジョル	6h22′50″	23. シレイジョル	2h32′16″
52. タスサイント	7h53′43″	48. タスサイント	4h22′10″

12月31日　サバ-トゥム　SS620Kkm

総合(2位以下はトップとの差)

1. デ・ペトリ(カジバ)	2h57′13″	1. ピーターハンセル	11h22′47″
2. ラレイ	3h04′23″	2. ラレイ	01′46″
3. ライエ	3h05′06″	3. ピコ	09′36″
4. ピーターハンセル	3h06′19″	4. ヌブー	10′25″
5. マニアルディー	3h06′22″	5. マス	27′23″
6. モラレス	3h09′14″	6. マニアルディー	27′40″
7. ヌブー	3h10′37″	7. モラレス	29′53″
8. フィンダノ	3h11′23″	8. ライエ	31′13″
9. ドーレス	3h11′44″	9. オリオリ	35′01″
10. マリノニ	3h12′42″	10. バル	49′54″
15. ピコ	3h28′49″	12. ドーレス	53′17″
28. タスサイント	4h10′37″	23. シレイジョル	03h55′06″
29. シレイジョル	4h17′14″	36. タスサイント	05h13′10″

1月1日　トゥム-ディルクール　SS732km(キャンセル)

1月2日　ディルクール-テルミット　SS582km

総合(2位以下はトップとの差)

1. ピコ	5h29′14″	1. ピコ	17h01′37″
2. テルッツィ	5h36′59″	2. ラレイ	53′45″
3. デ・ペトリ	6h21′10″	3. テルッツィ	01h15′57″
4. ピカール(カジバ)	6h23′02″	4. マニアルディー	01h18′26″
5. オリオリ	6h26′59″	5. モラレス	01h19′28″
6. モラレス	6h28′25″	6. オリオリ	01h23′10″
7. マニアルディー	6h29′36″	7. マス	01h50′13″
8. ラレイ	6h30′49″	8. ライエ	02h12′27″
9. マリノニ	6h56′31″	9. ピーターハンセル	02h18′27″
10. ポリ	7h00′22″	10. ヌブー	02h27′22″
16. ドーレス	7h17′50″	11. ドーレス	02h32′17″
22. タスサイント	7h38′32″	20. シレイジョル	06h14′38″
28. シレイジョル	7h58′22″	24. タスサイント	07h12′52″

1月3日　テルミット-アガデス　SS535km

総合(2位以下はトップとの差)

1. ラレイ	6h15′27″	1. ピコ	24h00′55″
2. ピーターハンセル	6h16′09″	2. ラレイ	09′54″
3. ヌブー	6h40′19″	3. モラレス	1h31′29″
4. ピコ	6h59′18″	4. ピーターハンセル	1h35′18″
5. マリノニ	7h07′52″	5. マニアルディー	1h44′33″
6. モラレス	7h11′19″	6. ヌブー	2h08′23″
7. フィンダノ	7h11′30″	7. オリオリ	2h10′35″
8. ドーレス	7h17′24″	8. ドーレス	2h50′23″
9. マニアルディー	7h25′25″	9. マス	2h54′06″
10. オリオリ	7h26′43″	10. フィンダノ	2h55′22″
14. タスサイント	8h09′15″	19. タスサイント	8h22′49″
47. シレイジョル	9h35′58″	21. シレイジョル	8h51′18″

1月4日　アガデス　休日

1月5日　アガデス-タウア　L61km+SS325km+L155km　計541km

		総合(2位以下はトップとの差)	
1. デ・ペトリ	2h31'50"	1. ピコ	26h38'06"
2. モラレス	2h33'13"	2. ラレイ	06'34"
3. ラレイ	2h33'51"	3. モラレス	1h27'31"
4. ピーターハンセル	2h35'37"	4. ピーターハンセル	1h33'44"
5. オリオリ	2h36'38"	5. マニアルディー	1h44'22"
6. マニアルディー	2h37'00"	6. オリオリ	2h10'02"
7. ピコ	2h37'11"	7. ヌブー	2h11'18"
8. テルッツィ	2h37'50"	8. マス	3h00'53"
9. ライエ	2h39'35"	9. マリノニ	3h04'40"
10. ヌブー	2h40'06"	10. フィンダノ	3h05'01"
18. ドーレス	2h58'53"	11. ドーレス	3h12'05"
27. タスサイント	3h19'03"	20. タスサイント	9h04'41"
32. シレイジョル	3h26'50"	21. シレイジョル	9h40'57"

1月6日　タウア-ニアメイ　SS220km+L207km　計427km

		総合(2位以下はトップとの差)	
1. ピーターハンセル	2h13'04"	1. ピコ	28h52'12"
2. ピコ	2h14'06"	2. ラレイ	07'39"
3. モラレス	2h14'49"	3. モラレス	1h28'14"
4. ラレイ	2h15'11"	4. ピーターハンセル	1h32'42"
5. マニアルディー	2h16'37"	5. マニアルディー	1h46'53"
6. マリノニ	2h19'11"	6. オリオリ	2h20'39"
7. マス	2h19'33"	7. ヌブー	2h21'56"
8. デペトリ	2h20'12"	8. マス	3h06'20"
9. オリオリ	2h24'43"	9. マリノニ	3h09'45"
10. ヌブー	2h24'44"	10. ドーレス	3h30'53"
13. ドーレス	2h32'54"	19. タスサイント	9h48'41"
27. シレイジョル	2h56'00"	20. シレイジョル	10h22'51"

1月7日　ニアメイ-ガオ　L146km+SS495km　計641km

		総合(2位以下はトップとの差)	
1. ピーターハンセル	5h19'32"	1. ピコ	34h17'04"
2. ヌブー	5h19'53"	2. ラレイ	06'59"
3. モラレス	5h20'02"	3. モラレス	1h23'24"
4. オリオリ	5h21'19"	4. ピーターハンセル	1h27'22"
5. マニアルディー	5h24'12"	5. マニアルディー	1h46'13"
6. ラレイ	5h24'12"	6. ヌブー	2h16'57"
7. マリノニ	4h24'13"	7. オリオリ	2h17'06"
8. ピコ	5h24'52"	8. マリノニ	3h09'06"
9. デ・ペトリ	5h36'11"	9. ドーレス	4h12'15"
10. テルッツィ	5h56'12"	10. マス	4h17'59"
13. ドーレス	6h06'14"	18. タスサイント	10h39'12"
17. タスサイント	6h15'23"	19. シレイジョル	11h19'29"
21. シレイジョル	6h21'30"		

1月8日　ガオートンボクトゥ　SS611km

		総合(2位以下はトップとの差)	
1. ピーターハンセル	6h59'28"	1. ピコ	41h18'04"
2. ピコ	7h01'00"	2. ラレイ	14'54"
3. マニアルディー	7h07'53"	3. ピーターハンセル	1h25'50"
4. モラレス	7h08'28"	4. モラレス	1h30'52"
5. ラレイ	7h08'55"	5. マニアルディー	1h53'06"
6. ヌブー	7h15'52"	6. ヌブー	2h31'49"
7. ドーレス	7h26'24"	7. マリノニ	3h43'43"
8. ライエ	7h34'34"	8. ドーレス	4h37'39"
9. マス	7h34'55"	9. オリオリ	4h40'10"
10. マリノニ	7h35'37"	10. マス	4h51'54"
30. タスサイント	8h46'52"	19. タスサイント	12h25'04"
31. シレイジョル	8h48'55"	20. シレイジョル	13h07'24'

1月9日　トンボクトゥーバマコ　SS379km+L502km　計881km

		総合(2位以下はトップとの差)	
1. オリオリ	3h43'59"	1. ラレイ	45h24'13"
2. マス	3h48'52"	2. ピコ	08'19"
3. モラレス	3h49'46"	3. モラレス	1h14'29"
4. ラレイ	3h51'15"	4. ピーターハンセル	1h34'11"
5. シャルボニエ	3h54'55"	5. マニアルディー	2h00'57"
6. バクー	3h56'33"	6. ヌブー	2h43'23"
7. ライエ	3h56'48"	7. オリオリ	4h18'00"
8. ザリケニ(アプリリア)	4h03'44"	8. マス	4h34'37"
9. テルッツィ	4h03'51"	9. ドーレス	5h04'25"
10. パスカル	4h04'35"	10. マリノニ	5h06'23"
14. マニアルディー	4h14'00"	19. タスサイント	12h59'07"
15. ピコ	4h14'28"	21. シレイジョル	13h40'02"
21. ドーレス	4h32'55"		
23. シレイジョル	4h38'47"		
24. タスサイント	4h40'12"		

1月10日　バマコーラベ　L208km+SS501km+L143km　計844km

		総合(2位以下はトップとの差)	
1. ラレイ	6h04'26"	1. ラレイ	51h28'39"
2. シャルボニエ	6h14'03"	2. ピコ	33'55"
3. ピーターハンセル	6h27'16"	3. モラレス	1h38'54"
4. モラレス	6h28'51"	4. ピーターハンセル	1h57'01"
5. オリオリ	6h29'42"	5. ヌブー	3h23'01"
6. ピコ	6h30'02"	6. オリオリ	4h43'16"
7. マス	6h32'01"	7. マス	5h02'12"
8. ドーレス	6h36'42"	8. ドーレス	5h36'41"
9. ヌブー	6h44'04"	9. マリノニ	5h50'28"
10. シノレリ	6h45'20"	10. バクー	5h48'08"
16. シレイジョル	7h12'51"	16. タスサイント	14h23'15"
21. タスサイント	7h28'34"	17. シレイジョル	14h48'27"

1月11日　ラベータンバクンダ　SS380km+L104km　計484km

		総合(2位以下はトップの差)	
1. テルッツィ	5h36'41"	1. ラレイ	58h09'46"
2. モラレス	5h45'55"	2. ピコ	40'25"
3. ドーレス	5h48'22"	3. モラレス	43'42"
4. オリオリ	5h48'43"	4. ピーターハンセル	1h15'44"
5. マス	5h50'38"	5. ヌブー	3h26'31"
6. バクー	5h54'42"	6. オリオリ	3h50'52"
7. ピーターハンセル	5h59'50"	7. マス	4h11'43"
8. デ・ペトリ	6h00'51"	8. ドーレス	4h43'56"
9. ライエ	6h02'46"	9. マリノニ	5h14'23"

10. マリノニ	6h05′02″	10. バクー	6h01′43″
13. タスサイント	6h32′03″	16. タスサイント	14h14′11″
15. シレイジョル	6h35′18″	17. シレイジョル	14h42′38″
17. **ラレイ**	6h41′07″		
24. ピコ	6h47′37″		

1月12日　タンバクンダ-サンルイ　L105km+SS203km+L204km　計512km

		総合（2位以下はトップとの差）	
1. ピーターハンセル	2h08′56″	1. **ラレイ**	60h22′09″
2. **ドーレス**	2h29′50″	2. ピコ	40′25″
3. シャルボニエ	2h10′26″	3. **モラレス**	41′57″
4. **モラレス**	2h10′38″	4. ピーターハンセル	1h12′17″
5. ヌブー	2h11′05″	5. ヌブー	3h25′13″
6. ピコ	2h12′23″	6. オリオリ	4h07′20″
7. **ラレイ**	2h12′23″	7. マス	4h17′56″
8. デ・ペトリ	2h12′59″	8. **ドーレス**	4h41′23″
9. マス	2h13′36″	9. マリノニ	5h44′24″
10. バクー	2h13′41″	10. バクー	6h03′01″
21. シレイジョル	2h43′39″	16. タスサイント	14h49′08″
31. タスサイント	2h47′20″	17. シレイジョル	15h13′54″

1月13日　サンルイ-ダカール　L187km+SS40km+SS30km　計257km

		総合（2位以下はトップとの差）	
1. ピーターハンセル	31′38″	1. **ラレイ**	61h00′06″
2. **モラレス**	32′12″	2. ピコ	35′47″
3. ライエ	33′04″	3. **モラレス**	36′12″
4. ピコ	33′19″	4. ピーターハンセル	1h03′54″
5. マス	34′46′	5. ヌブー	3h22′27″
6. オリオリ	35′02″	6. オリオリ	5h04′25″
7. ヌブー	35′11″	7. マス	5h09′45″
8. シャルボニエ	35′52″	8. **ドーレス**	5h43′27″
9. ポリ	37′57″	9. マリノニ	6h46′09″
10. **ラレイ**	37′57″	10. バクー	7h10′01″
ドーレス	40′01″	16. タスサイント	14h59′13″
シレイジョル	43′39″	17. シレイジョル	15h19′36″
タスサイント	48′02″		

最終結果表　（2位以下はトップとの差）

1. **-100-ジル・ラレイ**	フランス	ホンダ・NXR	61h00′06″
2. -93-フランコ・ピコ	イタリア	ヤマハ・YZE	35′47″
3. **-97-マーク・モラレス**	フランス	ホンダ・NXR	36′12″
4. -80-ステファン・ピーターハンセル	フランス	ヤマハ・YZE	1h03′54″
5. -95-シリル・ヌブー	フランス	ヤマハ・YZE	3h22′27″
6. -84-エディ・オリオリ	イタリア	カジバ・エレファント	5h04′25″
7. -77-カルロス・マス	スペイン	ヤマハ・YZE	5h09′45″
8. **-99-ジョエル・ドーレス**	フランス	ホンダ・NXR	5h43′27″
9. -94-アンドレア・マリノニ	イタリア	ヤマハ・YZE	6h46′09″
10. -89-セルジュ・バクー	フランス	エキュリエール	7h10′01″
16. -140-パトリス・タスサイント	フランス	ホンダ・アフリカツイン	14h59′13″
17. -47-パトリック・シレイジョル	フランス	ホンダ・アフリカツイン	15h19′36″

■グラナダ・ダカールラリー用二輪車、HONDA EXP-2

1995年のグラナダ・ダカールラリー二輪車部門に，２ストロークエンジンを搭載したレース車，EXP-2（Experimental 2-stroke）で参戦，総合５位，クラス優勝（No.45 J・ブルシー）の成績を収めた。実験研究を目的とした参戦であり，エミッション，省資源など２ストロークエンジンの環境への適合性を求め，自己着火に注目した独自のAR（Activated Radical）燃焼技術などが採用された。

ダカールラリー 2013-2021戦績（本田技研工業発表資料をもとに作成）

■ダカールラリー 2013　総合順位

順位	No.	ライダー	マシン	タイム／差
1	1	C. デプレ	KTM	43:24'22
2	11	R. ファリア	KTM	+00:10'43
3	7	F. ロペス	KTM	+00:18'48
4	32	I. ジェイクス	KTM	+00:23'54
5	12	J. ペドレーロ	KTM	+00:55'29
7	3	エルダー・ロドリゲス	Honda	+01:11'22
8	30	ハビエル・ピゾリト	Honda	+01:26'07
40	33	ジョニー・キャンベル	Honda	+08:11'40

2013年ダカールラリー。No.3エルダー・ロドリゲス選手

■ダカールラリー 2014　総合順位

順位	No.	ライダー	マシン	タイム／差
1	2	M. コマ	KTM	54:50'53
2	4	J. ビラドムス	KTM	+01:52'27
3	6	O. ペイン	ヤマハ	+02:00'03
4	1	C. デプレ	ヤマハ	+02:05'38
5	7	エルダー・ロドリゲス	Honda	+02:11'09
7	3	ホアン・バレダ	Honda	+02:54'01
16	50	ライア・サンツ	Honda	+08:03'02
23	14	ハビエル・ピゾリト	Honda	+09:34'32
32	46	パブロ・ロドリゲス	Honda	+12:57'04

■ダカールラリー 2015　総合順位

順位	ライダー	マシン	タイム／差
1	M. コマ	KTM	46:03'49
2	パウロ・ゴンサルヴェス	Honda	+16'53
3	T. プライス	KTM	+23'14
4	P. クインタニラ	KTM	+38'38
5	S. スヴィトコ	KTM	+44'17
6	R. ファリア	KTM	+1:57'50
9	ライア・サンツ	Honda	+2:24'21
12	エルダー・ロドリゲス	Honda	+4:00'15
17	ホアン・バレダ	Honda	+5:54'35
19	ハビエル・ピゾリト	Honda	+6:22'16
22	ジェアン・アゼベド	Honda	+6:44'13

■ダカールラリー 2016　総合順位

順位	No.	ライダー	マシン	タイム	差	ペナルティ
1	3	T. プライス	KTM	48:09'15	—	—
2	5	S. ソヴィッツコ	KTM	48:48'56	+00:39'41	00:01'00
3	4	P. クインタニラ	ハスクバーナ	48:58'03	+00:48'48	—
4	47	ケビン・ベナバイズ	Honda	49:04'02	+00:54'47	—
5	7	H. ロドリゲス	ヤマハ	49:04'59	+00:55'44	00:05'00
6	42	A. ファン・ベヴェレン	ヤマハ	49:55'44	+01:46'29	—
9	48	リッキー・ブラベック	Honda	50:20'42	+02:11'27	—
11	61	アドリアン・メッジ	Honda	51:59'20	+03:50'05	—
32	32	パオロ・セッシ	Honda	57:38'15	+09:29'00	00:03'00
40	123	マイケル・フェルカーデ	Honda	60:20'19	+12:11'04	—
58	137	ロブ・スミッツ	Honda	66:45'41	+18:36'26	00:40'00
69	70	ペドロ・ビアンキ・プラタ	Honda	70:37'50	+22:28'35	00:29'00

■ダカールラリー 2017　総合順位

順位	No.	ライダー	マシン	タイム	差	ペナルティ
1	14	S. サンダーランド	KTM	32:06'22	—	—
2	16	M. ウォークナー	KTM	32:38'22	+00:32'00	00:05'00
3	8	G. ファレス	KTM	32:42'02	+00:35'40	—
4	6	A. ファン・ベヴェレン	ヤマハ	32:42'50	+00:36'28	00:01'00
5	11	ホアン・バレダ	Honda	32:49'30	+00:43'08	00:58'01
6	17	パウロ・ゴンサルヴェス	Honda	32:58'51	+00:52'29	00:48'20
8	67	フランコ・カイミ	Honda	33:48'40	+01:42'18	01:05'00
14	15	マイケル・メッジ	Honda	34:44'54	+02:38'32	02:11'30
24	50	ダニエル・ノシリア	Honda	36:59'55	+04:53'33	—
37	68	シモーネ・アガッツィ	Honda	39:09'59	+07:03'37	—
41	66	ウォルター・ノシリア	Honda	40:47'03	+08:40'41	01:08'00
57	75	ペドロ・ビアンキ・プラタ	Honda	44:38'21	+12:31'59	03:37'26
59	159	リチャード・フリッター	Honda	45:01'38	+12:55'16	01:02'30

■ダカールラリー 2018　総合順位

順位	No.	ライダー	マシン	タイム	差	ペナルティ
1	2	M. ウォークナー	KTM	43:06'01	—	00:01'00
2	47	ケビン・ベナバイズ	Honda	43:22'54	+00:16'53	—
3	8	T. プライス	KTM	43:29'02	+00:23'01	—
4	19	A. メオ	KTM	43:53'29	+00:47'28	00:01'00
5	3	G. ファレス	KTM	44:07'05	+01:01'04	—
6	40	J. オベール	ガスガス	44:59'54	+01:53'53	00:20'00
10	68	イグナシオ・コルネホ	Honda	45:48'37	+02:42'36	—
18	27	マーティン・デュプレシ	Honda	47:38'40	+04:32'39	00:10'00
21	64	マーク・サミュエルズ	Honda	49:17'07	+06:11'06	01:00'00
40	71	アルベルト・オンティヴェロス	Honda	55:58'21	+12:52'20	—
76	101	フランシスコ・ゴメス・パラス	Honda	82:13'05	+39:07'04	11:11'00

■ダカールラリー 2019　総合順位

順位	No.	ライダー	マシン	タイム	差	ペナルティ
1	3	T. プライス	KTM	33:57'16	—	00:01'33
2	1	M. ウォークナー	KTM	34:06'29	+00:09'13	00:03'00
3	14	S. サンダーランド	KTM	34:10'50	+00:13'34	00:02'00
4	6	P. クインタニラ	ハスクバーナ	34:18'02	+00:20'46	—
5	47	ケビン・ベナバイズ	Honda	34:38'30	+00:41'14	00:15'00
6	29	A. ショート	ハスクバーナ	34:41'26	+00:44'10	—
7	18	X. ド・スルトレ	ヤマハ	34:51'16	+00:54'00	00:01'00
8	10	ホセ・イグナシオ・コルネホ	Honda	35:05'22	+01:08'06	00:15'00
11	28	ダニエル・ノジリア	Honda	36:29'09	+02:31'53	00:02'00

■ダカールラリー 2020　総合順位

順位	No.	ライダー	マシン	タイム	差	ペナルティ
1	9	リッキー・ブラベック	Honda	40:02'36	—	—
2	5	P. クインタニラ	ハスクバーナ	40:19'02	+00:16'26	—
3	1	T. プライス	KTM	40:26'42	+00:24'06	00:02'00
4	17	ホセ・イグナシオ・コルネホ	Honda	40:34'19	+00:31'43	00:01'00
5	2	M. ウォークナー	KTM	40:37'36	+00:35'00	—
6	16	L. ベナバイズ	KTM	40:40'10	+00:37'34	—
7	12	ホアン・バレダ	Honda	40:53'33	+00:50'57	00:15'00
19	7	ケビン・ベナバイズ	Honda	44:05'07	+04:02'31	00:15'00

■ダカールラリー 2021　総合順位

順位	No.	ライダー	マシン	タイム	差	ペナルティ
1	47	ケビン・ベナビデス	Honda	47:18'14	—	00:02'00
2	1	リッキー・ブラベック	Honda	47:23'10	+00:04'56	—
3	5	S. サンダーランド	KTM	47:34'11	+00:15'57	—
4	21	D. サンダース	KTM	47:57'06	+00:38'52	00:07'00
5	9	S. ハウズ	KTM	48:10'47	+00:52'33	00:06'00
6	15	L. サントリノ	シェルコ	48:16'44	+00:58'30	—

2020年総合優勝、
No.9リッキー・ブラベック

2021年総合優勝、
No.47ケビン・ベナビデス
(2020年までのカタカナ表
記はケビン・ベナバイズ)

あ　と　が　き

HRCの松田稔さんと初めて会ったのは，NXRが最初に公開された鈴鹿サーキットでした。ぼくはその時，翌年のパリダカに取材にでかけることが決まっていたので，NXRのデビューは少なからず興味のあることでした。

ふつう，新しいマシンがデビューすると，そのマシンについてああでもないこうでもないと，いろいろと評論を加えるのがぼくたち取材する側の常ですが，NXRもぼくも，パリダカに行くのは初めてです。いってみれば同期の１年生といったところで，だからNXRについては，お互いに頑張りましょうねみたいな，そんな感慨を抱いたものでした。

その晩，サーキットの近所に呑みにでかけたところ，偶然に松田さんがそこで呑んでいました。それが松田さんと話をした最初です。実はぼくは，パリダカの取材の足に，オートバイを使うことにしていました。パリダカがどんなものかも知らぬまま，怖いもの知らず半分と，どうにかなるさのいい加減な性格とが半分の結果，こういう計画になってしまったのです。この話をした時の松田さんは，つまんでいた肴を，一瞬落としそうになって，びっくりしていました。悪いこと言わないからやめなさい，とか，そういうお叱りをいただくのを覚悟していたのですが（実際，いろんな人から自殺行為だからやめなさいと真剣に言われました），無事に肴を口に放りこんだ松田さんは，ぼくの無謀な計画については何も触れずに，砂漠の月の話とか，カミオンの幻想的な姿など，前の年に見たパリダカのあれこれを，ポツリポツリと聞かせてくれたのでした。

松田さんは，不思議な人です。特に，他のホンダのトップの人々と比べると，変わっているといっていいと思います。他の人となにが違うのか，ここで解説を始めると長くなるので省きますが，この人は何が楽しくてレースなんてやっているんだろうと思うこともあれば，一番レースを楽しんでいるのはこの人だと思わされてしまうこともあります。それが，松田さんの同じ表情の中にあるのですから，不思議です。大仏様のような容貌でことば少なく，一見すると，おっかない印象です。こちらから話をすると，ムッとしたような表情になり，ますますおっかない印象です。いよいよこちらが逃げ出そうと思った頃に，ようやくことばが返ってくる。そしてその瞬間に，松田さんへの印象が間違っていたことに気がつきます。松田さんは，実はたいへんに優しいのですが，松田さんの優しさに出会うには，ほんの少しだけ緊張の時間を過ごさなければならない，いってみれば，不器用に優しい人なのです。お世辞にも雄弁ではない，朴とつとした風体の中に，松田さんの技術者魂や優しさが隠されているのです。

１度だけ，NXRに乗せてもらったことがありました。ぼくは乗せていただく予定はなく，その試乗風景を撮影するのが仕事だったのですが，松田さんを始め，砂漠で顔馴染みとなったスタッフの方々にどうぞどうぞと言われたのをいいことに，喜びいさんで乗せていただいたのでした。はたしてNXRのパワーは強力でした。でも，それがいやみなハイパワーではなくて，本当に使いやすいパワーでした。初めてNXRを見た時には，その大きなボリュームに，またがることさえためらわれたものですが，まがりなりにも砂漠を走って，ぼくと背丈の変わらないヌブーが優勝したのを見て，NXRだって乗れるもんだと，すっかりいい気分になってしまいました。実は〝NXRだって乗れる〟のではなく〝NXRだから乗れた〟のですが，バイクのハンドルを握った瞬間に自惚れ屋さんになってしまうのは，ぼくだけのことではないでしょう。

いい気分でみんなの前を通過する時，ぼくに向かってカメラを構えている人を発見しました。松田さんが，ぼくのカメラをひっぱり出して，たかがぼくのことを，柵から身を乗り出して撮影してくれていたのでした。これでまたいい気になったぼくは，ついちょっとだけアクセルを開けてしまいました。ぶりぶりとパワーの出るNXRは，ぶりぶりと後輪をスライドさせ，ちょっとばかり派手なテールスライド状態になりました。乗っている本人も，ちょっとだけびっくりしました。でも本当にびっくりしたのは，ぼくの後から試乗の予定だったテストライダーの方々でした。自分の順番が回ってくる前に，１台しかないNXRが壊されてしまうのは，許しがたい事態だったはずです。

正直なところ，これは負け惜しみではなく，NXRのテールスライドは，なにも怖くなく，なんの不安もありませんでした。NXRに乗って，速く走れる自信はもとよりこれっぽっちもないけれど，こんなに不安がないオートバイなら，あるいはサハラ砂漠を横断することくらい，ちょっとそこらにツーリングに行く気分で，ホイホイとできるにちがいないと，そう確信してしまったのです。

〝なんにも不安がないオートバイですね〟と松田さんに感想を言うと，カメラを持った松田さんは，そうでしょう，そうでしょうと，なんだかすごくうれしそうでした。

今回，この本のための取材にあたって，松田さんは何度となく休日返上で，朝から晩までぼくのしつこく，かつチンプンカンプンな取材にお付き合いくださいました。どちらかというと，ぼくが松田さんにお尻を叩かれ，取材が終了したような気もします。

マシン作りについて松田さんは，きちんとした個性を持って設計にあたらなければダメ，とおっしゃいました。NXRは，きちんとしたプロジェクトリーダーの元で，きちんとした個性が与えられたマシンに仕上がりました。でも，海外出張から帰ったばかりの時差ボケで，時々居眠りをしながらも，原稿の最初から最後までをチェックしてくださる松田さんの姿と，たった１度乗せてもらったNXRの印象とをだぶらせると，やっぱりNXRは，松田さんの個性をより多く受け継いでいるような気がするのです。

西巻　裕

〈著者紹介〉
西巻　裕（にしまき ひろし）
1957年神奈川県生まれ東京育ち。レースカメラマンをしながら『ライディングスポーツ』誌、『トライアルジャーナル』誌の立ち上げにかかわる。その後パリ・ダカールラリーの取材を３回おこない、1987年にはエジプトのファラオラリーに出場、総合25位で完走を果たした。他、ジャングルで開催される４WDイベント、キャメルトロフィーの同乗取材なども経験、1997年にトライアルの月刊誌『自然山通信』を創刊して現在に至っている。
福島県に移住し東日本大震災を体験したが、その後も福島県浜通りでトライアル大会の主催をおこなう。日本の山道の変化や複雑さは、スケールこそちがえ、砂漠のそれと共通すると感じている。

HRCのNXR開発奮戦記
ホンダ パリ・ダカールラリーの挑戦　1986-1989

著　者　**西巻　裕**
発行者　**山田国光**

発行所　**株式会社グランプリ出版**
〒101-0051　東京都千代田区神田神保町1-32
電話 03-3295-0005(代)　FAX 03-3291-4418

印刷・製本　モリモト印刷株式会社